电工基础

许　璐　张海红　丁艳玲　主　编
付德光　副主编

中央广播电视大学出版社·北京

图书在版编目（CIP）数据

电工基础 / 许璐，张海红，丁艳玲主编. 一北京：
中央广播电视大学出版社，2017.9
ISBN 978-7-304-08899-6

Ⅰ. ①电… Ⅱ. ①许… ②张… ③丁… Ⅲ. ①电工学
Ⅳ. ①TM1

中国版本图书馆 CIP 数据核字（2017）第 223613 号

电工基础
DIANGONG JICHU
许璐　张海红　丁艳玲　主编

出版·发行：中央广播电视大学出版社
电话：营销中心 010-66490011　　总编室 010-68182524
网址：http://www.crtvup.com.cn
地址：北京市海淀区西四环中路 45 号　　邮编：100039
经销：新华书店北京发行所

策划编辑：曾繁荣　　责任印制：赵连生
责任编辑：尤丽娜

印刷：北京博图彩色印刷有限公司
版本：2017 年 9 月第 1 版　　2017 年 9 月第 1 次印刷
开本：787mm×1092mm　1/16　　印张：11.75　字数：274 千字

书号：ISBN 978-7-304-08899-6
定价：45.00 元

（如有缺页或倒装，本社负责退换）

前　言

电工基础是高等院校电气专业一门非常重要的基础课，既有一定的理论性，又有很强的实践性。传统的教材大多注重理论性，没有很好地体现实践性，不能达到当前应用型人才的培养目标。本书为满足对技能型、实用型人才培养的需求而编写。

本书采用任务驱动教学模式，把理论知识的学习和动手能力的培养融合为一体。将整个知识与技能体系分为安全用电、常用直流电表的使用与制作、单相交流电路的制作与测试及三相交流电的测量 4 个模块，每个模块设置若干典型的工作任务。通过任务的实施，锻炼学生将理论知识应用于实践的能力和分析问题、解决问题等能力。

本书的参考教学学时数为 64 学时。

本书由许璐、张海红、丁艳玲担任主编，付德光任副主编。其中模块一、模块四由张海红编写，模块二及附录部分由许璐编写，模块三由丁艳玲编写。全书由许璐负责制订编写大纲及整体架构设计，付德光负责统稿及全稿内容的校正。

编者在编写本书时，查阅并参考了众多文献，得到了许多教益和启发，在此向参考文献的作者致以诚挚的谢意！

由于编者水平有限，本书难免存在不妥之处，敬请广大读者提出宝贵意见。

编　者

目录

模块一　安全用电

任务导学

安全用电包括低压供电系统的安全、用电设备的安全及人身安全三个方面，它们之间又是紧密联系的。

低压供电系统的故障可能导致用电设备损坏或人身伤亡事故，而用电事故也可能导致局部或大范围停电，甚至会导致更严重的灾难。因此在用电过程中，必须特别注意电气安全，如果稍有麻痹或疏忽，就可能造成严重的人身触电事故，或者引起火灾或爆炸，给国家和人民带来极大的损失。

任务一　安全用电知识

学习目标

知识目标	1. 了解低压供电系统安全相关的知识
	2. 熟悉安全操作规程
技能目标	1. 检查和测试保护线的接头应放的位置
	2. 检查电气设备的保护接地、接零装置
素质目标	树立安全用电意识

任务要求

观察生活和生产中的用电安全防护措施、用电安全注意事项并进行简单的举例叙述。

知识准备

一、低压供电系统的安全

随着我国工业的不断发展，工厂机械化、自动化程度不断提高，工厂日用电量也在不断加大，为了确保用电的安全性、可靠性，防止人身触电事故的发生，低压供电系统的安全防护尤为重要。

1. 低压供电系统的特点

低压供电系统是由总配电室内的低压配电柜、低压输送电缆和各用户进线总配电柜、分配电箱、用电设备等组成。低压配电线路可向低压用电设备输送和分配电能，具有接头多、规格型号多、敷设方式多、线路长，以及各分配电箱内的控制开关操作次数多等特点。用电设备具有多样性，如生产机械，电热、电解电镀、电焊及实验设备，照明设备等。这些用电设备的用电特性各有不同，按电流种类可分为交流用电设备和直流用电设备，按电压等级可分为低压用电设备和安全电压用电设备，按用电设备的工作制可分为连续运行设备、短时运行设备和重复短时运行设备等。由于低压供电系统的以上特点，线路、开关等会经常出现短路、漏电等现象，从而造成火灾、人身触电等重大事故，给企业和个人带来巨大的损失。

2. 低压供电系统的防护措施

为了防止人身触电等事故的发生，保证低压供电系统的安全性、可靠性，应采取低压系统接地措施。

3. 低压系统接地的形式

低压系统接地可采用 TN 系统、TT 系统和 IT 系统。目前工厂低压系统接地通常采用 TN 系统，即系统有一点直接接地，装置的外露导线部分用保护线与该点连接。

按照中性线与保护线的组合情况，TN 系统有以下 3 种形式。

(1) TN-S 系统：整个系统的中性线与保护线是分开的，如图 1－1 所示。其特点是保护接地可靠性高、工程造价高。

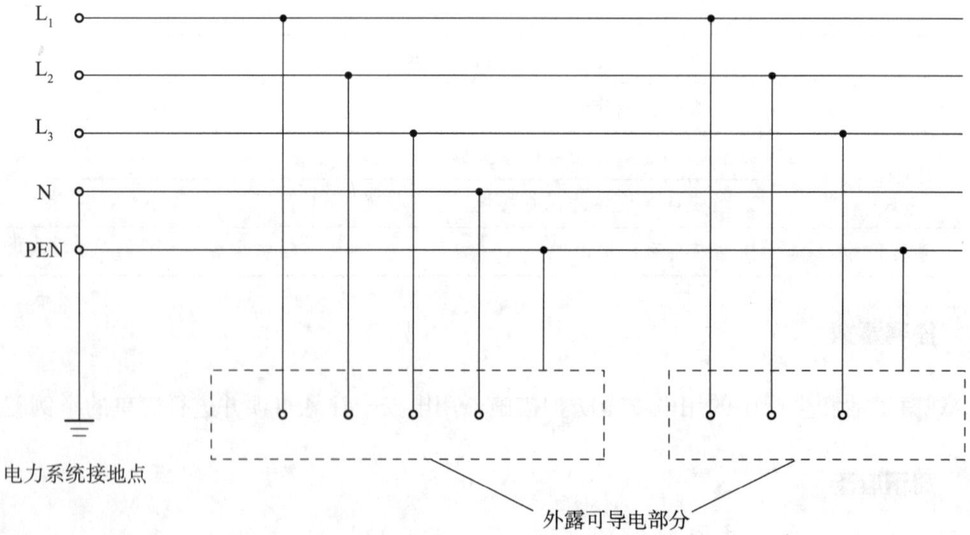

图 1－1　TN-S 系统

(2) TN-C-S 系统：系统中有一部分中性线与保护线是合二为一的，如图 1－2 所示。

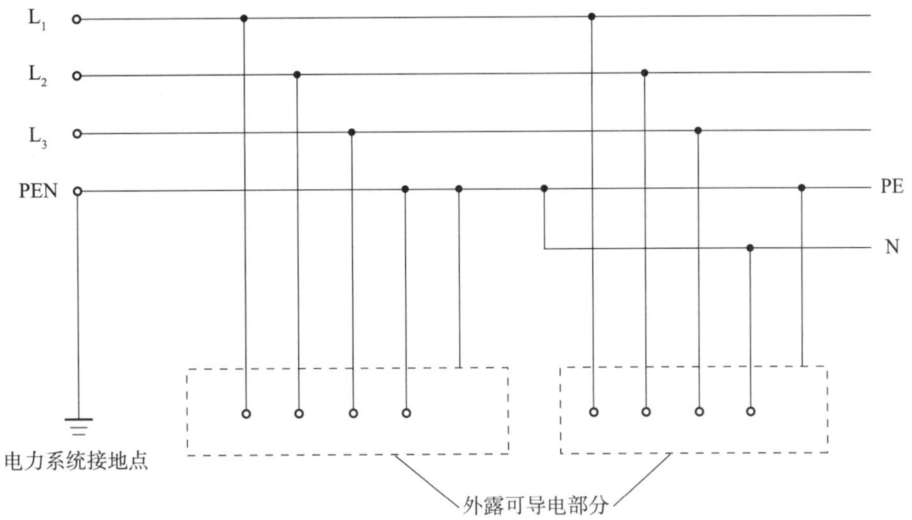

图 1－2 TN-C-S 系统

（3）TN-C 系统：整个系统的中性线与保护线是合二为一的，如图 1－3 所示。其特点是保护接地可靠性差、工程造价低。

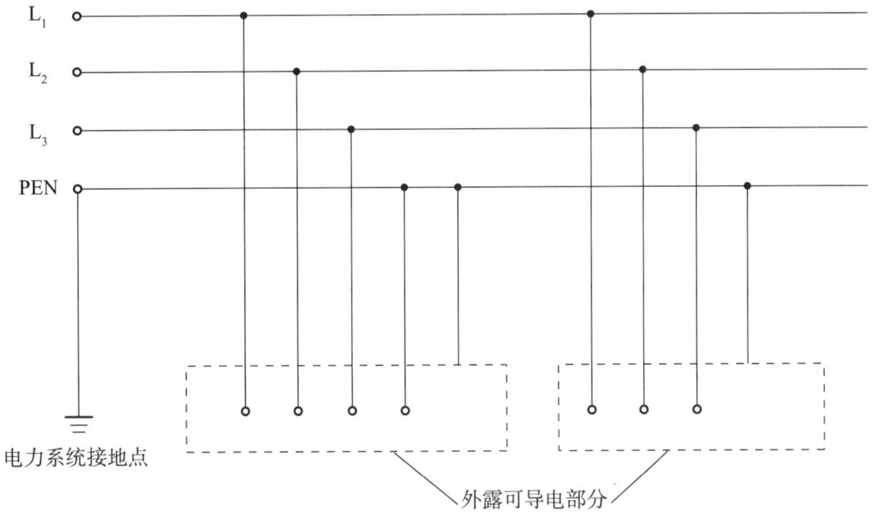

图 1－3 TN-C 系统

4. 根据不同情况采取的措施

低压系统接地大多为 TN-C 系统，1990 年以后新建的企业为了提高低压系统的安全可靠性，其低压系统接地采用 TN-S 系统。为了确保低压系统保护线可靠接地，应采取以下措施：

（1）每个车间的总进线电源必须在进户处做重复接地，接地电阻 $R \leqslant 5\ \Omega$。

（2）在总进线电源的进户处安装点等电位连接（Main Equipotential Bonding，MEB）端子箱。

（3）MEB 要与该建筑物的接地装置可靠连接，构成总等电位接地，进出建筑物的金属管道均应与 MEB 内的连接端子板可靠连接。

（4）用 40 mm × 4 mm 的热镀锌扁钢把 MEB 和车间总配电柜内保护导体（Protecting Earthing，PE）母线连接在一起。

（5）车间总配电柜内的 PE 母线分别与各分配电箱、电机、车床等用电设备的外壳连接，可用螺栓连接或焊接。用螺栓连接时应设防松螺母或防松垫片。

（6）电气设备每个接地部分应以单独的接地线与接地母线相连，严禁在一个接地线中串接几个需要接地的部分。

（7）重点强调 TN-C 系统中电线保护钢管，管与管连接处应装设跨接线，其做法必须按规范要求施工。利用穿线的钢管作为接地线时，引向电气设备的钢管与电气设备之间，应有可靠的电气连接或在大的用电设备周围重新敷设接地线和增加接地极。接地线与用电设备外壳可靠连接。

（8）保护线的接头应放在便于检查和测试的位置。

5. 确保接地保护的有效性，请监测部门检测

为了确保低压供电系统接地的可靠性，应该根据当年的气候条件，在每年的 3 ~ 4 月请电业相关部门和气象相关部门对所有的低压接地、保护接地、避雷接地等进行一次全面检测。对不符合要求的，应马上采取整改措施。

二、用电设备安全操作规程

（1）工作前必须检查工具、测量仪表和防护用具是否完好。

（2）任何电气设备未经检测证明确实没有带电时，一律视为带电，不准用手触摸。

（3）必须在设备停止运转后，切断电源、取下熔断器、挂出“禁止合闸，有人工作”的警示牌，并在验明设备不带电后，方可进行设备的搬移、拆卸和检查修理。

（4）工作临时中断后或每班开始工作前，都必须重新检测设备的电源是否确实断开，只有验明确实未带电后，方可继续工作。

（5）在总配电盘及母线上进行工作时，在验明无电后，应挂上临时接地线。拆装接地线都必须由值班电工进行。

（6）由专门检修人员修理电气设备时，值班电工必须进行登记，完工后要求做好交接，共同检查后，方可送电。

（7）每次维修结束时，必须清点所带的工具、零配件，以防遗留在设备内部而造成事故。

（8）禁止带负载操作动力配电箱中的刀开关。

（9）在低压配电设备上带电进行操作时，必须经过领导批准，并有专人监护。操作时，必须站在绝缘物上进行，头戴安全帽，身穿长袖衣服，手戴绝缘手套，使用绝缘工具。相邻带电部分和接地金属部分用绝缘板隔开后方可操作，严禁使用有裸露金属部分的器具进行操作。

（10）熔断器的容量要与电气设备、线路的容量相适应。

（11）带电装卸熔断器时，必须站在绝缘垫上，戴防护眼镜、绝缘手套，方可操作，必要时还要使用绝缘夹钳。

（12）拆除电气线路或设备后，对可能继续供电的裸露线头必须用绝缘胶布包扎好。

（13）电气设备的外壳必须可靠接地，接地线要符合国家标准。

（14）对临时安装的电气设备，必须将金属外壳接地，严禁将电动工具的外壳接地线和工作中性线拧在一起接入插座。必须使用两线接地的三孔插座，或者将外壳单独接在接地保护干线上，以防接触不良而引起外壳带电，用橡胶软电缆线给移动设备供电时，专供保护接零的芯线中不允许有工作电流通过。

（15）安装白炽灯的灯头开关时，开关务必控制相线，灯头（座）的螺纹端必须接在工作中性线上。

（16）使用梯子时，梯子与地面间的夹角为60°左右，在水泥地面使用梯子时，要有防滑措施。使用人字梯时拉绳必须牢固，使用没有搭钩的梯子时，在工作中要有人扶稳。

（17）动力配电盘、配电箱（柜）、开关及变压器等各电气设备附近，不准堆放各种易燃、易爆、潮湿或其他影响操作的物品。

（18）电气设备发生火灾时，要立即设法切断电源，并使用1211灭火器或CO_2灭火器灭火，严禁使用水性泡沫灭火器灭火。

（19）使用各类电动工具时，人要站在绝缘垫上，并戴绝缘手套操作。供电线路安装漏电保护器或安全隔离变压器。

（20）使用喷灯时，油量不得超过容器容积的3/4，打气要适当，不得使用漏油或漏气的喷灯，不得在易燃易爆品附近点燃喷灯。

三、人身安全注意事项

（1）不得随便乱动或私自修理车间内的电气设备。

（2）经常接触和使用的配电箱、配电板、刀开关、按钮、插座、插销及导线等，必须保持完好，不得有破损或带电部分裸露的现象。

（3）不得用铜丝等代替熔丝，并保持刀开关、磁力开关等盖面完整，以防短路时发生电弧或熔丝熔断飞溅伤人。

（4）经常检查电气设备的保护接地、接零装置，保证连接牢固。

（5）在移动电风扇、照明灯、电焊机等电气设备时，必须先切断电源，并保护好导线，以免磨损或拉断。

（6）在使用手电钻、电砂轮等手持电动工具时，必须安装漏电保护器，工具外壳要进行防护性接地或接零，并要防止移动工具时导线被拉断，操作时应戴好绝缘手套并站在绝缘板上。

（7）在雷雨天，不要走进高压电杆、铁塔、避雷针的接地导线周围20 m范围内。当遇到高压线断落时，周围10 m之内禁止人员进入；若已经在10 m范围之内，应单足或并足跳出危险区。

（8）对设备进行维修时，一定要切断电源，并在明显处放置“禁止合闸，有人工作”的警示牌。

知识拓展——漏电电流保护器

一、漏电电流保护器的选择

漏电电流保护器的类型很多，按工作原理不同可分为电压动作型和电流动作型（零序电流型、漏电电流型、交流脉冲型等）。目前，普遍使用的是电流动作型，称为漏电电流动作保护器，其主要形式有漏电开关、漏电继电器及漏电保护插座等。漏电电流动作保护器的主要参数是动作电流和动作时间。

二、漏电电流保护器的安装要求

（1）组合式漏电电流保护器外部连接的控制回路应使用铜导线，其截面积不得小于 $1.5\ mm^2$。

（2）安装带有保护的漏电电流保护器时，必须保证在电弧喷出方向有足够的飞弧距离，飞弧距离按生产厂家的规定确定。

（3）当漏电电流保护器标有电源侧和负载侧时，应按规定安装，不得接反。

（4）安装漏电电流保护器后，不能撤掉低压供电线路和电气设备的接地保护措施，但要按有关技术规程进行检查、整合。

（5）安装时必须严格区分中性线和保护线。三相四线或四极式漏电保护器的中性线应接入对应的端口，且中性线不得作为保护地线或接设备外露的可导电部分，而保护线不得接入漏电保护装置。

（6）漏电电流保护器安装完毕后要操作试验按钮 3 次，不得产生误动作；还要带负荷分合开关 3 次，均不得产生误动作。

思考与练习

1. 简述低压供电系统的特点。
2. 低压系统接地的形式有哪几种？各有什么特点？

任务二 触电急救

学习目标

知识目标	1. 了解触电种类及原因
	2. 了解电气火灾原理及处理
	3. 了解安全用电常识
技能目标	1. 会分析常见的触电原因
	2. 能对触电现场进行正确处理
	3. 会快速实施人工急救
素质目标	树立安全用电意识

任务要求

（1）应用安全用电知识对下面案例进行分析。

案例一：

高村农民张某路经本村配电变压器时，因站住提鞋，一只手去扶电杆时手接触配电变压器外壳的接地线和中性线接地线而造成触电死亡。事故发生后，村电工检查现场接地线带电原因时，发现接地体连接固定螺栓已丢失。

案例二：

王某家今年新买一台电风扇，因家中三孔插座已被其他家用电器占用，所以将电扇的三孔插座改装成两孔插座，电扇外壳没有接地。接上电源，电扇转动后，他的儿子看到电扇很高兴，就去摸电扇底座，小孩“哇”的一声倒在电风扇底座边。王某看到小孩栽倒地上，忙去拉小孩，刚一接触小孩身体，就喊一声“有电”，急忙把电扇插头拔下，迅速送往医院。经医生检查，因误时较长，小孩已经无法抢救而死亡。

案例三：

临时工韩某与其他 3 名工人从事化工产品的包装作业。班长让韩某去取塑料编织袋，韩某回来时一脚踏在盘在地上的电缆线上，触电摔倒，在场的其他工人急忙拽断电缆线，拉下刀开关。他们一边在韩某胸部乱按，一边报告领导并打 120 急救电话。待急救车赶到开始抢救时，韩某出现昏迷、呼吸困难、脸及嘴唇发紫、血压忽高忽低等症状。现场抢救 20 min 后，送去医院继续抢救。经住院特护 12 天、一般护理 3 天后韩某病情稳定出院。

思考：对于用电不当可能导致的其他不良后果，如何防护及处理？

（2）对复苏人模拟口对口人工呼吸法及胸外挤压法的训练。

知识准备

触电伤害事故是电流直接作用于人体而造成的伤害，按伤害的程度不同可分为电击和电伤两种。

一、触电的种类

1. 电击

电击是指电流通过人体内部，直接影响呼吸、心脏及神经系统的正常功能，危及生命。人体触电后会引起心脏心室纤维颤动、呼吸麻痹或神经中枢衰竭，造成昏迷甚至死亡。380/220 V 工频电压下的触电死亡，绝大部分是电击所致。

2. 电伤

电伤是电流的热效应、化学效应、机械效应对人体外部器官造成的伤害。电伤会使人体皮肤严重烧伤，放电部位骨节坏死。电伤分为以下两种情况：

（1）电弧烧伤。电弧烧伤是由电弧的高温或电流产生的热量所引起的，皮肉深度烧伤可造成残废或死亡。严重的电弧烧伤大多数发生在高压设备上，如带负荷拉合隔离开关、线路短路而产生的强烈电弧。据统计，多数人在高压触电时，因肌肉强烈收缩与电弧的气浪作用而弹开。电弧烧伤也发生在低压设备短路或断开较大的电流时。

当人体与带电体接触时，人体皮肤会变硬，形成黄色、灰色肿块。电烙印在低压触电时常见。

（2）金属溅伤。被电流熔化和蒸发的金属微粒渗入表皮所造成的伤害称为金属溅伤。

二、常见的触电原因和方式

按照人体触电及带电体的方式和电流通过人体的途径，触电可分为 4 种情况。

1. 单相触电

单相触电是指在地面或其他接地导体上，人体某一部位触及某一带电体的触电事故，如图 1－4 所示。

2. 两相触电

两相触电是指人体两处同时触及同一电源任何两相带电体而发生的触电，如图 1－5 所示。

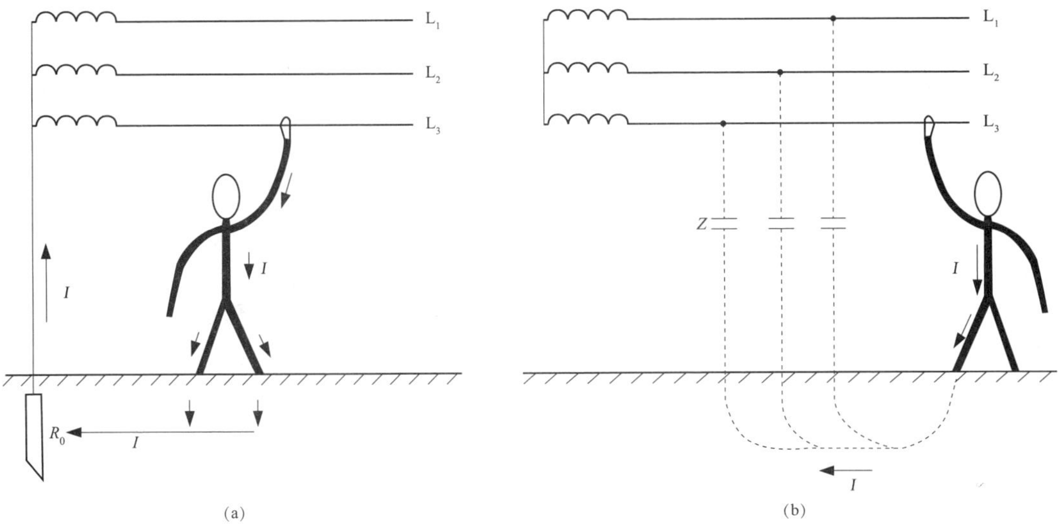

图 1－4 单相触电

（a）中性点直接接地；（b）中性点不直接接地

Z—阻抗

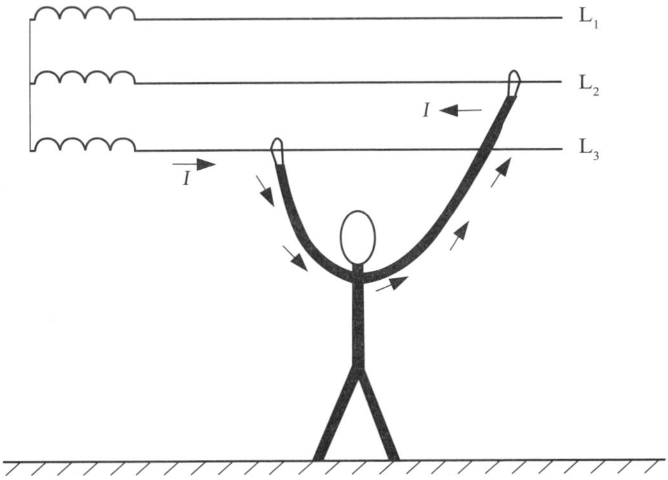

图 1－5 两相触电

3. 跨步电压触电

当带电体接地装置有电流流入地下时，电流在接地点周围土壤中产生电压降。人在接地点周围，两脚之间出现的电位差即为跨步电压。由此造成的触电称为跨步电压触电，如图 1－6（a）所示。

在低电压 380 V 的供电网中，如果一根电线掉在水中或潮湿的地面上，则在此水中或潮湿的地面上会产生跨步电压。

4. 接触电压触电

人体接触不同电位的两点时所承受的电位差称为接触电压，如图1－6（b）所示。

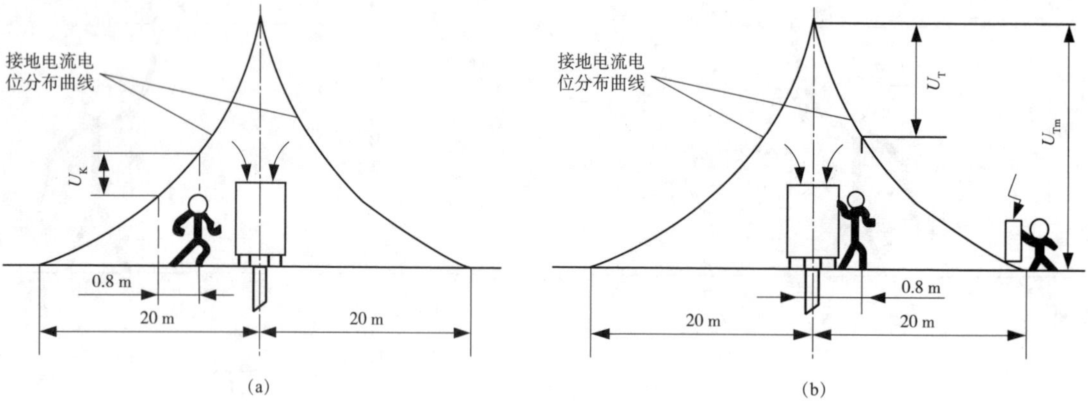

图1－6　跨步电压触电和接触电压触电

（a）跨步电压触电；（b）接触电压触电

当设备绝缘击穿接地，离接地体越远，设备对地电压越小，人体触及设备外壳时受到的接触电压越大。

注：在同一电源回路中，某一点的电势相对于该回路的另一点的电势的差值，就是电位差（电压）。

三、安全用电措施

在用电过程中，必须特别注意电气安全，操作人员应按安全规程进行操作，防止人身触电事故的发生。

1. 安全电压

安全电压即交流工作频率安全电压，我国规定安全电压的额定值为42 V、36 V、24 V、12 V、6 V。例如，手提照明灯、危险环境的携带式电动工具，应采用36 V的安全电压；金属容器内、隧道内、矿井内等狭窄、行动不便的工作场合及周围有大面积接地导体的环境，应采用24 V或12 V的安全电压，以防止因触电而造成的人身伤害。

2. 安全距离

为了保证电气工作人员在电气设备允许操作、维护检修时不致误碰到带电体，工作人员与带电体之间需有安全距离；对于电气设备，要充分考虑人与带电体的最小安全距离，其规定如下：

（1）电压0.4 kV：人与带电体的最小安全距离不小于0.4 m。

（2）电压10 kV：人与带电体的最小安全距离不小于0.7 m。

（3）电压35 kV：人与带电体的最小安全距离不小于1 m。

3. 绝缘安全用具

绝缘安全用具是保证工作人员安全操作带电体及人体与带电体安全距离不够时所采用

的绝缘防护工具。绝缘安全用具按使用功能可分为如下两种：

（1）绝缘操作用具。绝缘操作用具主要用来进行带电操作、测量和其他需要直接接触电气设备的特定工作。使用绝缘操作用具时应注意以下两点：

① 绝缘操作用具本身必须具备合格的绝缘性能和机械强度；

② 只能在和其绝缘性能相适应的电气设备上使用。

（2）绝缘防护用具。绝缘防护用具则对可能发生的有关电气伤害起到防护作用，主要用于对泄漏电流、接触电压、跨步电压和其他接近电气设备存在的危险等进行防护。常用的绝缘防护用具有绝缘手套（见图 1－7）、绝缘靴（见图 1－7）、绝缘隔板、绝缘垫、绝缘台等。当绝缘防护用具的绝缘强度足以承受设备的运行电压时，才可以用来直接接触运行的电气设备，一般不直接接触及带电设备。当使用绝缘防护用具时，必须使用合格的绝缘用具，并掌握正确的使用方法。

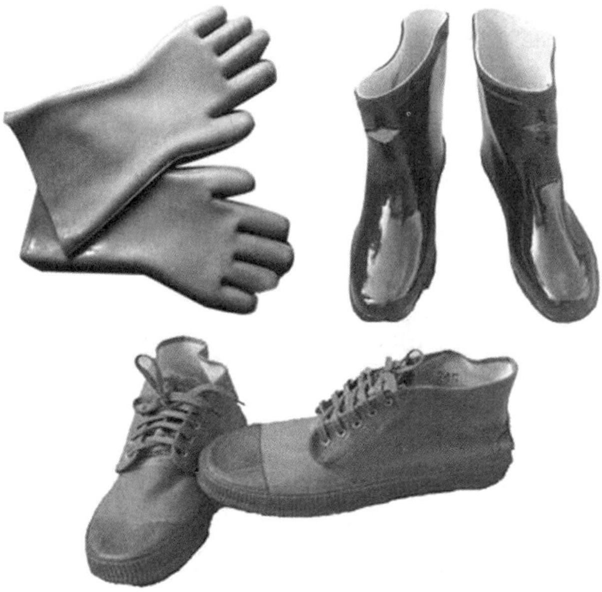

图 1－7　绝缘防护用具

4. 电工安全操作知识

（1）在进行电工安装与维修操作时，必须严格遵守各种安全操作规程，不得玩忽职守。

（2）在进行电工操作时，要严格遵守停电、送电操作规定，切实做好突然送电的各项安全措施，不准进行约时送电。

（3）在邻近带电部分进行电工操作时，一定要保持可靠的安全距离。

（4）严禁采用一线一地、两线一地、三线一地（指大地）安装用电设备和器具。

（5）在一个插座或灯座上不可引接功率过大的用电器具。

（6）不可用潮湿的手去触及开关、插座和灯座等用电装置，更不可用湿抹布去抹电气装置和用电器具。

（7）操作工具的绝缘手柄、绝缘鞋和绝缘手套的绝缘性能必须良好，并做定期检查。登高工具必须牢固可靠，并做定期检查。

（8）在潮湿环境中使用移动电器时，一定要采用 36 V 的安全低压电源。在金属容器内（如锅炉、蒸发器或管道等）使用移动电器时，必须采用 12 V 的安全电源，并应有人在容器外监护。

（9）发现有人触电，应立即断开电源，并采取正确的抢救措施抢救触电者。

四、电气事故急救处理

人体触电后，会招致严重的损害，触电时间越长，危险越大。当通过人体的电流达 100 mA 时，可立即使人的心脏停止跳动、呼吸停止，呈现昏迷不醒的“假死状态”。进行迅速而正确的抢救，可使触电者得救。

据统计，抢救效果随时间的拖延而迅速下降。时间就是生命，现场抢救必须争分夺秒，抢救越及时，人复苏的希望就越大。

1. 迅速脱离电源的方法

实践证明，人触电后心脏停止跳动不超过 1 min，立即采用心肺复苏法对触电者进行急救，救活率在 27% 左右；如超过 12 min（触电者血液即将凝固或已经凝固），救活率极低或者已不能救活。所以当发现有人触电时，在保证自身安全的情况下，应用最快的方法使触电者脱离电源。

迅速脱离电源有以下两种方法：

（1）电源开关在附近。抢救触电者时若电源开关在附近，要迅速切断电源开关，使触电者迅速脱离电源。

（2）电源开关不在附近。要因地制宜地采用绝缘物品使救护人员与触电者相互绝缘，使触电者迅速脱离电源。例如，可以抓住触电者干燥不贴身的衣服使其脱开，也可以戴绝缘手套或将手用干燥衣服等包起绝缘后使触电者脱离电源。救护人员也可站在绝缘垫上或干木板上，绝缘自己进行救护，也可用干木把斧子等将电线剪断，剪断电线时要分相，一根一根地剪断，并尽可能站在绝缘物体或干燥木板上，禁止使用金属棒、潮湿物品进行救护。

救护时，为了使触电者与带电体脱离，最好用一只手进行救护。若触电者处于高处，解脱电源后会有高处坠落的可能，要采取预防措施。

脱离电源施救时应该注意，触电者未脱离电源前，救护人员不可直接用手触及触电者。

2. 触电急救时应注意的问题

（1）触电者脱离电源后，视触电者身体状态确定正确的急救方法。

（2）不要使触电者躺在潮湿、冰凉的地面，要保持触电者的身体余温，防止血液凝固。

（3）触电急救必须争分夺秒，立即在现场用心肺复苏法进行抢救，抢救不准中断，只有医务人员接替救治后方可中止。在抢救时不要为了方便而移动伤员，当确有必要移动时，抢救中断时间不应超过 30 s。移动或送医院途中必须保证触电者平躺在床上，并保证呼吸道的通畅，不准使触电者半靠或坐在轿车里送往医院。若触电者呼吸或心脏停止跳动，应在送往医院途中进行心肺复苏，抢救不得中断。

(4) 心肺复苏法的实施要迅速、准确，要保证将气吹到触电者的肺中，要保证压在触电者心脏的准确位置。

(5) 高压触电时，应在确保触电者安全的情况下，因地制宜地采取相应的救护措施。例如，触电者触及高压带电设备，救护人员应迅速切断电源，或用适合该电压等级的绝缘工具（戴绝缘手套、穿绝缘靴并用绝缘棒）解救触电者。救护人员在抢救过程中应注意保持自身与周围带电部分必要的安全距离。

(6) 如果触电发生在架空线杆塔上，如为低压带电线路，若有可能，应立即切断电源，或者由救护人员迅速蹬杆，系好安全带后，用带绝缘胶柄的钢丝钳、干燥的不导电物体或绝缘物体将触电者拉离电源。

如果高压触电者不能脱离电源，必须由电力部门从事高压带电作业的人员进行抢救。无论是在何级电压线路上触电，救护人员在使触电者脱离电源时都要注意防止发生高处坠落和再次触及其他有电线路。

(7) 如果触电者触及断落在地上的带电高压导线，且尚未确定线路无电时，救护人员在没有采取安全措施（如穿绝缘靴或临时双脚并紧，跳跃地接近触电者）前，不能接近断线点 8 ~ 10 m 范围内，防止跨步电压伤人。触电者脱离带电导体后，也应将其迅速带至 8 m 外并立即进行触电急救。只有在确定线路已经无电时，才可在触电者离开触电导线后，立即就地进行急救。

(8) 在救护触电者切除电源时，有时会同时使照明停电，在此情况下先进行心肺复苏法抢救，其他人员应立即解决事故照明，可采用应急灯等临时照明。新的照明要符合使用场所防火、防爆的要求。

3. 根据触电者的身体状况采用正确的急救方法

(1) 触电者如神志清醒，应使其就地平躺，严密观察，暂时不要站立或走动。

(2) 触电者如神志不清或呼吸困难，应使其就地仰面平躺，且确保气道通畅，迅速测其心跳情况，禁止摇动触电者头部呼叫触电者，要严密观察触电者的呼吸和心跳，并立即联系车辆送往医院抢救。

(3) 触电者如意识丧失，应在 10 s 内，用看、听、试的方法判定触电者的呼吸和心跳情况，如呼吸停止，立即在现场采用口对口呼吸；如呼吸、心跳均停止，立即在现场采用心肺复苏法抢救，在运送触电者的途中，要继续在车上对

4. 心肺复苏法

(1) 如发现触电者口内有异物，可将其身体及头部同时侧转，迅速用一个手指或用两手指交叉从口角处插入，取出异物，操作中要注意防止将异物推到咽喉深部。

(2) 采用仰天提额法，如图 1 - 8 所示。将左手放在触电者前额，另一只手的手指将其下颌骨向上抬起，两手

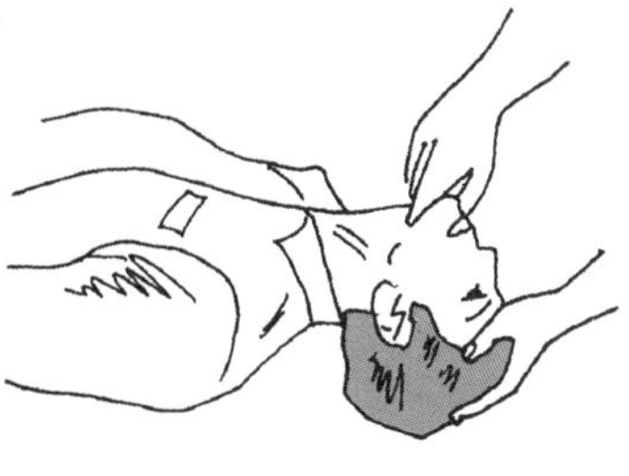

图 1 - 8　通畅气道

协同将头部推向后仰，鼻孔朝上，舌根随之抬起，气道即可通畅，如图1－8所示。

严禁用枕头或其他物品垫在触电者头下，头部抬高或头部平躺会加重气道阻塞，并会使胸外按压时流向脑部的血液减少。

（3）口对口（鼻）人工呼吸法如图1－9所示。

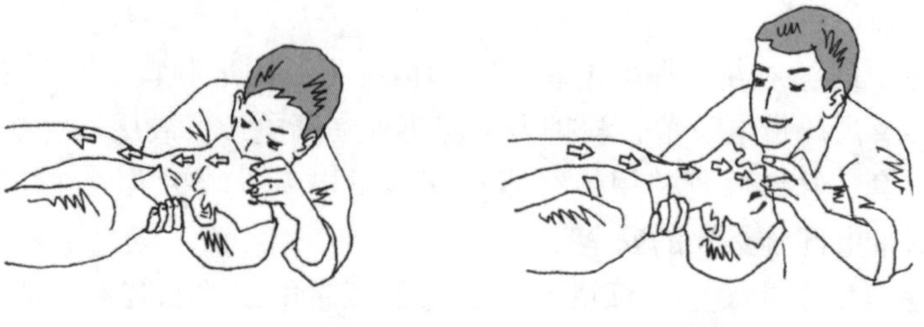

(a)　　(b)

图1－9　口对口人工呼吸法

（a）紧贴吹气；（b）放松换气

① 在保持触电者气道通畅的同时，救护人员用放在触电者额上的手指捏住触电者的鼻翼，救护人员深吸气后，与触电者口对口贴紧，在不漏气的情况下，先连续大口吹气两次，每次吹气为1～1.5 s，放3.5～4 s。两次吹气后速测颈动脉。如无搏动，可判定为心跳已经停止，要立即进行胸外心脏按压。

② 除了开始时大口吹气两次外，正常口对口（鼻）呼吸法吹气量不需过大，以免引起胃膨胀，吹气和放松时要注意触电者胸部应有起伏的呼吸动作。吹气时如有较大阻力，可能是头部后仰不够，应及时纠正。

③ 触电者如牙关紧闭，可进行口对鼻人工呼吸，口对鼻人工呼吸吹气时，要将触电者嘴唇紧闭，防止漏气。

（4）胸外心脏按压法：正确的按压位置是保证胸外心脏按压效果的重要前提，确定正确的按压位置的步骤如下。

① 右手的食指和中指并拢沿触电者的胸两侧最下面的肋弓下缘向上，找到肋骨接合处的中点。两手指并齐，中指放在切迹中点（剑突底部），左手的掌根（即大拇指最后一节1/2处）紧挨食指上缘，左手置于胸骨上，即为正确的按压位置，如图1－10（a）、图1－10（b）所示。

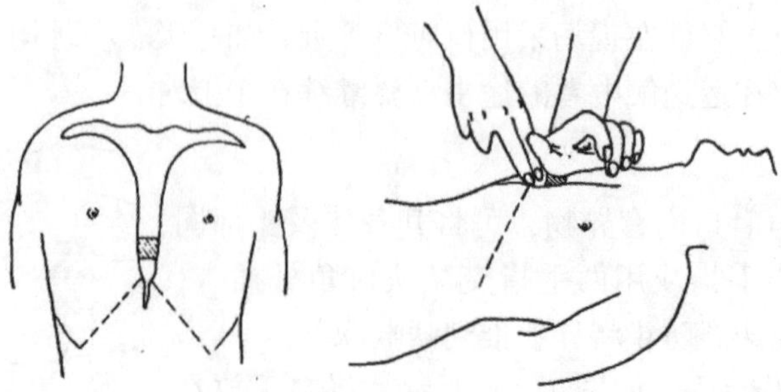

(a)　　(b)

图1－10　正确的按压位置

② 使触电者仰面躺在平硬的地方，救护人员跪在触电者右侧肩位旁，两臂伸直，肘关节固定不屈，两手掌根相叠，手指翘起，不接触触电者胸壁。以髋关节为支点，利用上身的重力，垂直将触电者胸骨压陷 3～5 cm（儿童和瘦弱者酌减）。压至要求程度后，立即全部放松，但放松时救护人员的掌根不得离开胸壁，如图 1－11 所示，按压必须有效，有效的标志是在按压过程中可以触摸到颈动脉搏动。

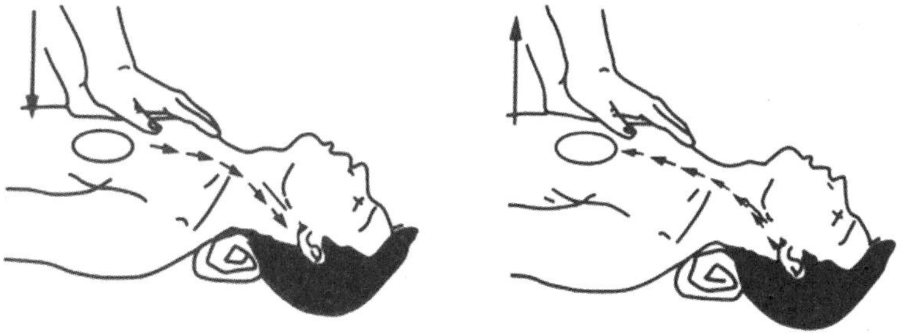

(a)　　(b)

图 1－11　正确的按压方法

(a) 向下挤压；(b) 迅速放松

③ 操作频率。胸外心脏按压要以均匀的速度进行，成年人每分 50 次，儿童每分 100 次，每次按压和放松的时间相等。胸外心脏按压法与口对口（鼻）人工呼吸法要同时进行，单人抢救时每按压 15 次后吹气 2 次，反复进行。双人抢救时，每按压 5 次后由另一人吹气 1 次，反复进行。

知识拓展——接地与接零

一、保护接地或保护接零

1. 保护接地

保护接地是指在变压器中性点不直接接地的电网内，一切电气设备正常的情况下，不带电的金属外壳及和它连接的金属部分与大地做可靠的电气连接。

如图 1－12 所示，在变压器中性点不直接接地的供电系统中，电气设备发生一相碰壳时，漏电流 I_d 是通过人体和电网的对地绝缘阻抗形成回路的。如果各相对地绝缘阻抗相等，则设备对地电压 U_d（即人体触及电压）为 $U_d = I_d R_a$（R_a 指人体电阻，单位为 Ω），从而发生人体触电事故。

为了解决上述可能出现的危险，可采取如图 1－13 所示的保护接地措施，由于 R_d 和 R_a 是并联的，而且 $R_d \leqslant R_a$，此时可以认为通过人体的电流 I_r 很小。只要能使 R_a 很小，就可以把漏电设备的对地电压控制在安全范围之内，而且 I_d 被 R_d 分流，流过人体的电流 I_r 很小，降低了操作人员的触电危险性，保护了人身安全。

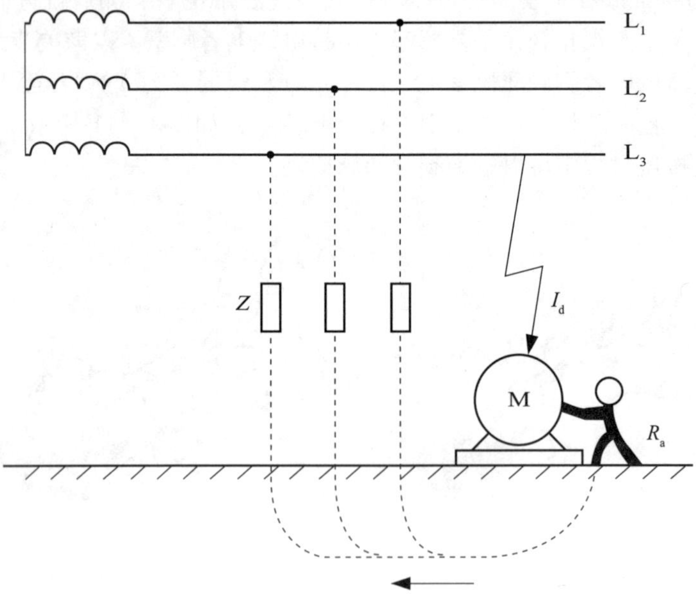

图1－12　变压器的中性点不直接接地的供电系统的危险性

Z—阻抗

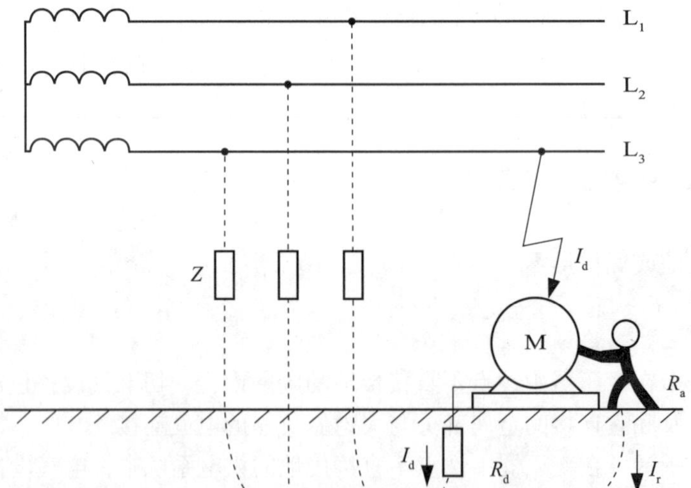

图1－13　保护接地措施

Z—阻抗

2. 保护接零

保护接零是指在变压器中性点直接接地的电网内，一切电气设备正常的情况下，不带电的金属外壳及和它连接的金属部分与中性线做可靠电气连接。

在变压器中性点接地的低压配电系统中，保护接零的安全作用如图 1－14 所示。

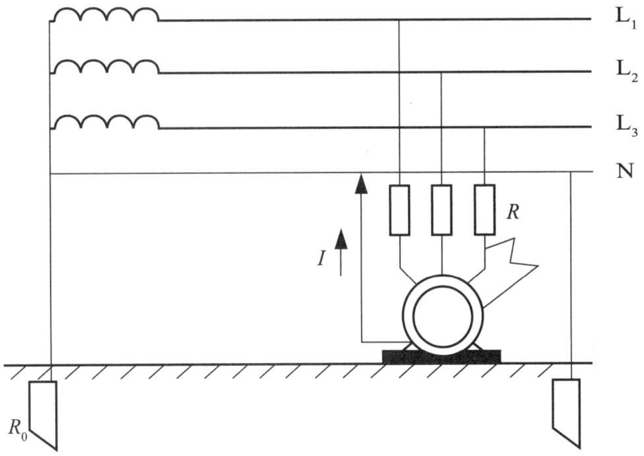

图 1－14　保护接零的安全作用

当某相出现事故碰壳时，形成相线和中性线的单相短路，短路电流 I 能迅速使保护装置（如熔断器）动作，切断电源，从而把事故点与电源断开，防止触电危险。

应当指出的是，在变压器中性点接地系统中，如果电气设备采用保护接地，当电气设备发生单相碰壳接地短路时，不能很好地起到保护作用，容易发生人身触电事故，如图 1－15所示。

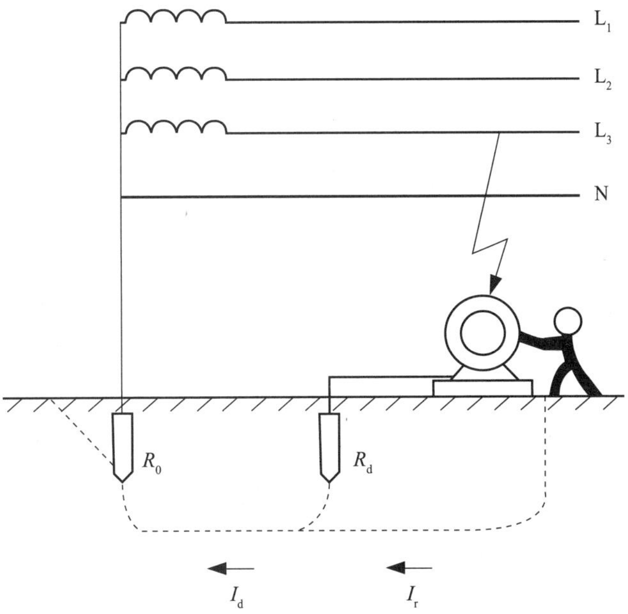

图 1－15　电气设备发生单相碰壳接地短路

3. 接地保护和接零保护不准混用

如图 1 – 16 所示，在变压器中性点接地系统中，如果接零保护和接地保护混用，当采用接地保护的设备发生碰壳事故时，在全部接零保护的设备外壳上均带有 1/2 相电压（设 $R_0=R_d$），故采用混接是危险的。

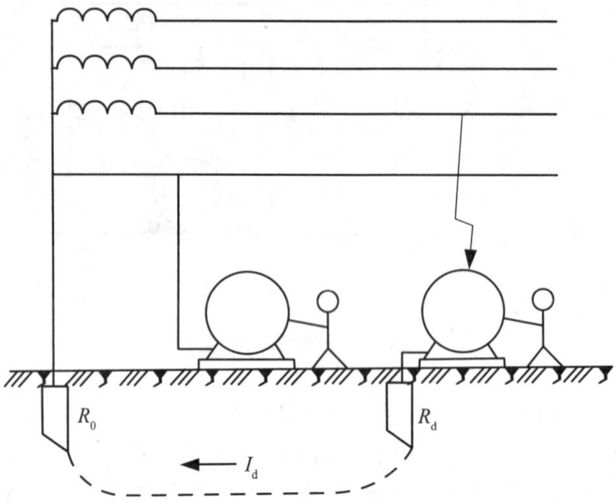

图 1 – 16　接地保护、接零保护混用的危险性

二、工作接地与重复接地

1. 工作接地

在三相四线制供电系统中，变压器低压侧中性点的接地称为工作接地，接地后的中性点称为零点，中性线称为零线。工作接地提高了变压器工作的可靠性，同时也可以降低高压窜入低压的危险性。

2. 重复接地

将中性线的一处或多处通过接地装置与大地再次连接称为重复接地，它是保护接零系统不可缺少的安全技术措施，其安全作用如下：

（1）降低了漏电设备对地电压。

（2）减轻了中性线断线的危险，如图 1 – 17 所示。

（3）改善了架空线路的防雷性能。重复接地的设置位置如下：户外架空线路或电缆的入户处，架空线路每隔 1 km 处，架空线路的转角杆、分支杆、终端杆处。

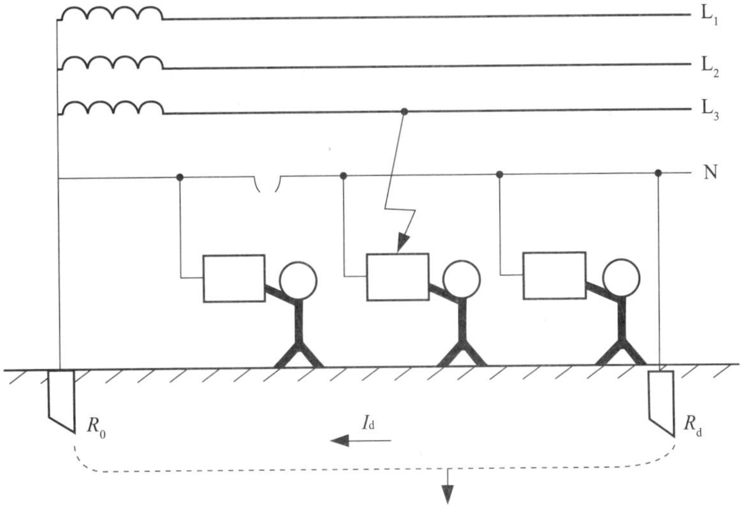

图 1－17 有重复接地时中性线断线的危险性

思考与练习

1. 常见的触电方式有哪些？
2. 触电的原理是什么？
3. 工作接地和重复接地的区别是什么？

模块二　常用直流电表的使用与制作

任务导学

电广泛应用于我们的日常生活和工农业生产中。电路一般可分为两大类：直流电路和交流电路。直流电路包括手电筒、照相机、手机电路等，交流电路包括家庭中的电灯、洗衣机、冰箱、电视、空调等的电路。

本模块通过电阻的识别与测量、简单直流电路的安装及电路故障的检查、简单直流照明电路的测试、基尔霍夫定律的验证与应用、直流照明电路的安装与测试、叠加定理的验证与应用、MF47 万用表装调七个基本任务，讨论直流电路的基本知识。

任务一　电阻的识别与测量

作为电路中最常用的器件，电阻器通常简称为电阻，电阻几乎是任何电子线路中不可缺少的器件。电阻在电路中的作用是：作为负载，用于分压分流、保护等。通过该任务的学习，掌握电阻的基本知识。

学习目标

知识目标	1. 了解电阻的种类、基本特性参数、表示方法及选用常识
	2. 掌握电阻的使用方法和使用时的注意事项
	3. 掌握色标法识读电阻的标称阻值和允许偏差
技能目标	1. 能区分不同电阻的种类
	2. 会正确使用万用表测量电阻值
	3. 培养学生应用色标法、直标法识读电阻阻值的能力
素质目标	1. 规范操作
	2. 团队合作

任务要求

（1）识别电子元器件识别板上电阻的类型，读出其标称值并填入表 2－1。

（2）用万用表测量各电阻的实际阻值。

（3）判定电阻是否出现断路、短路、老化（实际阻值与标称阻值相差较大的情况）及调节障碍（针对电位器或微调电阻）等故障现象，是否能够正常工作。

表 2-1　电阻的标识与测量

电阻	类型	标称阻值	允许偏差	测量值	可能出现的问题
R_1					
R_2					
R_3					
R_4					
R_5					
R_6					

知识准备

一、电阻定义及分类

电阻的英文名称为 Resistance，它是材料限制电流移动的特性，用符号 R 表示。

导线的电阻 R 与其长度 l 成正比，与其横截面面积 S 成反比，并与其材料的电阻率 ρ 有关，即

$$R=\rho\frac{l}{S} \tag{2-1}$$

电阻的单位是欧姆，简称欧，符号是 Ω。比较大的单位有千欧（kΩ）、兆欧（MΩ）。它们的换算关系为：

1 TΩ＝1 000 GΩ，1 GΩ＝1 000 MΩ，1 MΩ＝1 000 kΩ，1 kΩ＝1 000 Ω

电阻也可以用电导表示，符号为 G，单位为西门子（S）：

$$G=\frac{1}{R} \tag{2-2}$$

电阻根据电阻值是否可调分为固定电阻和可调电阻。阻值不能调节的电阻称为定值电阻或固定电阻，而阻值可以调节的电阻称为可调电阻。常见的可调电阻是滑动变阻器，如收音机的音量调节装置是个圆形的滑动变阻器。主要用于电压分配的电阻称为电位器。电阻根据构造不同可分为绕线电阻和非绕线电阻。电阻根据制造材料不同可分为碳膜电阻、金属膜电阻、金属氧化膜电阻等。

常见的电阻如图 2-1 所示。

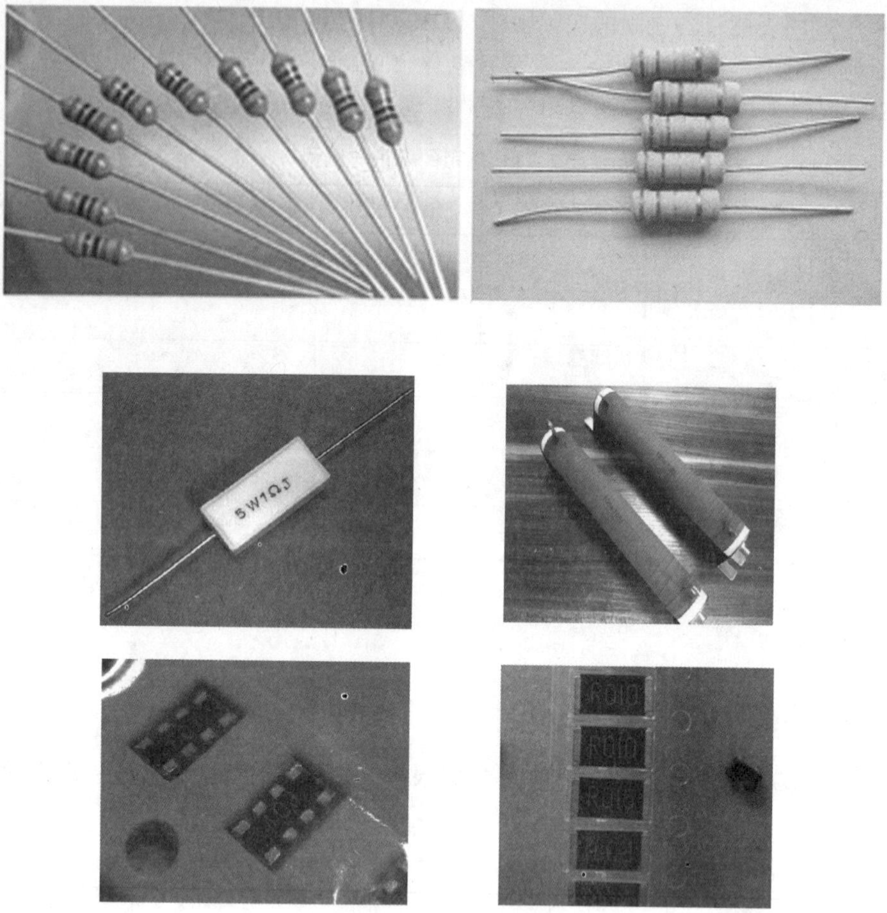

图 2－1　常见的电阻

二、电阻值的标注方法

1. 电阻元件的主要参数

电阻的基本参数包括标称阻值、允许误差、额定功率等。

（1）标称阻值：标称在电阻上的电阻值称为标称阻值，单位为 Ω、kΩ、MΩ。标称阻值是根据国家制定的标准系列标注的，不是生产者任意标定的。不是所有阻值的电阻都存在。

（2）允许误差：电阻的实际阻值对于标称阻值的最大允许偏差除以标称阻值所得的百分数，称为电阻的允许误差。常用电阻允许误差的等级见表 2－2。

表 2－2　常用电阻允许误差的等级

文字符号	误差/%	文字符号	误差/%
Y	±0.001	D	±0.5
X	±0.002	F	±1

续表

文字符号	误差/%	文字符号	误差/%
E	±0.005	G	±2
L	±0.01	J	±5
P	±0.02	K	±10
W	±0.05	M	±20
B	±0.1	N	±30
C	±0.25		

（3）额定功率：在规定的环境温度下，假设周围空气不流通，在长期连续工作而不损坏或基本不改变电阻性能的情况下，电阻上允许消耗的功率。常见的有1/16 W、1/8 W、1/4 W、1/2 W、1 W、2 W、5 W、10 W。

2. 电阻阻值的标注方法

电阻标称阻值和误差的标注方法有直接标注法（简称直标法）、文字符号法、数码标注法和色环标注法（简称色标法）。

（1）直标法是在电阻表面直接用阿拉伯数字和文字符号标注出其主要参数的方法。该方法用于体积较大的元器件。

根据我国有关标准的规定，我国电阻的型号命名方法由以下几部分组成，即主称、电阻体材料、类别、生产序号。见表2-3，第一部分用字母表示主称，第二部分用字母表示电阻体材料，第三部分用数字或字母表示电阻器的类别，第四部分用数字表示生产序号（包括额定功率、阻值、允许误差、精度等级）。具体实例见表2-4。

表2-3　电阻型号命名

第一部分		第二部分		第三部分		第四部分
用字母表示主称		用字母表示电阻体材料		用数字或字母表示电阻器的类别		用数字表示生产序号
符号	意义	符号	意义	符号	意义	
R	电阻器	T	碳膜	1，2	普通	包括：
RP	电位器	P	硼碳膜	3	超高频	额定功率
		U	硅碳膜	4	高阻	阻值
		C	沉积膜	5	高温	允许误差
		H	合成膜	7	精密	精度等级
		I	玻璃釉膜	8	电阻器——高压	
		J	金属膜（箔）		电位器——特殊函数	
		Y	氧化膜	9	特殊	
		S	有机实心	G	高功率	
		N	无机实心	T	可调	
		X	绕线	X	小型	
		R	热敏	L	测量用	
		G	光敏	W	微调	
		M	压敏	D	多圈	

表 2-4 直标法实例

型号	RJ71-0.125-5.1KI	RXG6-H2-15 510 Ω ±5%	RT 100 Ω ±5%	RJ7 10 kΩ 1%
主称	电阻器	电阻器	电阻器	电阻器
材料	金属膜	绕线式	碳膜	金属膜
特征	精密	高功率		精密
序号	1	6		
	额定功率：1/8 W 标称电阻：5.1 kΩ 允许误差：I 级 ±5%	标称电阻：510 Ω 允许误差：±5%	标称电阻：100 Ω 允许误差：±5%	标称电阻：10 kΩ 允许误差：±1%

（2）文字符号法是用阿拉伯数字和文字符号两者有规律地组合，在电阻上标出主要参数的标注方法。电阻的大小用阿拉伯数字表示，单位用文字符号表示。

该方法用 R 或 Ω 表示 Ω，k 表示 kΩ，M 表示 MΩ。电阻值（阿拉伯数字）整数部分写在符号的前面，小数部分写在符号的后面。

例如，3R9 表示 3.9 Ω，4k7 表示 4700 Ω。

（3）数码标注法是用 3 位数码表示元器件的标称阻值，用相应字母表示允许偏差的方法，以 Ω 为单位，主要用于体积较小的电阻（贴片电阻）。

其中，数码按从左到右的顺序，第一、二位为元器件的有效值；第三位为 10 的幂（0 的个数），第三位为 9 时为特例，表示 10^{-1}，电阻的单位为 Ω；第四位为字母时表示误差。

例如，102J 的标称阻值为 $10 \times 10^2 = 1$（kΩ），电阻允许误差为 ±5%；105 表示 1 MΩ；272 表示 2.7 kΩ。

（4）色标法是为了便于从任何一个角度都能看清电阻的阻值，采用不同颜色的色环来表示电阻的阻值及误差等级的方法。普通电阻一般用四环表示，精密电阻用五环表示。这种表示方法一般在小型电阻上用得比较多。其优点是在装配、调试和修理过程中，不用拨动元件即可在任意角度看清色环，读出阻值，使用方便。

4 条色环的电阻，其中 3 条表示电阻的阻值，1 条表示误差，如图 2-2 所示。第一、二环分别代表阻值的前两位数；第三环代表 10 的幂；第四环代表允许误差。5 条色环的电阻（精密电阻），其中第一、二、三环分别代表阻值的前 3 位数；第四环代表 10 的幂；第五环代表误差。表 2-5 列出了色环电阻的不同颜色所表示的有效数字和允许误差。色环电阻的单位一律为 Ω。

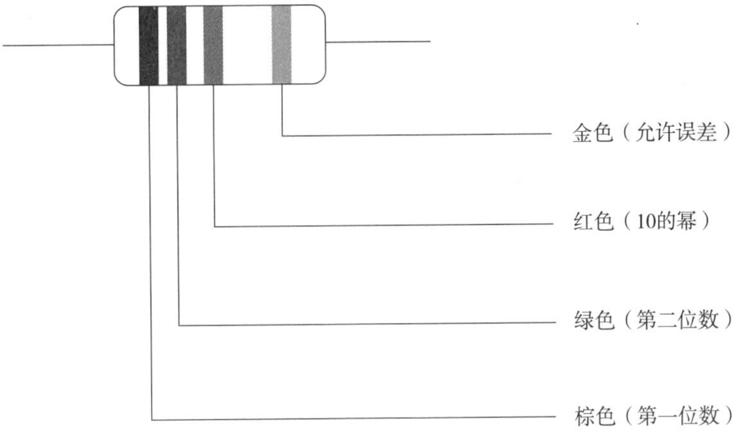

图 2-2　电阻器色标法

表 2-5　色环电阻的不同颜色所表示的有效数字和允许误差

色别	银	金	黑	棕	红	橙	黄	绿	蓝	紫	灰	白	无色
有效数字			0	1	2	3	4	5	6	7	8	9	
10 的幂	10^{-2}	10^{-1}	10^{0}	10^{1}	10^{2}	10^{3}	10^{4}	10^{5}	10^{6}	10^{7}	10^{8}	10^{9}	
允许误差	±10%	±5%		±1%	±2%			±0.5%	±0.2%	±0.1%			±20%
误差代码	K	J		F	G			D	C	B			M

例如，4 条色环的颜色为“黄橙红金”，读法：前 3 条颜色对应的数字为 432，金为 ±5%，所以阻值为 $43\times10^{2}=4300$（Ω）=4.3（kΩ），误差为 ±5%。

注意：① 对于第一、二环每种颜色所代表的数，可这样记忆：由彩虹的颜色分布——红橙黄绿蓝靛紫，去掉靛，后面添上灰、白，前面加上黑、棕，对应数字从 0、1 开始。

② 第一色环的辨别方法：

a. 金色和银色只能作倍率或误差，倍率和误差处于色环的尾部，所以金、银色环所处的位置为电阻色环的尾部。

b. 棕色环既常用作误差环，又常用作有效数字环，且常在第一环和最末一环中同时出现，使人难识别哪个棕色环是第一环。在实践中，可以参照色环之间的间隔加以判断，对于一个 5 条色环的电阻而言，第五环和第四环之间的间隔比第一环和第二环之间的间隔要宽一些。

c. 利用电阻的生产序列值加以判别。例如，一个电阻的色环读序是棕、黑、黑、黄、棕，其值为 $100\times10^{4}=1$（MΩ），误差为 ±1%，属于正常电阻序列值。若反读，其值为 140 Ω，误差为 ±1%，在电阻生产序列中是没有的，故后一种顺序是不对的。

三、电阻的检测

对电阻的检测主要看其实际阻值与标称阻值是否相等。具体检测方法为：采用万用表的欧姆挡，欧姆挡的量程应视电阻值的大小而定，一般情况下应使指针指在刻度盘的中间段，以提高检测精度。

万用表又称多用表，是一种用来测量交直流电压、直流电流、电阻等物理量的多功能便携式电工仪表。有些万用表还可以测量交流电流、电容、电感及晶体管的 h_{FE} 值等。万用表有模拟式和数字式两种类型。模拟式万用表种类很多，外形各异，但其基本使用方法相同。下面以 MF47 型万用表为例，来介绍模拟式万用表测量电阻的方法。

1. MF47 型万用表简介

MF47 型万用表的外形如图 2 – 3 所示，背面有电池盒。万用表主要由以下几个部分构成：

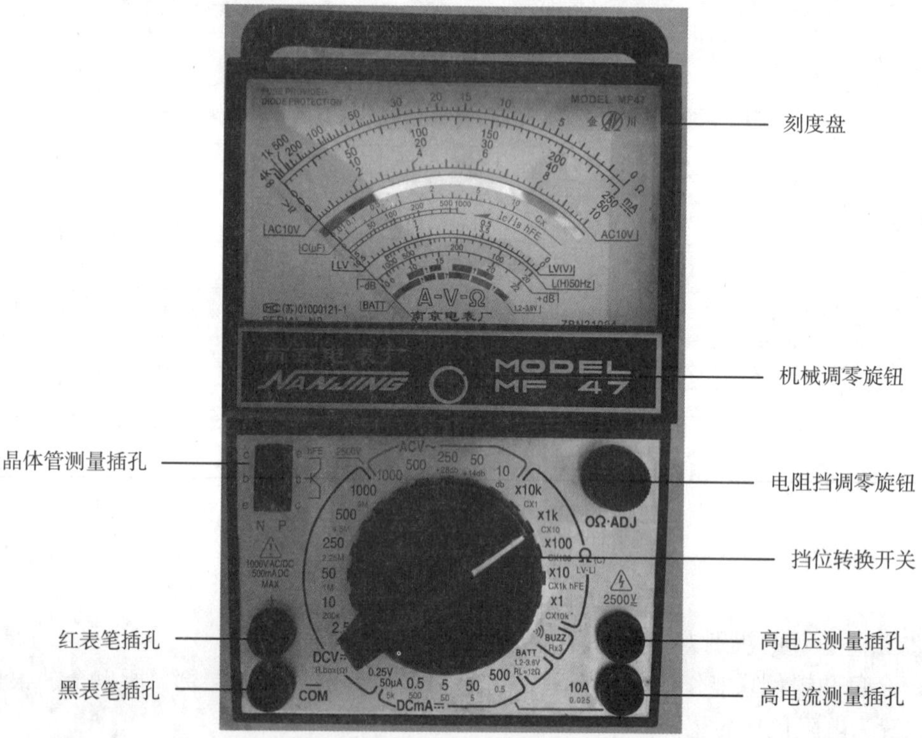

图 2 – 3　MF47 型万用表的外形

（1）表头：表头是万用表的重要组成部分，决定了万用表的灵敏度。表头由表针、磁路系统和偏转系统组成。为了提高测量的灵敏度和便于扩大电流的量程，表头一般都采用内阻较大、灵敏度较高的磁电式直流电流表。另外，表头上还设有机械调零旋钮，用以校正表针在左端的零位。万用表的表头是一个灵敏电流表，电流只能从正极流入，从负极流出。在测量直流电流的时候，电流只能从与“ + ”插孔相连的红表笔流入，从与“ – ”插孔相连的黑表笔流出；在测量直流电压时，红表笔接高电位，黑表笔接低电位，否则，一方面测不出数值，另一方面很容易损坏表针。

（2）刻度盘：由多种刻度线及带有说明作用的各种符号组成。只有正确理解各种刻度线的读数方法和各种符号所代表的意义，才能熟练、准确地使用万用表。MF47 型万用表的刻度盘如图 2－4 所示。

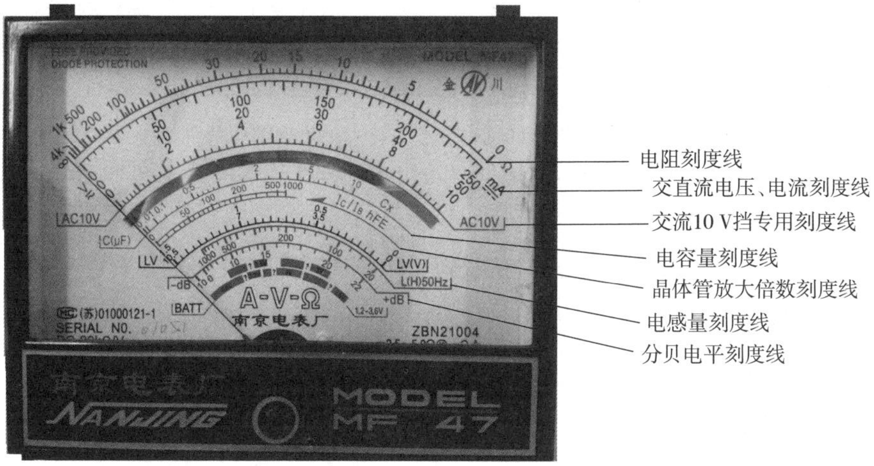

图 2－4　MF47 型万用表的刻度盘

刻度盘上的符号“A－V－Ω”表示这只表是可以测量电流、电压和电阻的多用表。刻度盘上印有多条刻度线，其中右端标有“Ω”的是电阻刻度线，其右端表示零，左端表示∞，刻度值分布是不均匀的；符号“－”或“DC”表示直流，“～”或“AC”表示交流，“≃”表示交流和直流共用的刻度线；h_{FE}表示晶体管放大倍数刻度线；dB 表示分贝电平刻度线。

（3）挡位转换开关：用来选择测量项目和量程（或倍率），是一个多挡位的旋转开关。MF47 型万用表的测量项目包括电流、直流电压、交流电压和电阻。每项又划分为几个不同的量程（或倍率）以供选择。具体挡位如图 2－5 所示。

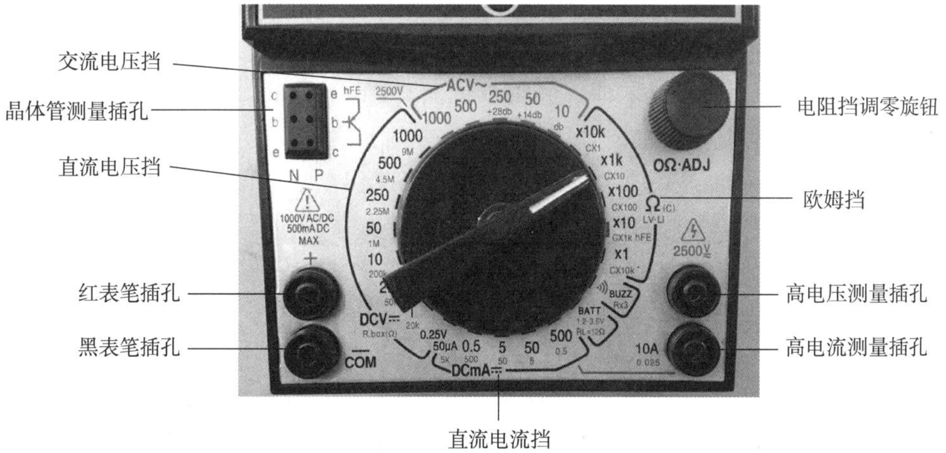

图 2－5　挡位转换开关及插孔

（4）机械调零旋钮和电阻挡调零旋钮：机械调零旋钮的作用是调整表针静止时的位置。万用表进行任何测量时，其表针应指在刻度盘刻度线左端“0”的位置上，如果不在这个位置，可调整该旋钮使其到位。电阻挡调零旋钮的作用是，当红、黑两表笔短接时，表针应指在电阻（欧姆）挡刻度线的右端“0”的位置，如果不指在“0”的位置，可调整该旋钮使其到位。需要注意的是每转换一次电阻挡的量程，都要调整该旋钮，使表针指在“0”的位置上，以减小测量误差。

（5）表笔插孔：表笔有红、黑表笔两支，使用时应将红表笔插入标有“+”号的插孔中，黑表笔插入标有“-”号的插孔中。另外，MF47 型万用表还提供 2 500 V 交直流电压扩大插孔及 5 A 的直流电流扩大插孔。使用时分别将红表笔移至对应插孔中即可。

2. 万用表的使用注意事项

（1）在使用万用表之前，应先进行机械调零，即在没有被测电量时，使万用表指针指在零电压或零电流的位置上，如图 2-6 所示。

图 2-6　零电压或零电流位置

（2）在使用万用表过程中，不能用手去接触表笔的金属部分，这样一方面可以保证测量的准确，另一方面也可以保证人身安全。

（3）在测量某一电量时，不能在测量的同时换挡，尤其在测量高电压或大电流时，更应注意。否则，会毁坏万用表。如需换挡，应先断开表笔，换挡后再去测量。

（4）万用表在使用时，必须水平放置，以免造成误差。同时，还要注意避免外界磁场对万用表的影响。

（5）万用表使用完毕，应将挡位转换开关置于交流电压的最大挡。如果长期不使用，应将万用表内部的电池取出来，以免电池腐蚀表内其他器件。

3. 万用表欧姆挡的使用步骤

（1）使用前要调零。在使用仪表前，若发现表头指针不在机械零位，为了减少测量误差，首先要进行机械调零。其方法如图 2-7 所示：先将万用表红、黑表笔分开，再用一字螺钉旋具旋动机械调零旋钮，使指针指在电流或电压刻度的零刻度线上（通常所说的机械调零的零位）。

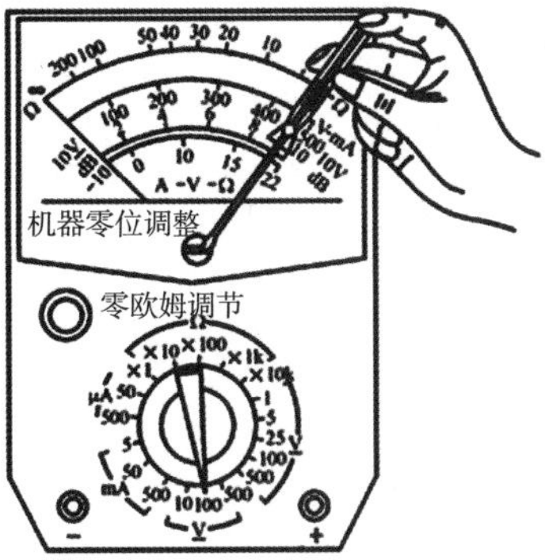

图 2－7　机械调零

（2）选择合适的倍率。在用万用表欧姆挡测量电阻时，应选适当的倍率，使指针指示在中值附近，如图 2－8 所示。最好不使用刻度左边 1/3 的部分，这部分刻度密集，测量精度很差。

（3）正确读数。记录测量数据时，最后一位数字为估读值，它反映了测量所使用仪表刻度的精确度，不能漏记。电阻的读数计算方法：阻值 = 刻度值 × 倍率。如图 2－9所示，刻度值大致为 37.0，若此时选择的挡位为 1 k 挡，则阻值 = 37.0 × 1 k = 37 k，即 37 kΩ。

图 2－8　合适的指针位置

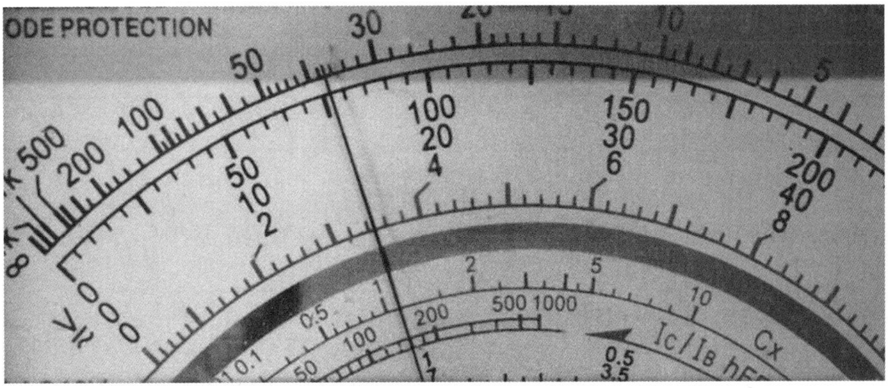

图 2－9　电阻读数

（4）测量结束。为防止下次误操作，测量结束后，应将万用表量程开关旋至空挡（或 OFF）处，若没有空挡（或 OFF），则将量程开关旋至交流电压最大挡。

注意：测量电阻时不能带电测量。被测电阻不能有并联支路。

思考与练习

1. 电阻有无正负极？
2. 如果电阻只有三环，是什么原因？
3. 两个电阻的色环完全颠倒，它们的阻值是否相同？
4. 怎样知道电阻的实际值？
5. 电阻在电路中的作用是什么？
6. 电阻的基本单位是什么？
7. 某色标法四环电阻的第一、二、三、四色环分别为绿、棕、红和金色，则其标称阻值和允许偏差为多少？
8. 通过查找资料，自主学习其他电阻的相关知识。

任务二　简单直流电路的安装及电路故障的检查

学习目标

知识目标	1. 了解电路的工作状态
	2. 掌握电路的组成及作用
	3. 了解电路故障的分析方法
技能目标	1. 会安装简单照明电路
	2. 会对简单电路进行诊断
素质目标	1. 提高学生将所学知识应用于实际电路的能力
	2. 培养学生的逻辑思维能力

任务要求

根据图 2－10 连接实物，使负载 L 能够正常工作。若不能正常工作，请分析原因。

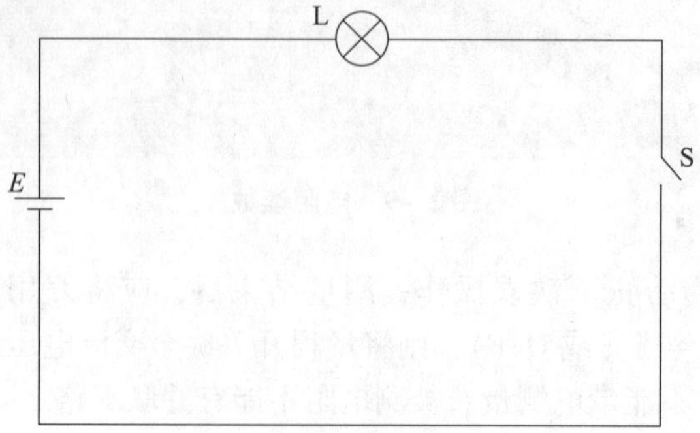

图 2－10　简单直流照明电路

知识准备

一、电路和电路模型

1. 电路的组成和作用

将不同的电子电气元件或设备按一定的方式连接起来形成的电流通路，就是电路。电路由电源、负载、中间环节三部分组成。

（1）电源：将其他形式的能量转化为电能的装置，如干电池、蓄电池、太阳能电池、发电机等。电源的作用是为用电器提供符合要求的电压和工作所需的电能。

（2）负载：将电能转化为非电能的用电设备。例如，电烙铁中发热元件将电能转换为热能，电灯将电能转换为光能等。负载的作用是消耗电能。

（3）中间环节：把电源与负载连接起来的部分，起传递和控制电能的作用。中间环节有的简单，如导线、开关等；有的复杂，如超大规模集成电路或电力输送电路等。

电路的种类繁多，用途各异，概括起来主要有以下两个方面：

（1）能够实现电能的输送和转换。如图 2－11（a）所示，电源发出电能，通过中间环节（导线、开关及其他设备）将电能送给负载（电灯），用以照明，将电能转化为光能，实现了电能的输送与转换。

（2）能够实现电信号的传递和转换。图 2－11（b）所示是扩音机的工作示意图。话筒将声音（信息）转换成电信号，经过中间环节（放大器），信号被放大，并传递到负载（扬声器），还原原来的声音，实现电信号的传递与转换。

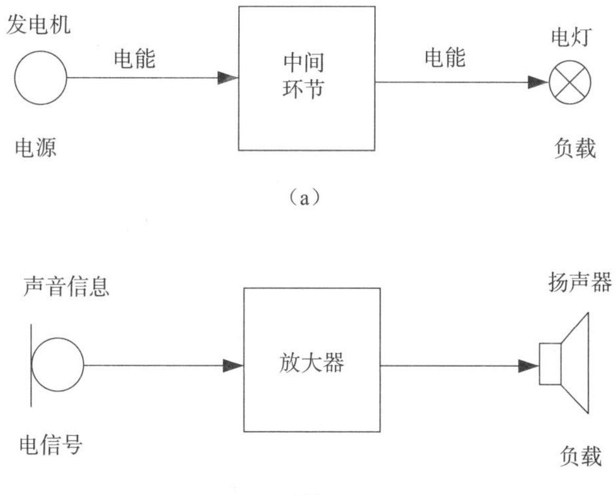

图 2－11　电路的种类

（a）电能输送和转换电路；（b）电信号传递和转换电路（扩音机的工作示意图）

2. 电路模型

无论电路的结构和作用如何，都可以看成由实际的电源、负载和中间环节三部分组成。但实际电路元件的电磁性质比较复杂，难以用简单的数学关系表达式表达它们的物理特性，如各种电源、电阻器、电感器、变压器、电子管、晶体管、固体组件等，它们发挥各自的作用，共同实现电路功能。但这些电路元件和设备在工作运行中所发生的物理过程很复杂，因此，为了研究电路的一般规律，我们将实际的电路元件进行理想化，即在一定的工作条件下将其近似看成理想元件。实际电路的电路模型是由理想电路元件相互连接而成的。

理想电路元件分为两类：一类是有实际元件与它对应的电路元件，如电阻器、电感器、电容器、电压源、电流源等；另一类是没有实际元件直接与它对应的电路元件，但是它们的某种组合却能反映实际电路元件和设备的主要特性和外部功能，如受控源等。

用特定图形符号和文字符号表示电路连接情况的图称为电路图，简称电路。电路图主要反映元器件的性能和它们之间的连接关系，它不是实物图，不反映电路中元器件的几何尺寸。

电路图中各种元器件都采用国家统一标准的图形符号和文字符号来表示。表 2－6 所示为部分常用电器的图形符号。

表 2－6　部分常用电器的图形符号（摘自 GB 4728—2008）

名称	图形符号	名称	图形符号	名称	图形符号
开关		电阻器		接机壳	
电池		电位器	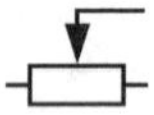	接地	
发电机		电容器		端子	
线圈		电流表		连接导线 不连接导线	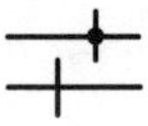
铁心线圈	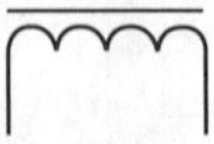	电压表		熔断器	
抽头线圈		二极管	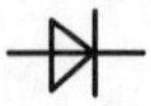	灯	

二、电路的工作状态及特征

电路的基本工作状态有 3 种：通路（闭路）、断路（开路）、短路。

（1）通路：电源与负载接通，电路中有电流通过。电气设备或元器件获得一定的电压和电功率，进行能量转换。在图 2－12 所示电路中，当开关闭合后，电源与负载接成闭合回路，电源处于通路状态，电路中有电流流过。

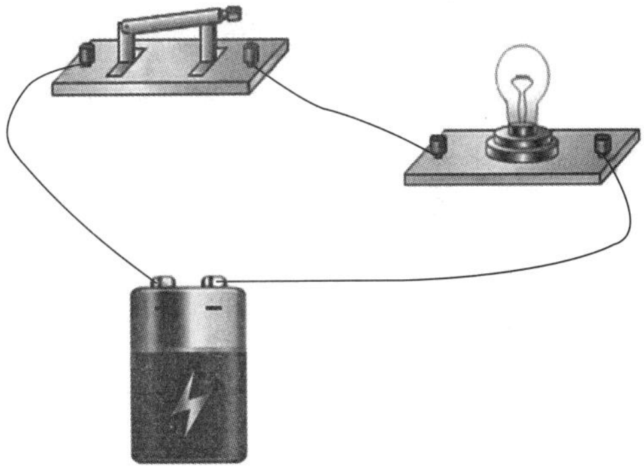

图 2－12　通路

注意：任何电气设备都有标准的工作电压、工作电流和功率等，这个标准就是电气设备的额定值。电气设备在该标准下工作的状态称为额定工作状态。合理地使用电气设备，尽可能使它们工作在额定状态，这样既安全、可靠又能充分发挥设备的作用，这种工作状态称为满载。设备在超过额定值下工作称为过载，若长期在这种状态下工作，则设备的寿命会缩短，甚至会烧毁。设备在不足额定值下工作称为欠载，这种情况下电源不能充分发挥作用。

（2）断路：电路断开，外电阻视为无穷大，电路中没有电流通过，又称空载状态，如图 2－13 所示。

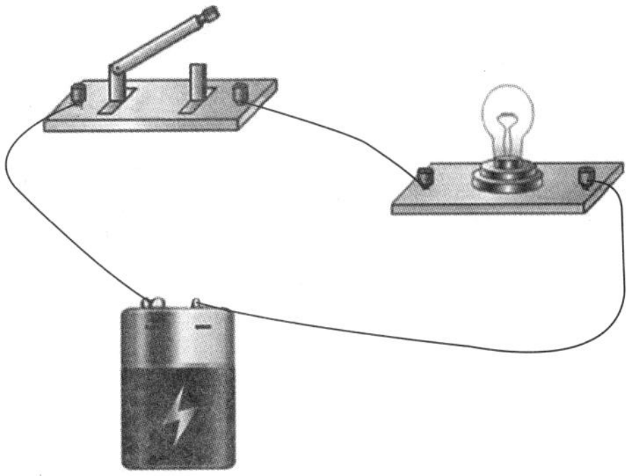

图 2－13　断路

（3）短路：电源两端或电路中某些部分被导线直接相连，通过负载的电流为 0。此时输出电流过大。如果没有保护措施，电源或电器会被烧毁或发生火灾，因此应该在电路中设置短路保护装置。在电路中串联熔断器或断路器可起到短路保护作用。

在图 2－14 所示电路中，电源被短路，此时电源的两个极性端直接相连。电源被短路会产生很大的电流，从而造成严重后果，如导致电源因大电流而发热损坏，或引起电气设备的机械损伤，因此要绝对避免电源被短路。

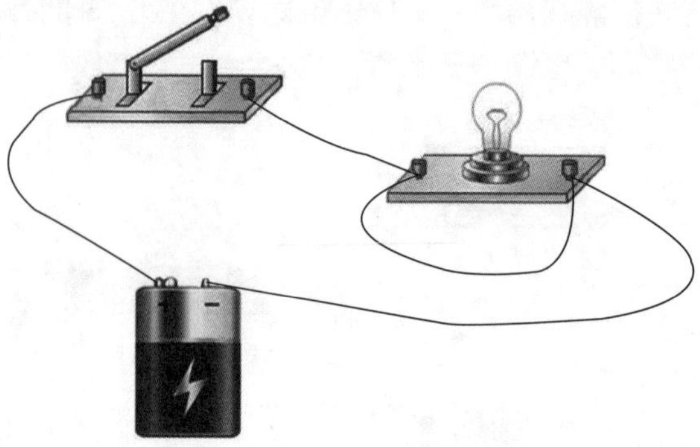

图 2－14　短路

思考与练习

1. 将下列几个元器件的图形符号画在对应的位置。

元器件	图形符号	元器件	图形符号
灯		电流表	
开关		发电机	
电位器、变阻器		电压表	

2. 把其他形式的能转换为电能的装置称为________。
3. 一般电路都由________、________和________ 3 个基本部分所组成。
4. 电路的工作状态有________、________和________ 3 种。

任务三　简单直流照明电路的测试

学习目标

知识目标	1. 掌握电流、电压的概念及其测量方法
	2. 掌握电位的概念及其应用
	3. 掌握电功率、电功的概念及其计算方法
技能目标	1. 会使用万用表进行电压、电流的测量
	2. 能计算简单直流电路的 U、I、P
	3. 能对电压源、电流源进行等效变换
素质目标	1. 提高学生将所学知识应用于实际的能力
	2. 规范操作

任务要求

（1）按照图 2－10 连接实物电路，使用万用表测量负载电压和电路中的电流，并计算灯泡的功率，将数据填入表 2－7。

表 2－7　测量数据

电流/A	电压/V	功率/kW

（2）测量如图 2－15 所示电路中的支路电流。

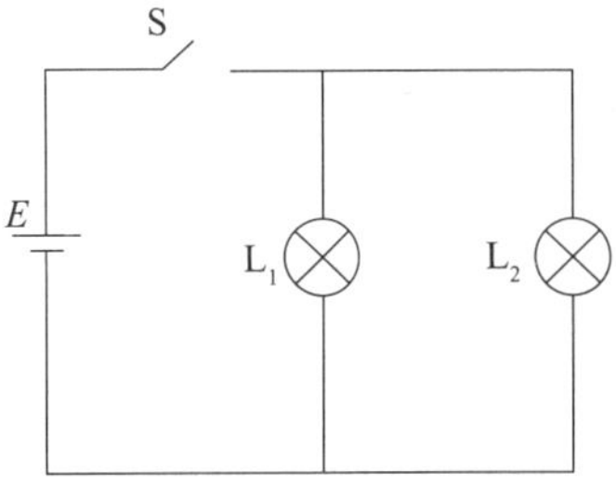

图 2－15　任务三要求用图

知识准备

电路中有许多物理量，其中电源的电动势 E 和电路中的电流 I、电压 U 及电位是电路的基本物理量。

一、电流及其测量

1. 电流的基本概念

电荷在电场力的作用下做有规律的定向移动就形成了电流。电荷的移动速度即电流的大小定义如下：在单位时间内通过某一导体横截面的电荷量。用 I 表示电流，q 表示电荷量，t 表示时间，则电流的计算公式为

$$I = \frac{q}{t} \tag{2-3}$$

式中：q 为时间 t 内通过导体横截面的电荷量。

电流不是恒定不变的，即不同时刻，电流大小不一样，则计算公式可表示为

$$i = \frac{\mathrm{d}q}{\mathrm{d}t} \tag{2-4}$$

式中：i 为某个时刻的电流大小；$\mathrm{d}q$ 为某一时刻通过导体横截面的电荷量；$\mathrm{d}t$ 为某一时刻时长。

在国际单位制（International System of Units，SI）中，电流的单位为安培，用大写字母 A 表示。当 1 秒（s）内通过导体横截面的电荷量为 1 库仑（用大写字母 C 表示，1 C 相当于 6.25×10^{18} 个电子的电量）时，电流强度为 1 安培（A）。在电力系统中，遇到的电流常常为几安、几十安，甚至更大；而在电子设备中电流较小，一般为几毫安（mA）或几微安（μA）。它们之间的换算关系为

$$1\ \mathrm{kA} = 10^3\ \mathrm{A},\ 1\ \mathrm{mA} = 10^{-3}\ \mathrm{A},\ 1\ \mu\mathrm{A} = 10^{-6}\ \mathrm{A}$$

2. 电流的实际方向和参考方向

带电微粒的定向移动形成电流，则电流是矢量（有方向的量）。通常规定正电荷运动的方向为电流的正方向，负电荷运动的方向为电流的负方向。

当然，电流的方向也不是一成不变的，如在分析电路时，有时电流的实际方向难以事先确定，特别是在交流电路中，电流的方向随时间不断反复变化，此时，为了分析电路方便，可以选定任一方向作为电流的参考方向，或称正方向。当电流的实际方向与参考方向一致时，则电流值为正值，如图 2－16（a）所示；反之，当电流的实际方向与其参考方向相反时，电流值为负值，如图 2－16（b）所示。因此，在参考方向确定以后，就可以确定电流值的正、负，并值进行电路分析。

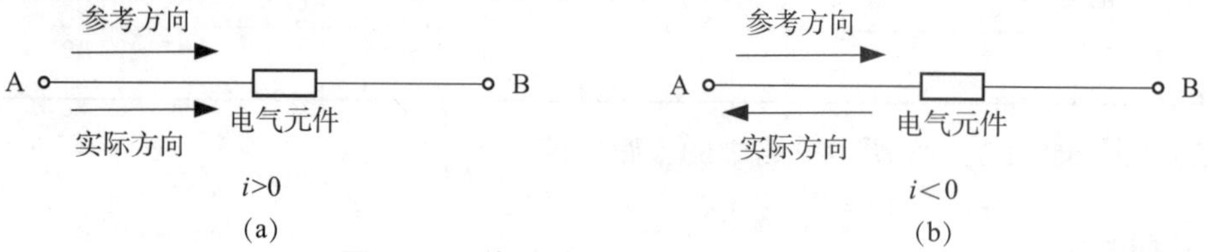

图 2－16　电流的实际方向和参考方向

在电路图中，用箭头表示电流的参考方向。在实际应用中，还可以使用双下标来表示电流方向。例如，i_{AB}表示电流的参考方向是由 A 流向 B。若选定参考方向由 B 流向 A，则用 i_{BA}表示，两者相差一个负号，即 $i_{AB}=-i_{BA}$。

【例 2－1】 如图 2－17 所示，请说明电流的实际方向。

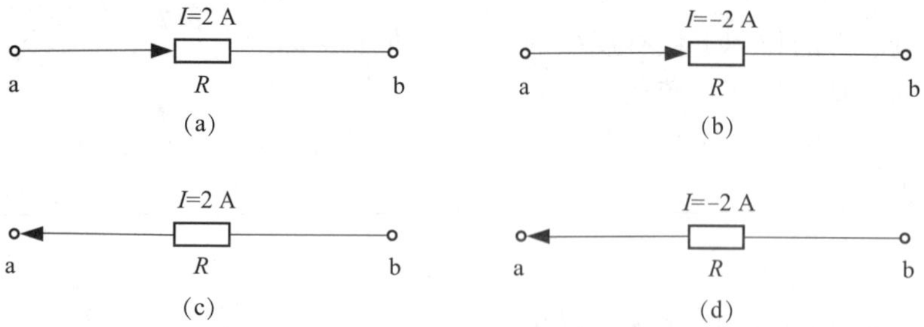

图 2－17　例 2－1 图

解：

（a）电流参考方向为由 a 到 b，$I=2\ A>0$，为正值；说明电流的实际方向和参考方向相同，即从 a 到 b。

（b）电流参考方向为由 a 到 b，$I=-2\ A<0$，为负值；说明电流的实际方向和参考方向相反，即从 b 到 a。

（c）电流参考方向为由 b 到 a，$I=2\ A>0$，为正值；说明电流的实际方向和参考方向相同，即从 b 到 a。

（d）电流参考方向为由 b 到 a，$I=-2\ A<0$，为负值；说明电流的实际方向和参考方向相反，即从 a 到 b。

3. 电流的测量

对交流、直流电流应分别使用交流电流表和直流电流表进行测量，或分别使用万用表的交流电流挡和直流电流挡测量。

使用万用表测量通过灯泡的直流电流值，步骤如下：

（1）机械调零。

（2）开关断开，将万用表串联在被测电路中，正、负极接线必须正确，即红表笔为电流流入端，黑表笔为电流流出端。

（3）选择合适量程。将万用表开关拨至直流电流 DCmA 挡进行测量。选择量程时，应使指针指示在标度尺 2/3 以上的部分，这样测量出的结果才较为准确；因此在测量前应先估计被测电流的大小，以便选择适当的量程。例如，45. 5 mA 的直流电流，应选 50 mA 直流电流量程，即 DC50 mA 挡。测量时，如果不能确定被测电流的数值范围，就应由大到小选择量程，即先用直流电流的最大量程挡测量，当指针偏转不到 1/3 刻度时，再逐渐改用较小挡去测量，直到合适为止。

（4）正确读数。合上开关 S，待指针稳定后读数。其方法是万用表的刻度盘上有多条标度尺，每一条标度尺上都标有被测量的标志符号，读数时应根据被测量及量程在相应的标度尺上读出指针指示的数值。另外，读数时尽量使视线与刻度盘表面垂直。

注意：

① 合上开关时，应观察指针的偏转情况。如果指针出现反偏（逆时针偏转）或指针正偏过大（超过满偏刻度值），应立即断开电源开关，待查明原因（电流进线、出线接反或量程选择太小），并排除故障（调换电流进、出线或重新选择合适的量程）后，方可继续操作。

② 记录数据时，最后一位数字为估读值，不能漏记。

（5）测量结束。测量结束后，先切断电源，再拆除连接实物的导线，以避免发生事故。将万用表量程开关旋至空挡（或 OFF）处；没有空挡（或 OFF）时，则将量程开关旋至交流电压最大挡。

二、电压及其测量

1. 电压的基本概念

电压是描述电场力对电荷做功大小的一个物理量。电场力把单位正电荷从电路中一点移到另一点所做的功，称为这两点之间的电压，即

$$u = \frac{\mathrm{d}W}{\mathrm{d}q} \tag{2-5}$$

式中，u 为小写，表示电压的大小和方向随时间而变化。对于恒定电压，即直流电压，用大写字母 U 表示。电路中两点之间的电压也是单位正电荷从一点移到另一点所失去或获得的能量，电能的增加或减少表现为电位的降低或升高，因此电压又称为电位差或电位降。

电压的单位为伏特，符号为 V。电力系统中，日常用的电压一般为几百伏，输送电线的电压为几千伏（kV）、几万伏，甚至更大；电子设备中电压较小，一般为几伏（V）、几毫伏（mV）或几微伏（μV）。它们之间的换算关系为

$$1\ \mathrm{kV} = 10^3\ \mathrm{V},\ 1\ \mathrm{mV} = 10^{-3}\ \mathrm{V},\ 1\ \mu\mathrm{V} = 10^{-6}\ \mathrm{V}$$

2. 电压的实际方向和参考方向

电压的实际方向是由高电位指向低电位。在简单电路中可以直接确定电压的实际方向，但在复杂电路中不能确定电压的实际方向，就如同假定电流的参考方向一样，先假定一个正方向，当电压的实际方向与参考方向一致时，则电压值为正值，如图 2－18（a）所示；反之，当电压的实际方向与其参考方向相反时，电压值为负，如图 2－18（b）所示。因此，在参考方向确定以后，就可以确定电压值的正与负并进行电路分析了。

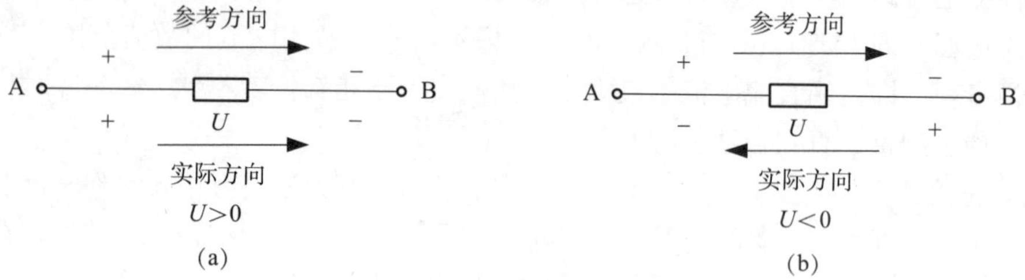

图 2－18　电压的实际方向和参考方向

如图 2－19 所示，在电路图中，用箭头表示电压的参考方向。在实际应用中，还可以使用双下标来表示电压方向。例如，U_{AB}表示电压的参考方向由 A 指向 B，A 点比 B 点电位高。若选定参考方向由 B 指向 A，则用 U_{BA}表示，两者相差一个负号，即 $U_{AB} = -U_{BA}$。另外，也可以用“+”和“−”来表示电压的参考方向，电压由“+”指向“−”。

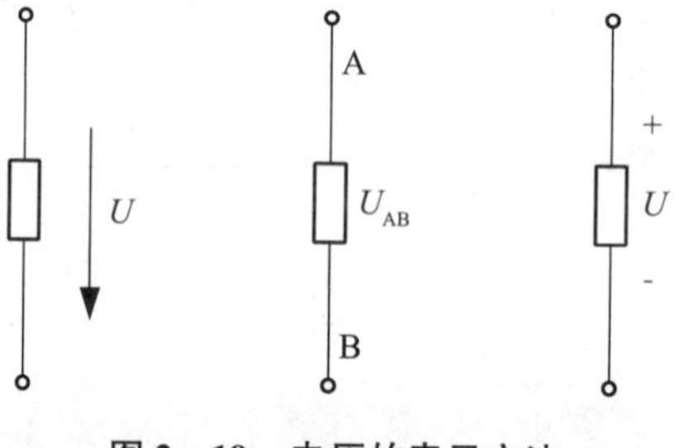

图 2－19　电压的表示方法

【例 2－2】元件 R 上电压的参考方向如图 2－20 所示，请说明电压的实际方向。

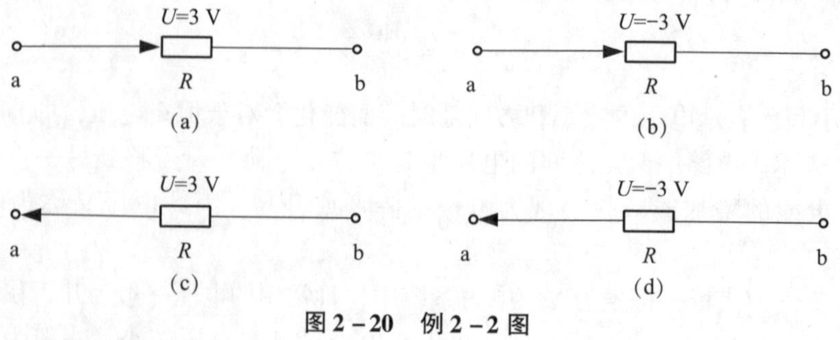

图 2－20　例 2－2 图

解：

（a）因 $U = 3\ \text{V} > 0$，为正值，说明电压的实际方向和参考方向相同，即电压的方向从

a 到 b。

(b) 因 $U = -3\ V < 0$，为负值，说明电压的实际方向和参考方向相反，即电压的方向从 b 到 a。

(c) 因 $U = 3\ V > 0$，为正值，说明电压的实际方向和参考方向相同，即电压的方向从 b 到 a。

(d) 因 $U = -3\ V < 0$，为负值，说明电压的实际方向和参考方向相反，即电压的方向从 a 到 b。

3. 电压的测量

对交流、直流电压应分别使用交流电压表和直流电压表进行测量，或分别使用万用表的交流电压挡（Alternating Current Voltage，ACV）和直流电压挡（Direct Current Voltage，DCV）测量。

使用万用表测量直流电压值，步骤如下：

(1) 机械调零。

(2) 开关断开，将万用表并联在被测电路中，正、负极接线必须正确，即红表笔接被测电路的高电位端，黑表笔接低电位端。

(3) 选择合适量程。将万用表开关拨至 DCV 的适当量程进行测量。选择量程时，应使指针指示在标度尺 2/3 以上的部分，这样测量出的结果才较为准确；测量前应先估计被测电压的大小，以便选择适当的量程。测量时，如果不能确定被测电压的数值范围，就应由大到小选择量程，即先用直流电压的最大量程挡测量，当指针偏转不到 1/3 刻度时，再逐渐改用较小挡去测量，直到合适为止。

(4) 正确读数。合上开关 S，待指针稳定后读数。

注意：

① 合上开关时，应观察指针的偏转情况。如果指针出现反偏或指针正偏过大，都应立即断开电源开关，待查明原因并排除故障后，方可继续操作。

② 记录数据时，最后一位数字为估读值，不能漏记。

(5) 测量结束。测量结束后，先切断电源，再拆除连接实物的导线，以避免发生事故。将万用表量程开关旋至空挡（或 OFF）处；没有空挡（或 OFF）时，则将量程开关旋至交流电压最大挡。

4. 关联参考方向和非关联参考方向

如图 2-21 所示，若电压和电流的参考方向选择一致，则称为关联参考方向；若电压和电流的参考方向选择相反，则称为非关联参考方向。

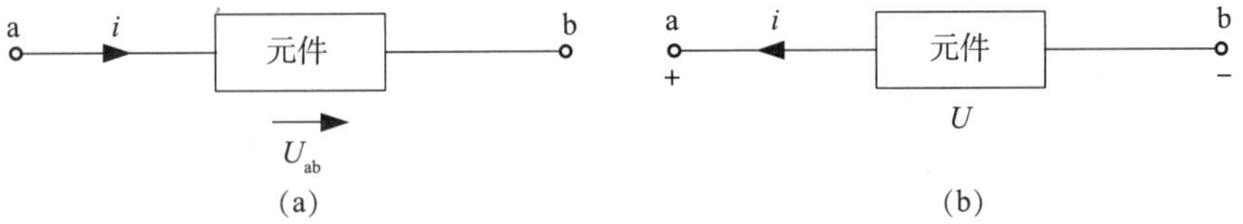

图 2-21　关联参考方向和非关联参考方向

(a) 关联参考方向；(b) 非关联参考方向

三、电动势

1. 电动势的概念

电动势是描述电源性质的重要物理量，是反映电源力把正电荷由负极推向正极所做的功。

电源的电动势符号用 E 表示，在数值上等于非静电力把单位正电荷从电源的低电位由电源内部移到高电位所做的功，电动势单位和电压一样，也是伏特（V），电动势的计算公式为

$$E = \frac{W}{q} \tag{2-6}$$

式中：E 为电动势；W 为非静电力所做的功，单位为焦耳（J）；q 为电荷量。

2. 电动势的实际方向和参考方向

电动势的作用是把正电荷从低电位点移动到高电位点，使正电荷的电势能增加，所以规定电动势的实际方向是由低电位指向高电位，即从电源的负极指向电源的正极。在电路中电源的极性和电动势的数值一般都是已知的，所以一般电动势的参考方向都取与实际方向相同的方向，即由电源的负极指向电源的正极。

四、电位及其计算

1. 电位

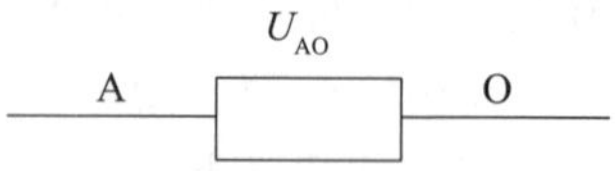

图 2－22　电位定义

电位用字母 V 表示，单位是 V（伏特）。电位是表示电路中某一点性质的物理量，是一个相对物理量。为了求得电路中各点的电位值，必须在电路中选择一个参考点（常用符号“⊥”表示），该参考点的电位看作零，某点的电位就是该点到参考点的电压。如图 2－22所示，若选择 O 点为参考点，则 O 点的电位 $V_O=0$ V，A 点的电位 $V_{AO}=U_{AO}$；若选择 A 点为参考点，则 A 点的电位 $V_A=0$ V，O 点的电位 $V_O=U_{OA}=-U_{AO}$。

2. 电位的计算

参考点的选用：原则上可以任意选择，但为了便于分析计算，在电力电路中常以大地作为参考点，在电子电路中常以多条支路汇集的公共点或金属底板、机壳等作为参考点。

电路中任意两点之间的电压就等于这两点间的电位之差，故电压又称为电位差，如 a、b 之间的电压可记为 $U_{ab}=V_a-V_b$。

3. 电位的测量

电位的测量方法与电压的测量方法基本相同，即万用表的红表笔接被测点，黑表笔接参考点，万用表读数即为该点电位。

【例 2－3】 在图 2－23 所示电路中，已知 $U_{ac}=30$ V，$U_{ab}=20$ V，试分别以 a 点和 c 点作为参考点，求 b 点的电位和 b、c 两点间的电压。

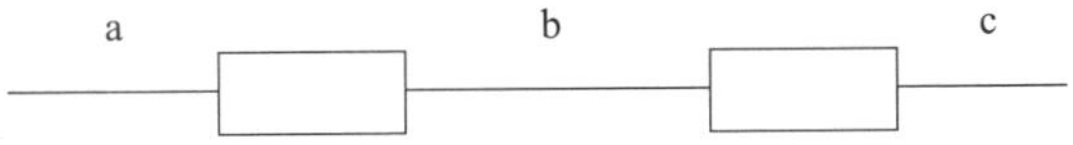

图 2－23　例 2－3 图

解：（1）以 a 点作为参考点，则$V_a=0$ V。

已知$U_{ab}=20$ V，又$U_{ab}=V_a-V_b$，故 b 点电位为

$$V_b=V_a-U_{ab}=0\text{ V}-20\text{ V}=-20\text{ V}$$

因为$U_{ac}=30$ V，又$U_{ac}=V_a-V_c$，故 c 点电位为

$$V_c=V_a-U_{ac}=0\text{ V}-30\text{ V}=-30\text{ V}$$

则 b、c 两点间的电压为

$$U_{bc}=V_b-V_c=(-20\text{ V})-(-30\text{ V})=10\text{ V}$$

（2）以 c 点作为参考点，则$V_c=0$ V。

因为$U_{ac}=30$ V，又$U_{ac}=V_a-V_c$，故 a 点电位为

$$V_a=U_{ac}+V_c=30\text{ V}$$

已知$U_{ab}=20$ V，又$U_{ab}=V_a-V_b$，故 b 点电位为

$$V_b=V_a-U_{ab}=30\text{ V}-20\text{ V}=10\text{ V}$$

则 b、c 两点间的电压为

$$U_{bc}=V_b-V_c=10\text{ V}-0\text{ V}=10\text{ V}$$

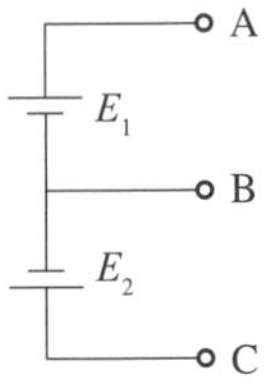

图 2－24　例 2－5 图

【例 2－4】在同一个电路中，已知 $V_A=10$ V，$V_B=-10$ V，$V_C=5$ V，求 U_{AB}和 U_{BC}各为多少？

解：$U_{AB}=V_A-V_B=10\text{ V}-(-10\text{ V})=20$ V，

$U_{BC}=V_B-V_C=-10\text{ V}-5\text{ V}=-15$ V。

【例 2－5】如图 2－24 所示，$E_1=3$ V，$E_2=1.5$ V，以 B 点为参考点。求：

（1）A、B、C 各点的电位值；

（2）A、B、C 任意两点间的电压 U_{AB}、U_{BC}、U_{AC}、U_{BA}、U_{CB}、U_{CA}。

解：因为以 B 点为参考点，所以 $V_B=0$ V。

（1）$U_{AB}=E_1=3$ V，$V_A=3$ V，$V_B=0$ V，$V_C=E_2=1.5$ V。

（2）$U_{AB}=V_A-V_B=3\text{ V}-0\text{ V}=3$ V，$U_{BC}=V_B-V_C=0\text{ V}-1.5\text{ V}=-1.5$ V，$U_{AC}=V_A-V_C=3\text{ V}-1.5\text{ V}=1.5$ V。

同理可计算出：$U_{BA}=-3$ V，$U_{CB}=1.5$ V，$U_{CA}=-1.5$ V。

五、电功率与电功

1. 电功率

电路中，单位时间内电路元件吸收或释放的能量定义为电功率，用 P 表示，即

$$P=\frac{dW}{dt} \tag{2-7}$$

电功率的单位为瓦特（W）、千瓦（kW）、毫瓦（mW）。

电路中任一元件，在关联参考方向下，在任何瞬间的功率等于该元件的电压与电流的乘积

$$p = \frac{dw}{dt} = \frac{dw}{dq} \cdot \frac{dq}{dt} = ui \tag{2-8}$$

在非关联参考方向下

$$w = \int_{t_0}^{t_1} p dt$$

$$p = -ui \tag{2-9}$$

不管选用式（2-8）还是式（2-9），若算得 $p>0$（电路功率为正值），元件消耗功率；若 $p<0$，电路发出功率。

【例2-6】 如图2-25所示，方框为在电路中的3个元件A、B、C。

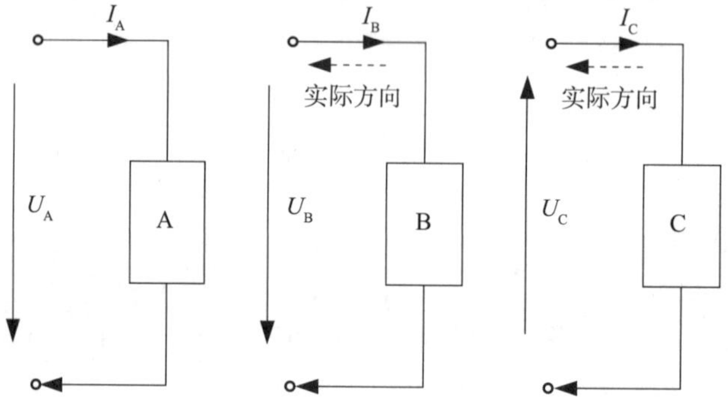

图2-25　例2-6图

（1）元件A处于耗能状态，且功率为10 W，电流 $I_A=1$ A，求 U_A。

（2）元件B处于供能状态，且功率为10 W，电压 $U_B=100$ V，求 I_B 并标出实际方向。

（3）元件C上电流 $I_C=-2$ A，电压 $U_C=10$ V，求元件的功率，判断元件的性质并标出电流的实际方向。

解：（1）$P_A=U_A \times I_A=10$ W，所以 $U_A=10$ V。

（2）$P_B=U_B I_B=-10$ W，所以 $I_B=-0.1$ A。

（3）$P_C=-U_C I_C=-10\ \text{V} \times (-2\ \text{A})=20$ W，元件C为耗能元件。

【例2-7】 如图2-26所示直流电路，$U_1=4$ V，$U_2=-8$ V，$U_3=6$ V，$I=4$ A，求各元件接收或发出的功率 P_1、P_2 和 P_3，并求整个电路的功率 P。

解：P_1 的电压参考方向与电流参考方向相关联，故

$$P_1=U_1 I=4\ \text{V} \times 4\ \text{A}=16\ \text{W}\ （接收16 W）$$

P_2 和 P_3 的电压参考方向与电流参考方向非关联，故

$$P_2=-U_2 I=-(-8\ \text{V}) \times 4\ \text{A}=32\ \text{W}\ （接收32 W）$$

$$P_3=-U_3 I=-6\ \text{V} \times 4\ \text{A}=-24\ \text{W}\ （发出24 W）$$

设接收功率为正，发出功率为负，则整个电路的功率 P 为

$$P=16\ \text{W}+32\ \text{W}-24\ \text{W}=24\ \text{W}$$

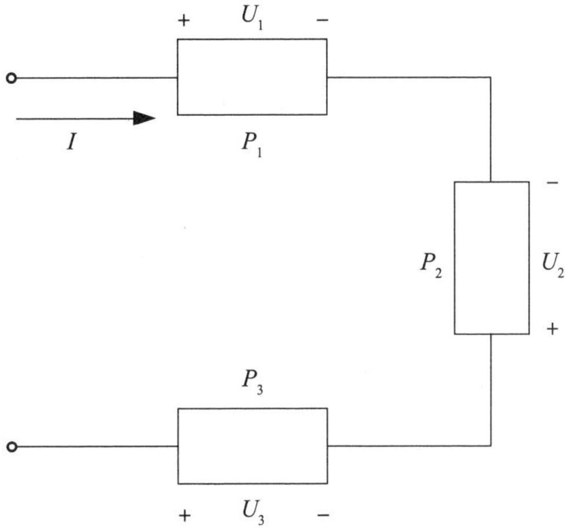

图 2－26　例 2－7 图

2. 电功

一段时间内电场力所做的功称为电能，即平常所说的用电量。

根据其定义，得

$$W = \int_{t_0}^{t_1} p\mathrm{d}t \tag{2-10}$$

直流电路中为

$$W = UI(t_1 - t_0) \tag{2-11}$$

电功的单位为焦耳（J）、千瓦时（kW·h）或度。通常说的 1 度电就是 1 kW·h，即

$$1\ 度 = 1\ \mathrm{kW \cdot h} = 1\ 000 \times 3\ 600\ \mathrm{J} = 3.6 \times 10^6\ \mathrm{J}$$

【例 2－8】 小王家现有 220 V/40 W 的白炽灯 5 盏，求：

（1）如果平均每天使用 4 h，一年（365 天）用电多少度？

（2）如果改用 220 V/15 W 的节能灯，每天还是使用 4 h，一年能节约用电多少度？

解：（1）$W = Pt = 40\ \mathrm{W} \times (5 \times 4\ \mathrm{h} \times 365) = 292\ \mathrm{kW \cdot h}$ = 292 度。

（2）$W = Pt = 15\ \mathrm{W} \times (5 \times 4\ \mathrm{h} \times 365) = 109.5\ \mathrm{kW \cdot h}$ = 109.5 度。

一年节约用电 = 292 度 － 109.5 度 = 182.5 度。

知识拓展——欧姆定律

欧姆定律是反映线性电阻的电流与该电阻两端电压之间关系的，是电路分析中重要的基本定律之一。欧姆定律是指通过线性电阻 R 的电流 i 与作用在其两端的电压 u 成正比。

当线性电阻上的电压与电流取关联参考方向时，欧姆定律为

$$u = iR \tag{2-12}$$

直流时为

$$U = IR \tag{2-13}$$

当线性电阻上的电压与电流取非关联参考方向时，欧姆定律为

$$u = -iR \tag{2-14}$$

直流时为

$$U = -IR \tag{2-15}$$

思考与练习

一、填空题

1. 电压是衡量________做功大小的物理量。

2. 某元件上电压和电流的参考方向一致时，称为________方向。如果 $P>0$，表明该元件________功率；如果 $P<0$，表明该元件________功率。

3. 关联参考方向下电流与电压的参考方向________。若 $P>0$，则元件________功率，$P<0$，则元件________功率。

4. 电路中两点间的电压就是两点间的________之差，电压的实际方向是从________点指向________点。

5. 电路中 a、b 两点的电位分别为 V_a、V_b，则 U_{ab} = ________，实际方向为由________点指向________点。

6. 已知 $U_{AB}=10$ V，若选 A 点为参考点，则 V_A = ________，V_B = ________。

7. 电路中 A、B、C 三点的电位：$V_A=2$ V，$V_B=5$ V，$V_C=0$ V，则 U_{AB} = ________，参考点是________点。如果以 A 点为参考点，则 V_A = ________，V_B = ________，V_C = ________。

8. 电路中任意两点间电位的差值称为________。

二、判断题

1. 电路中参考点改变，任意两点间的电压也随之改变。（ ）

2. 电源在电路中总是提供能量的。（ ）

3. 家庭安装的电表是测量电功率的仪表。（ ）

4. 某点电位高低与参考点有关，两点之间的电压就是两点的电位差。因此，电压也与参考点有关。（ ）

5. 由欧姆定律可知，导体电阻的大小与两端电压成正比，与流过导体的电流成反比。（ ）

6. 大功率负载中的电流一定比小功率负载中的电流大。（ ）

7. 正弦量的大小和方向都随时间不断变化，因此不必选择参考方向。（ ）

三、分析题

1. 据报道，著名的长江三峡是利用超高压、小电流输电的。输送到重庆时每度电的价格大约为0.52元，输送到浙江时每度电的价格大约为0.54元。应用所学的知识分析下面两个问题：

（1）为什么输电时要采用超高压、小电流输电？

（2）为什么重庆与浙江的电价格不一样？

2. 节约是每一位公民的职责，应用所学的知识列举5条以上节约用电的措施。

3. 欧姆定律应用：

（1）如果人体的最小电阻为800 Ω，已知通过人体的电流为50 mA时就会引起呼吸困难，不能自动摆脱电极，试求安全工作电压。

（2）有一个量程为300 V（即测量范围是0～300 V）的电压表，它的内阻是40 kΩ，用它测量电压时，允许流过的最大电流是多少？

任务四　基尔霍夫定律的验证与应用

学习目标

知识目标	1. 了解复杂电路的概念
	2. 理解支路、节点、回路、网孔的概念
	3. 理解并掌握基尔霍夫两大定律
技能目标	1. 能正确运用基尔霍夫定律分析、计算电路
	2. 能用支路电流法解决复杂电路
素质目标	1. 逐步培养学生善于发现、勤于动脑的良好习惯
	2. 培养学生认真观察分析的科学态度

任务要求

（1）按照下列步骤完成实验，测量所需数据，填入表2－8。

表2－8　基尔霍夫定律数据测量

被测量	I_1/mA	I_2/mA	I_3/mA	U_1/V	U_2/V	U_{FA}/V	U_{AB}/V	U_{AD}/V	U_{CD}/V	U_{DE}/V
计算值										
测量值										
相对误差										

实验线路使用DGJ－03挂箱的“基尔霍夫定律/叠加定理”线路。实验前先任意设定3条支路和3个闭合回路的电流正方向。图2－27中的I_1、I_2、I_3的方向已设定。3个闭合回路的电流正方向可设为ADEFA、BADCB和FBCEF。

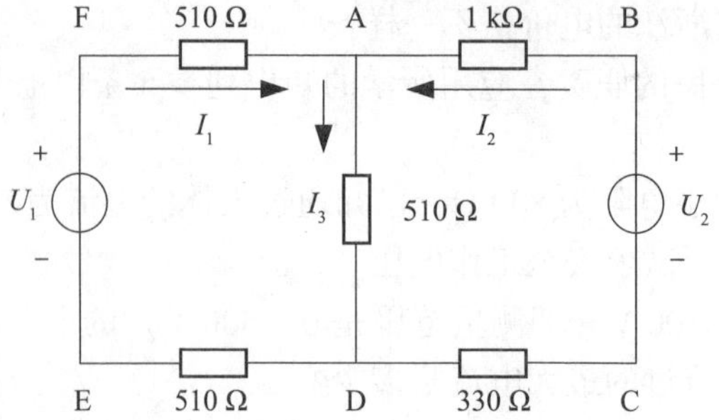

图 2－27　基尔霍夫定律电路原理图

① 分别将两路直流稳压源接入电路，令 $U_1=6$ V，$U_2=12$ V。

② 熟悉电流插头的结构，将电流插头的两端接至数字毫安表的“＋”“－”两端。

③ 将电流插头分别插入 3 条支路的 3 个电流插座中，读出并记录电流值。

④ 用直流数字电压表分别测量两路电源及电阻元件上的电压值，记录在表 2－8 中。

（2）分析表 2－8 所测得的数据，写出结论。

结论：____

知识准备

一、基本概念

支路：电路中任一段不分支的电路，如图 2－28 中 BAED、BD、BCFD 都是支路。

节点：3 条或 3 条以上支路的连接点，如图 2－28中 B、D 都是节点。

回路：电路中任一闭合路径，如图 2－28 中 ABDEA、BCFDB、ACFEA 都是回路。

网孔：内部不含有支路的回路，如图 2－28 中 ABDEA、BCFDB 都是网孔。

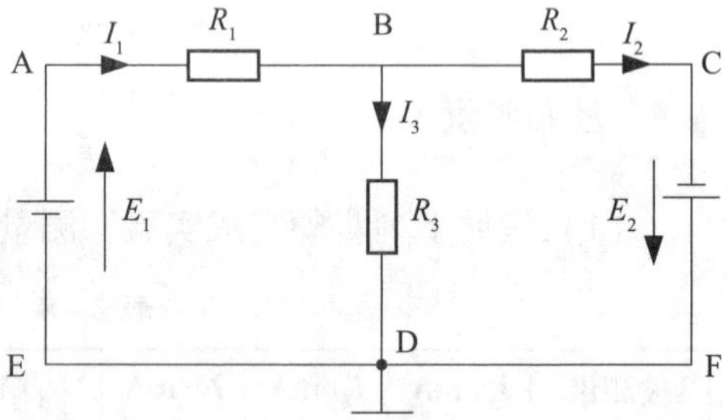

图 2－28　支路、节点、回路、网孔示意图

二、基尔霍夫定律

基尔霍夫定律包括基尔霍夫电流定律和基尔霍夫电压定律两部分内容。前者是针对节点的，确定了流入、流出某节点的各电流之间的关系；后者是针对回路的，确定了某回路各部分电压之间的关系。

1. 基尔霍夫电流定律

在电路中，对于任一节点而言，流入电流之和等于流出电流之和，这就是基尔霍夫电流定律（Kirchhoff Current Law，KCL），即

$$\sum I_{入} = \sum I_{出} \tag{2-16}$$

以图 2－28 中的节点 B 为例，由于电流流入节点时电荷不会出现堆积现象，流入节点

B 的电荷总量必等于同一时间流出该节点的电荷总量。这就是基尔霍夫电流定律的物理依据。对于节点 B，可以得到

$$I_1 = I_2 + I_3 \text{或} I_1 - (I_2 + I_3) = 0$$

上式又说明：任何一个节点，流入电流与流出电流的代数和恒等于零，即

$$\sum I = 0 \tag{2-17}$$

基尔霍夫电流定律实质上说明了电流的连续性：因为电流是电荷连续运动形成的，电路中任一节点都不可能持续不断地积累电荷。如果 $\sum I > 0$，表示电荷持续不断地聚积于该节点，从而使该节点的电位不断升高；反之，若 $\sum I < 0$，则该节点的电位就会不断降低。显然，这是不可能发生的，因为我们讨论的是稳恒状态的电路，电路中各支路电压与电流都是稳定不变的。

基尔霍夫电流定律适用于节点，还可推广应用于某些闭合区域（称为广义节点）。例如，图 2－29 中的晶体管可以看作广义节点，根据 KCL，有 $I_B + I_C = I_E$。

【例 2－9】 根据 KCL，列出图 2－30 中电流 I_a、I_b、I_c 的关系式。

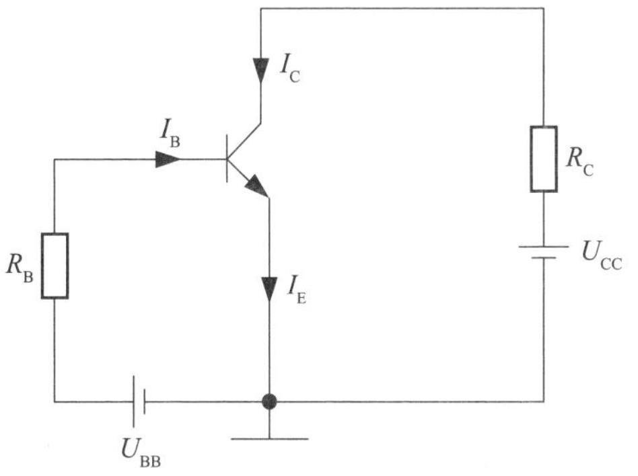

图 2－29　广义节点

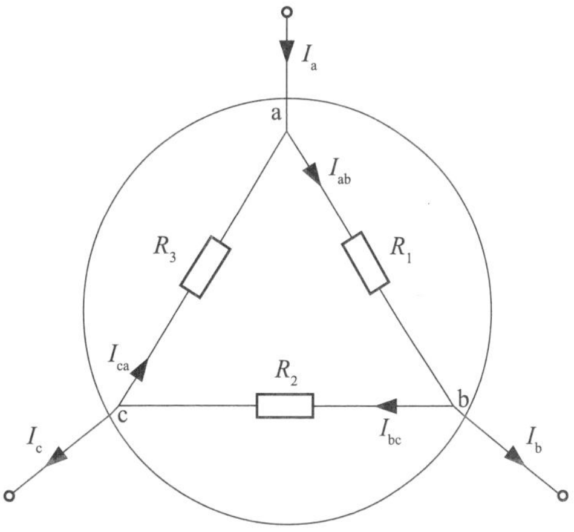

图 2－30　例 2－9 图

解： 图 2－30 圆内部分可看作一个广义节点，则流入该节点的电流为 I_a，流出该节点的电流为 I_b、I_c，所以 $I_a = I_b + I_c$。

2. 基尔霍夫电压定律

在电路中，对任一回路而言，按一定的方向循行一周，则电位升的代数和等于电位降的代数和，即

$$\sum V_{升} = \sum V_{降} \tag{2-18}$$

或

$$\sum V = 0 \tag{2-19}$$

由式（2－19）说明：任何回路，按一定方向沿回路循行一周，电压降的代数和等

于零。

基尔霍夫电压定律（Kirchhoff Voltage Law，KVL）实质上说明了电位的单值性：在稳恒电路中，参考点确定之后，每一点都具有确定的电位值。

利用基尔霍夫电压定律解题的步骤如下：

（1）标定各段电路的参考方向，原则上可任意标定。

（2）标定回路的绕行方向，原则上可任意标定。

（3）根据 KVL 列出回路电压方程式。若电压参考方向与回路绕行方向相同，则式（2－19）中取“+”，否则取“－”。

以图 2－28 中 ABDEA 回路为例，选择循行方向为顺时针，根据 KVL，有

$$E_1 = I_1R_1 + I_3R_3$$

或

$$E_1 - (I_1R_1 + I_3R_3) = 0$$

【例 2－10】 列出图 2－31 所示电路中回路的基尔霍夫电压方程。

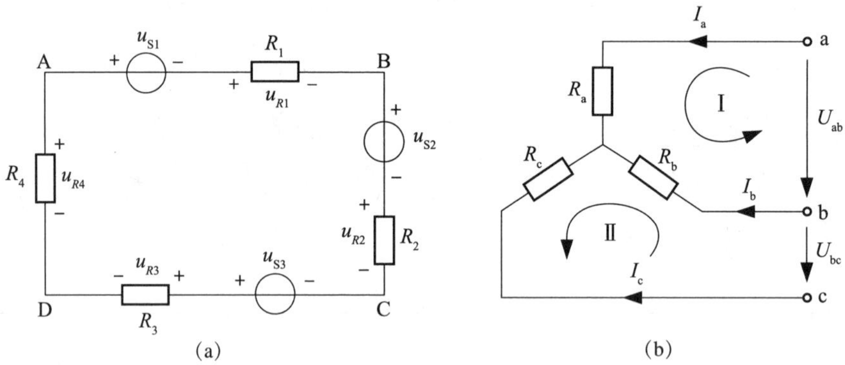

图 2－31　例 2－10 图

解：（1）如图 2－31（a）所示，各段电路的电压参考方向已给定，选择顺时针方向为绕行方向，根据 KVL，有

$$u_{S1} + u_{R1} + u_{S2} + u_{R2} - u_{S3} + u_{R3} - u_{R4} = 0$$

（2）如图 2－31（b）所示，对于回路 I，选择逆时针方向为绕行方向。

根据 KVL，有

$$I_a R_a - I_b R_b - U_{ab} = 0$$

对于回路 II，选择逆时针方向为绕行方向。

根据 KVL，有

$$I_b R_b - I_c R_c - U_{bc} = 0$$

三、基尔霍夫定律应用

分析计算复杂电路时不能单用欧姆定律，一般是应用基尔霍夫定律列电路方程组求解。支路电流法就是基尔霍夫定律应用的最基本方法。

支路电流法是以支路电流作为未知量，直接应用基尔霍夫两个定律，列出所需要的方

程，而后联立解出各未知支路电流。

如图 2－28 所示电路，求解 3 条支路的电流。

列出两个节点的电流方程，即

D 点：

$$I_2 + I_3 = I_1$$

B 点：

$$I_1 = I_2 + I_3$$

两个电流方程中，有一个不是独立的。此电路独立电流方程的数目为 1（2－1＝1）个。一般若电路中有 n 个节点，则独立电流方程为（$n-1$）个。

本电路中需要求解 3 个支路电流，即有 3 个未知量，已经列出 1 个方程，还需 2 个方程才能求出 3 个未知量。图 2－28 所示电路中有 3 个回路，从中选取 2 个回路列写回路电压方程即可。

左边回路：

$$E_1 = I_1R_1 + I_3R_3$$

右边回路：

$$I_3R_3 + E_2 = I_2R_2$$

一般情况下，电路中需要列回路电压方程的数目为网孔数。

现将节点电流方程和回路电压方程联立为

$$\begin{cases} I_1 = I_2 + I_3 \\ E_1 = I_1R_1 + I_3R_3 \\ I_3R_3 + E_2 = I_2R_2 \end{cases}$$

代入数值求解得 I_1、I_2和 I_3。

所以，采用支路电流法的步骤如下：

（1）判定电路的支路数 m 和节点数 n。

（2）标出各个待求电流的参考方向。

（3）按节点列电流方程，方程数为（$n-1$）个。

（4）按回路列电压方程，方程数为（$m-n+1$）个。

（5）联立方程组，求解支路电流。

【例 2－11】 如图 2－32 所示电路，$E_1=10$ V，$R_1=6$ Ω，$E_2=26$ V，$R_2=2$ Ω，$R_3=4$ Ω，求各支路电流。

解：（1）电路的支路数为 3，节点数为 2；

（2）各支路的电流参考方向如图 2－32 所示；

（3）根据基尔霍夫电流定律（KCL），对节点 A 列方程有

$$I_1 + I_2 = I_3$$

（4）设闭合回路的绕行方向为顺时针方向。

对于回路Ⅰ，有

$$I_1R_1 - I_2R_2 + E_2 - E_1 = 0$$

对于回路Ⅱ，有

$$I_2R_2 + I_3R_3 - E_2 = 0$$

（5）联立方程组：

$$\begin{cases} I_1 + I_2 = I_3 \\ 6I_1 - 2I_2 + 26 - 10 = 0 \\ 2I_2 + 4I_3 - 26 = 0 \end{cases}$$

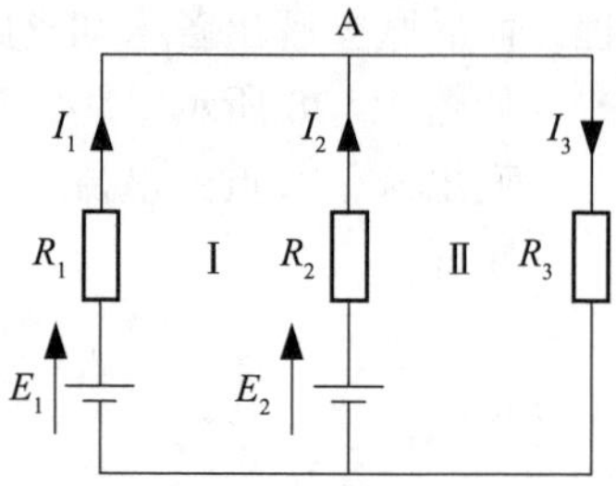

图 2-32　例 2-11 用图

解方程组，得：

$$I_1 = -1\ \text{A},\ I_2 = 5\ \text{A},\ I_3 = 4\ \text{A}$$

这里解得的 I_1 为负值，说明实际方向与假定方向相反。

思考与练习

一、填空题

1. 由一个或几个元件首尾相接构成的无分支电路称为________；三条或三条以上支路的连接点称为___________；任一闭合的路径称为__________。

2. 用基尔霍夫定律求解时，首先要选定各支路的_________方向和回路的___________方向。

3. 分析和计算复杂电路的主要依据是___________定律和___________定律。

4. 用支路电流法解复杂直流电路时，应先列出___________个独立节点电流方程，再列出________个回路电压方程（假设电路有 m 条支路，n 个节点，且 $m>n$）。

5. 电路如图 2-33 所示，有______个节点，______条支路，______个独立回路。

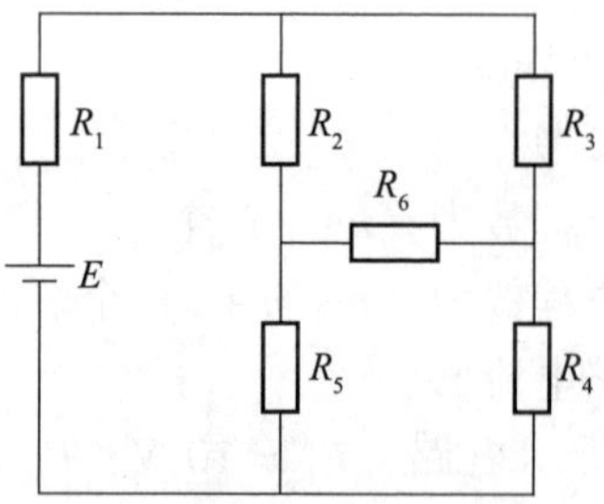

图 2-33　填空题 5 图

二、选择题

1. 如图 2-34 所示，正确的关系式是（　　）。

A. $-E_2 + I_2R_2 - I_3R_3 = 0$　　B. $I_1 + I_2 = I_3$

C. $E_1 + I_1R_1 + I_3R_3 = 0$　　D. $I_2(R_1 + R_2) - E_1 - E_2 = 0$

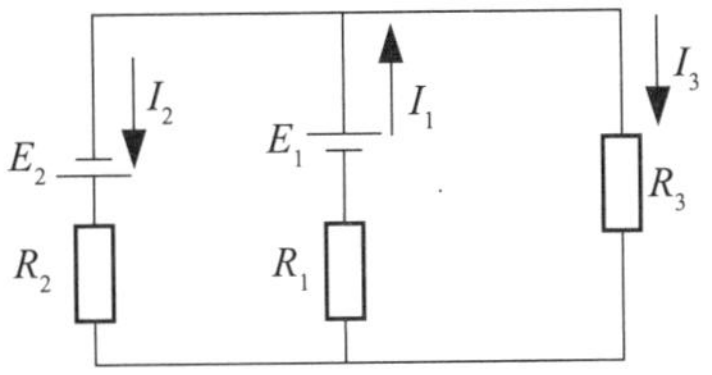

图 2－34　选择题 1 图

2. 电路如图 2－35 所示，A、B 两点间开路电压 U_{AB} 为（　　）。

A. 10 V　　B. 8 V　　C. 0 V　　D. 14 V

3. 电路如图 2－36 所示，已知 $E_1=20$ V，$E_2=60$ V，$R_1=2\ \Omega$，$R_2=2\ \Omega$，$R=19\ \Omega$，则电流 I 为（　　）。

A. 3 A　　B. 5 A　　C. 8 A　　D. 2 A

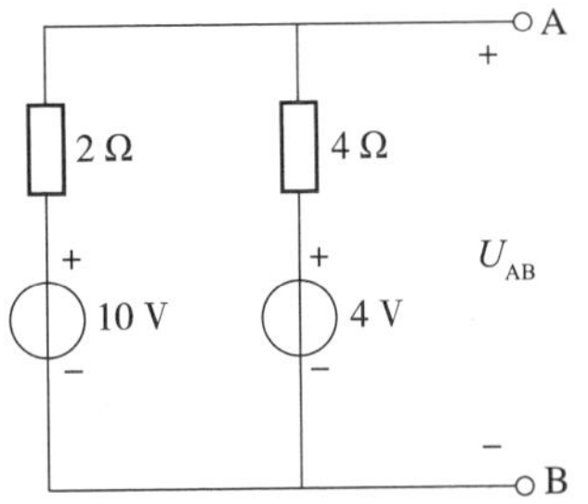

图 2－35　选择题 2 图

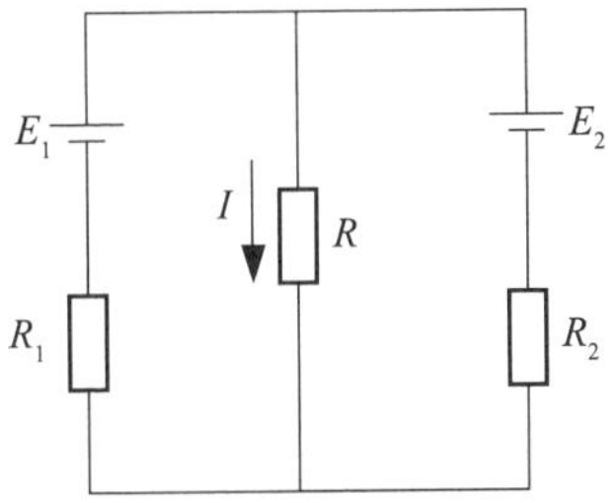

图 2－36　选择题 3 图

4. 某电路有 3 个节点和 7 条支路，采用支路电流法求解各支路电流时，应列出节点电流方程和回路电压方程的个数分别为（　　）。

A. 3、4　　B. 4、3　　C. 2、5　　D. 4、7

5. 如图 2－37 所示，$I=$（　　）。

A. 4 A　　B. 2 A　　C. 0　　D. －2 A

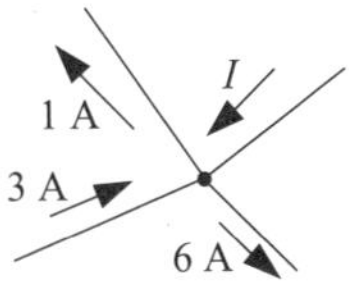

图 2－37　选择题 5 图

三、判断题

1. 一段有源支路，当其两端电压为零时，该支路电流必定为零。（　　）

2. 网孔一定是回路，而回路未必是网孔。（　　）

3. 图 2－38 所示电路为某电路中的一条支路，若该支路电流为零，则 A、B 两点间电压一定为零。（　　）

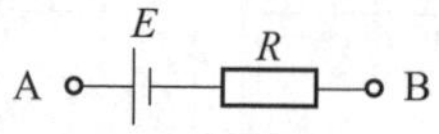

图 2－38　判断题 3 图

四、计算题

1. 某电路的一部分电路如图 2－39 所示，各支路电流的参考方向图中已标出，求电流 I_2、I_4、I_5。

2. 如图 2－40 所示，开关 S 闭合和断开时，求 A 点的电位。

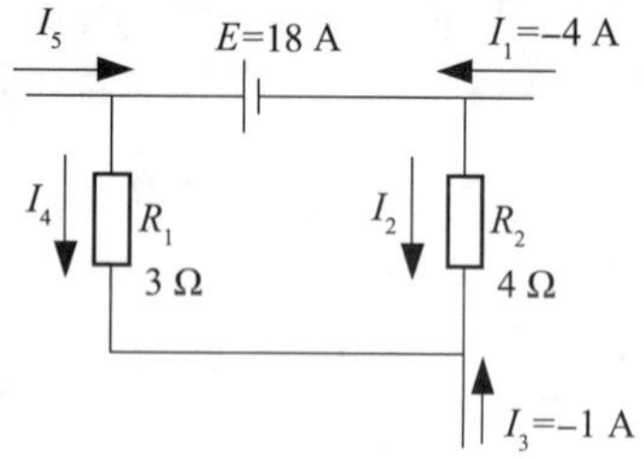

图 2－39　计算题 1 图

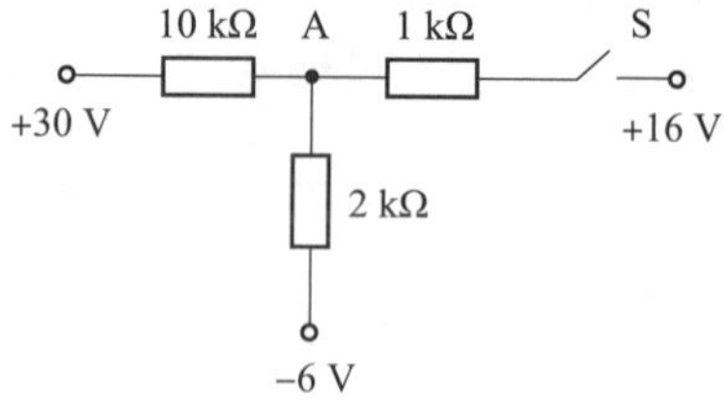

图 2－40　计算题 2 图

3. 如图 2－41 所示，已知 $E_1=20$ V，$R_1=2$ Ω，$E_2=60$ V，$R_2=2$ Ω，若要使流过 R 的电流为 2 A，则 R 为何值？

4. 如图 2－42 所示，已知 $E_1=20$ V，$E_2=40$ V，电源内阻不计，电阻 $R_1=4$ Ω，$R_2=10$ Ω，$R_3=40$ Ω，求各支路电流。

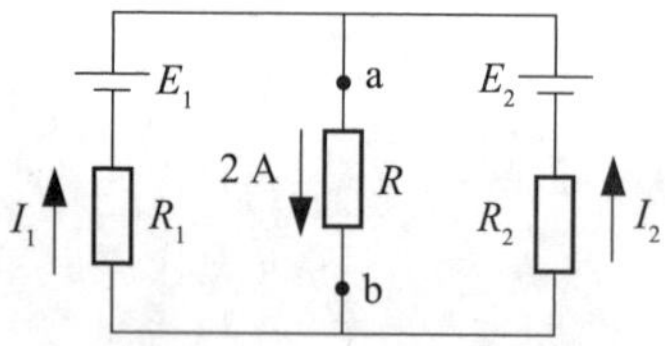

图 2－41　计算题 3 图

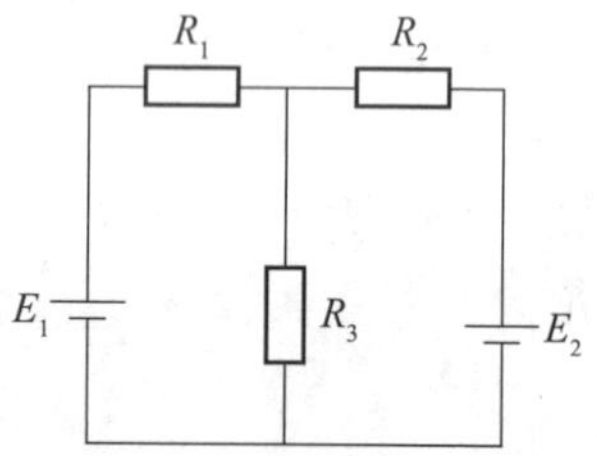

图 2－42　计算题 4 图

5. 如图 2－43 所示电路中，已知 $U_{S1}=9$ V，$U_{S2}=4$ V，电源内阻不计。电阻 $R_1=1$ Ω，$R_2=2$ Ω，$R_3=3$ Ω。用支路电流法求各支路电流。

6. 如图 2－43 所示电路中，已知 $R_1=18$ Ω，$R_2=4$ Ω，$R_3=4$ Ω，$U_{S1}=15$ V，$U_{S2}=10$ V，求各支路电流（方法不限）。

7. 如图 2－44 所示电路中，已知 $R_1=R_2=R_3=2$ Ω，$E_1=10$ V，$E_2=8$ V，求各支路电流。

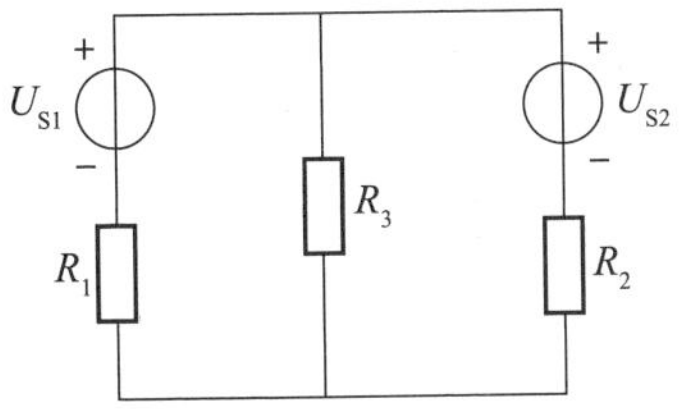

图 2－43　计算题 5、6 图

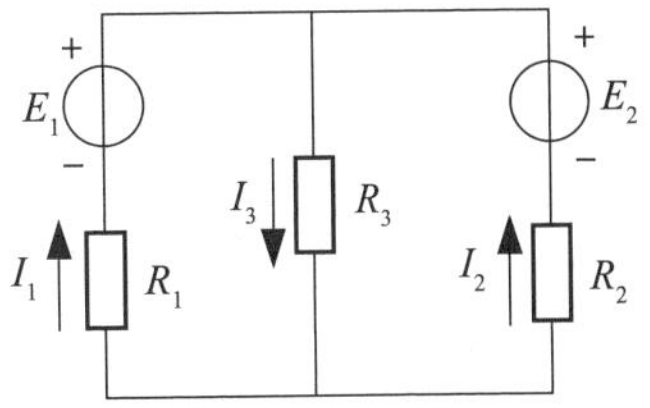

图 2－44　计算题 7 图

8. 在图 2－45 所示电路中，已知 $E_1=120\ \text{V}$，$E_2=130\ \text{V}$，$R_1=10\ \Omega$，$R_2=2\ \Omega$，$R_3=10\ \Omega$，求各支路电流和 U_{AB}。

9. 试用支路电流法求解图 2－46 所示电路中通过电阻 R_1、R_2 和 R 中的电流。已知 $U_{S1}=130\ \text{V}$，$U_{S2}=117\ \text{V}$，$R_1=1\ \Omega$，$R_2=0.6\ \Omega$，$R=24\ \Omega$。

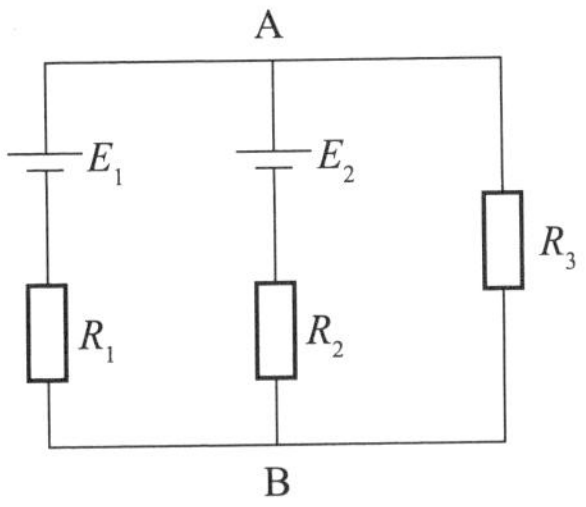

图 2－45　计算题 8 图

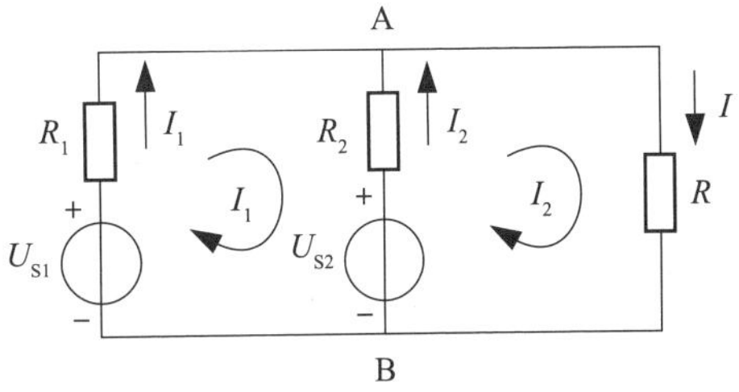

图 2－46　计算题 9 图

任务五　直流照明电路的安装与测试

学习目标

知识目标	1. 掌握串联电路和并联电路连接的特点
	2. 掌握电阻分压、分流公式
	3. 掌握简单电路计算方法
技能目标	1. 会动手连接串联电路和并联电路
	2. 能归纳数据特点
	3. 会画简单的串联、并联的电路图
	4. 能对简单电路进行分析、计算
素质目标	1. 激发学生认识串联、并联电路的兴趣，体会生活中的科学知识
	2. 让学生通过自主探究，主动找出串联、并联电路的特点和区分办法，体会学习的成就感

任务要求

（1）根据图2－47所示的电路图，连接两组电路，测量电路中各灯泡上的电压及电流并计算灯泡的实际功率，将数据填入表2－9和表2－10，并找出相应的规律。

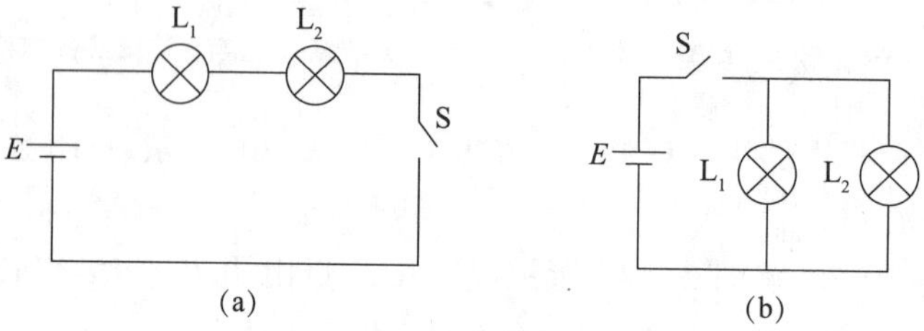

图2－47　串并联电路

（a）串联电路；（b）并联电路

表2－9　第一组数据

元器件	电压/V	电流/A	功率/W	规律：
灯泡1				
灯泡2				

表2－10　第二组数据

元器件	电压/V	电流/A	功率/W	规律：
灯泡1				
灯泡2				

（2）学习相关知识，判定你总结的规律是否正确，并根据正确的规律求解下题。

如图2－48所示，电源U_S通过一个T形电阻传输网络向负载R_L供电，试求负载电压、电流、功率及传输效率。设$U_S=12$ V，$R_L=3$ Ω，$R_1=R_2=1$ Ω，$R_0=10$ Ω。

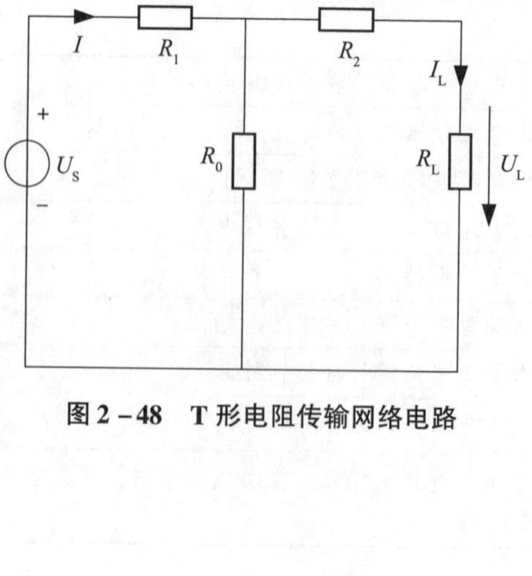

图2－48　T形电阻传输网络电路

知识准备

在分析电路过程中，经常会遇到电阻的串联、并联问题，所以学会分析电路的串联、并联问题，以及利用电阻的连接特点分析问题十分重要，下面就来学习电阻的连接。

一、电阻串联

几个电阻首尾顺序相连，称为电阻的串联，图 2－49（a）所示为两个电阻的串联电路。

电阻串联电路的特点：

（1）通过各电阻的电流相同，即

$$I = I_1 = I_2 = \cdots = I_n \tag{2-20}$$

（2）几个电阻串联可以等效成一个电阻，如图 2－49（b）所示。等效电阻 R 等于各电阻之和，即

$$R = R_1 + R_2 + \cdots + R_n$$

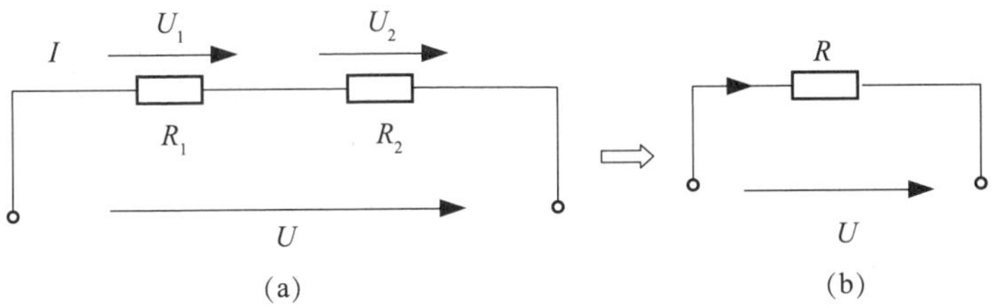

图 2－49　电阻的串联及等效电路

（a）电阻的串联；（b）等效电路

（3）总电压等于各电阻电压之和，即

$$U = U_1 + U_2 + \cdots + U_n$$

（4）各电阻的端电压与总电压的关系为

$$\begin{cases} U_1 = \dfrac{R_1}{R}U \\ U_2 = \dfrac{R_2}{R}U \\ \vdots \\ U_n = \dfrac{R_n}{R}U \end{cases} \tag{2-21}$$

（5）串联电路总功率等于各串联元件功率之和，即

$$P = P_1 + P_2 + \cdots + P_n \tag{2-22}$$

由式（2－21）可以看出电阻越大，分配的电压越大，因此电阻串联电路具有分压作用。

电阻串联电路应用较多：在电工测量中利用电阻的串联分压作用可以扩大电压表的量

程；在电子电路中，利用电阻的串联可以组成分压器。

【例2－12】 如图2－50所示，用一个满刻度偏转电流为50 μA，电阻 R_g 为2 kΩ的表头制成100 V量程的直流电压表，应串联多大的附加电阻 R_f？

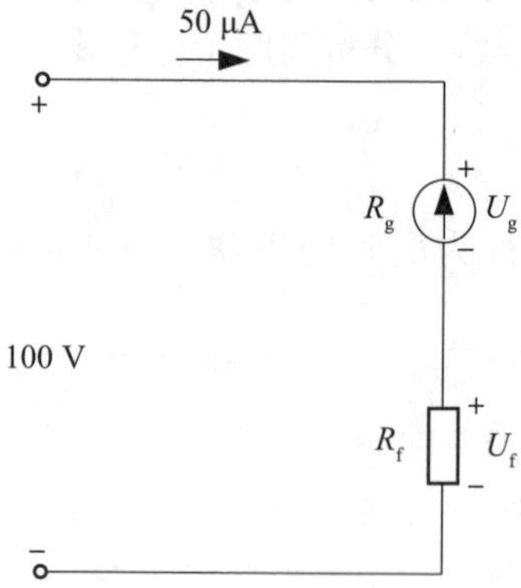

图2－50 例2－12图

解：满刻度时表头电压为

$$U_g = R_g I = 2\ \text{k}\Omega \times 50\ \mu\text{A} = 0.1\ \text{V}$$

附加电阻电压为

$$U_f = 100\ \text{V} - 0.1\ \text{V} = 99.9\ \text{V}$$

代入式（2－21），得

$$99.9\ \text{V} = \frac{R_f}{2\ \text{k}\Omega + R_f} \times 100\ \text{V}$$

解得

$$R_f = 1\ 998\ \text{k}\Omega$$

二、电阻的并联

几个电阻首尾连接在两个端子之间，使每个电阻两端电压相等，这称为电阻的并联。图2－51（a）所示为两个电阻的并联电路。

电阻并联电路的特点：

（1）并联电路干路中的电流等于各支路中的电流之和，即

$$I = I_1 + I_2 + \cdots + I_n \tag{2-23}$$

（2）并联电路两端的电压相等，即

$$U = U_1 = U_2 = \cdots = U_n \tag{2-24}$$

（3）几个电阻并联可以等效成一个电阻，如图2－51（b）所示。并联电路总的等效电阻的倒数（总的等效电导）等于各个电阻倒数（电导）之和，即

$$\frac{1}{R} = \frac{1}{R_1} + \frac{1}{R_2} + \cdots + \frac{1}{R_n} \text{或} G = G_1 + G_2 + \cdots + G_n \tag{2-25}$$

（4）以两电阻并联的电路为例，流过各电阻的电流与总电流的关系为

$$I_1 = \frac{R_2}{R_1 + R_2} I \tag{2-26}$$

$$I_2 = \frac{R_1}{R_1 + R_2} I \qquad (2-27)$$

并联电路中各支路电流的分配关系为

$$I_1 : I_2 : \cdots : I_n = G_1 : G_2 : \cdots : G_n$$

$$I_n = \frac{U}{R_n} = G_n U = \frac{G_n}{G} I \qquad (2-28)$$

电路总功率等于各并联元件功率之和，即

$$P = P_1 + P_2 + \cdots + P_n \qquad (2-29)$$

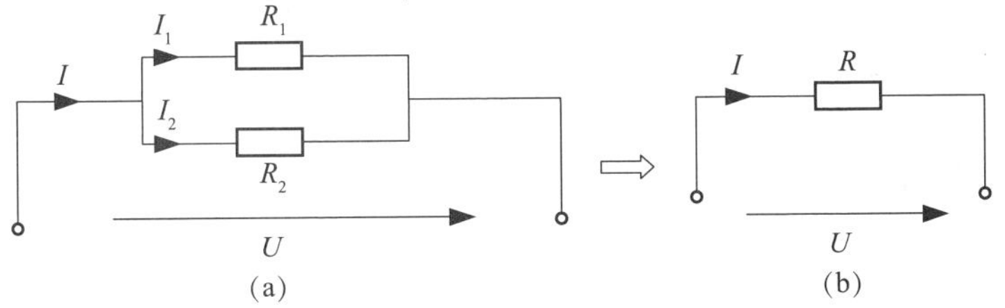

图 2－51　电阻的并联及等效电路

（a）电阻的并联；（b）等效电路

由式（2－28）可以看出电阻越大，流过的电流越小，因此电阻并联电路具有分流作用。

电阻并联电路应用也很多，如电灯、电炉等都是并联在电路中的。在电工测量中利用电阻的并联分流作用可以扩大电流表的量程。

【例 2－13】 如图 2－52 所示，用一个满刻度偏转电流为 50 μA，电阻 R_g 为 2 kΩ 的表头制成量程为 50 mA 的直流电流表，应并联多大的分流电阻 R_2？

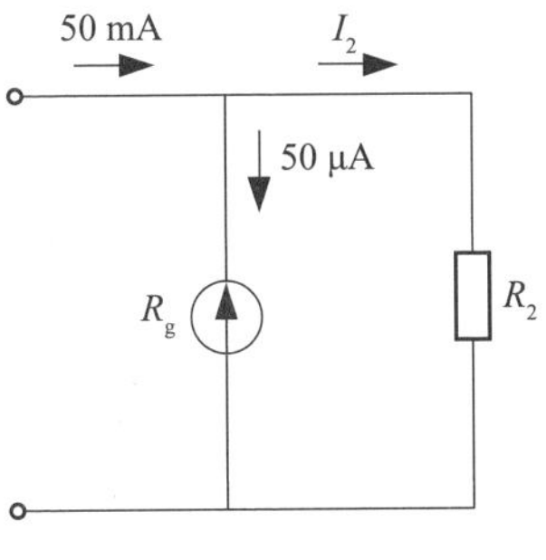

图 2－52　例 2－13 图

解： 由题意已知，$I_1 = 50\ \mu A$，$R_1 = R_g = 2\ k\Omega$，$I = 50\ mA$，代入式（2－26），得

$$50\ \mu A = \frac{R_2}{2\ k\Omega + R_2} \times 50\ mA$$

解得

$$R_2 \approx 2.002\ \Omega$$

三、电阻的混联

既有电阻串联又有电阻并联的电路，称为电阻的混联电路。求解混联电路的等效电阻，一般采用逐步等效、逐步化简的方法。在化简中，要注意以下几点：

（1）可以先从电路的局部开始。凡是两端为同一个电压的并联电路，或流过同一个电流的串联电路（可以假设有电压或电流），分别用并联、串联的方法，求出局部电路的等效电阻，并画在电路上，便于进一步发现串联、并联关系。

（2）尽量缩短理想导线的长度，甚至缩为一点，来发现新的连接关系。

（3）在不改变电路连接关系的前提下，可以变动元件的位置，或改画电路，必要时可多画几次，来看清连接关系。

【例 2－14】 在图 2－53 所示电路中，已知 $R_1=R_2=R_6=4\ \Omega$，$R=R_4=R_5=3\ \Omega$，$R_3=2\ \Omega$。求电路的等效电阻 R_{ab}。

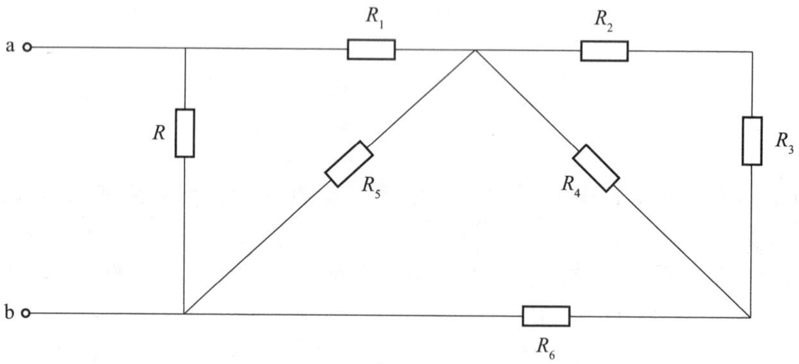

图 2－53　例 2－14 图

解： 从所给的电路图中可以看出，R_2、R_3 串联，再与 R_4 并联，并联之后的电路又与 R_6 串联，之后与 R_5 并联。通过分析原电路可以变换为图 2－54 所示电路。

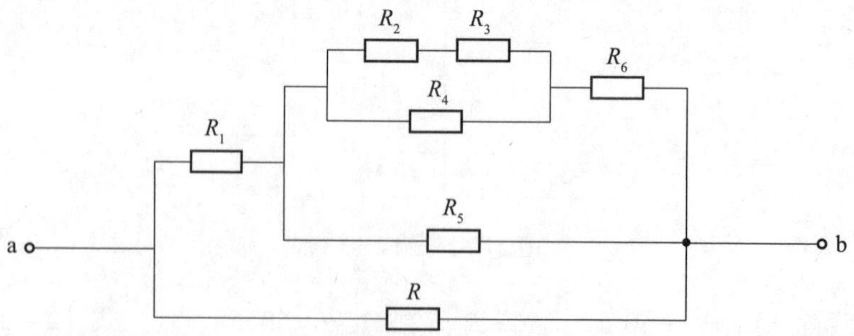

图 2－54　例 2－14 题解图

R_2 与 R_3 串联等效电阻为

$$R_{23}=R_2+R_3=4\ \Omega+2\ \Omega=6\ \Omega$$

R_{23}与R_4并联的等效电阻为

$$R_{34}=\frac{6\times3}{6+3}\ \Omega=2\ \Omega$$

R_{34}与R_6串联等效电阻为

$$R_{46}=R_{34}+R_6=2\ \Omega+4\ \Omega=6\ \Omega$$

R_{46}与R_5并联等效电阻为

$$R_{56}=\frac{\mathrm{R}_{46}R_5}{R_{46}+R_5}=\frac{6\times3}{6+3}\ \Omega=2\ \Omega$$

R_{56}与R_1串联等效电阻为

$$R_{16}=R_{56}+R_1=2\ \Omega+4\ \Omega=6\ \Omega$$

因此

$$R_{\mathrm{ab}}=\frac{R_{16}R}{R_{16}+R}=\frac{6\times3}{6+3}\ \Omega=2\ \Omega$$

总结：

简单电路计算步骤：

(1) 计算总的电阻，算出总电压（或总电流）。

(2) 用分压、分流法逐步计算出化简前原电路中各电阻的电流、电压。

四、等电位法

能够用串联、并联方法进行简化的电路称为简单电路，否则为复杂电路。简单电路的计算，要求分析清楚每个电阻的串并联关系。然而，有时给出的电路，其串并联关系并非一目了然，甚至一时还看不清楚节点之间的关系。下面介绍一种行之有效的分析方法——等电位法。

该方法所依据的主要原理是任何电阻皆是连接在两个节点之间的，如果在两节点之间存在用导线直接连接的情况，由于在电路计算中往往忽略导线的电阻，则该两节点的电位必然相等。因此在分析简单电路的串并联关系时：第一，要找出该电路中 3 个或 3 个以上支路的连接点——节点，并用符号标明，电位相等的节点必须用相同的符号表示；第二，沿任意一条支路连通电路，连通的原则虽然可以是任意一条支路，但在实际连通的过程中应本着选择连通的支路上包含所有节点的支路最佳，否则将再连通一条支路直至所有节点皆出现在所连通的电路中；第三，将尚未连接的电阻连在相应的节点之间；第四，检查是否有遗漏的电阻并进行计算。经以上步骤对所给的电路进行处理后，电路中的电阻的串并联关系就会清晰地显现出来，以方便最终的等效电阻计算。下面具体介绍本方法的应用，并用实例加以说明。

【例 2－15】 求图 2－55 所示电路中的R_{AB}。

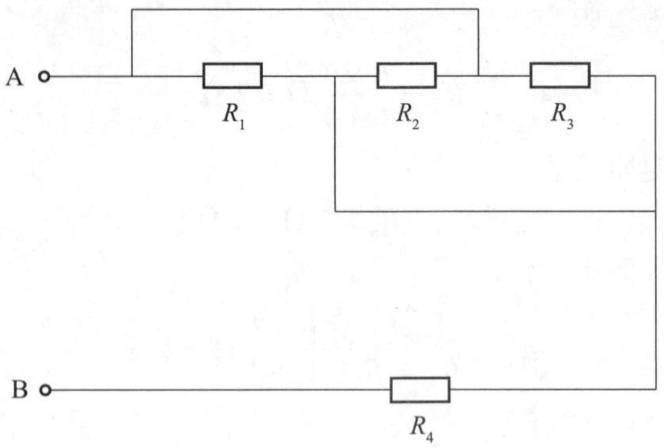

图 2-55　例 2-15 图

解：（1）圈等电位点。如图 2-56（a）所示，将电路中导线相连的各点（电位相同的点）圈在一起，合并成同一个点来处理，并用字母做好标记。

（2）画虚线。画一条水平虚线（不是元件实际连线，用后擦掉），如图 2-56（b）所示。

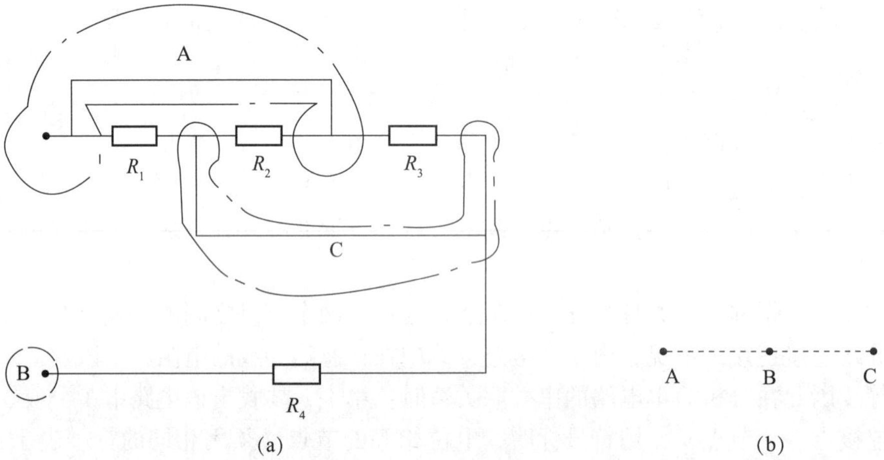

图 2-56　例 2-15 题解图 1

（a）圈等电位点；（b）画虚线并标字母

（3）标字母。从电路始端开始，按顺序将所有"浓缩"点标示在虚线上，如图 2-56（b）所示。

（4）连元件，如图 2-57（a）所示。

（5）整理图线，如图 2-57（b）所示。

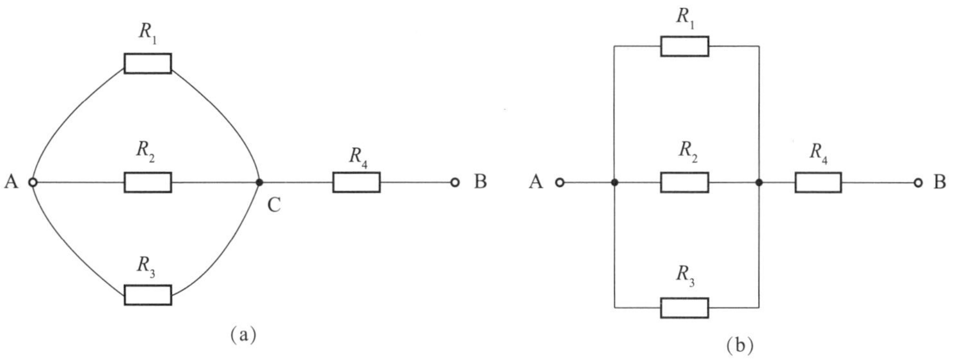

图 2-57　例 2-15 题解图 2

(a) 连元件；(b) 整理图线

所以

$$R_{AB} = R_1 // R_2 // R_3 + R_4$$

知识拓展——电压源和电流源及Y-△连接的等效变换

一、电压源和电流源

电源是电路的主要元件之一，是电路中电能的来源。电源的种类较多，按其特性可分为两大类：电压源和电流源。

1. 电压源

(1) 理想电压源。理想电压源对外有两个端子，图形符号如图 2-58 (a) 所示。其特点有两个：

①端电压为一个恒定值（直流电压源）或是一个时间函数（交流电压源），与电流无关；

②输出电流的大小与外电路有关，其值随外电路变化而变化。理想电压源的伏安特性是一条与电流轴平行的直线，如图 2-58 (b) 所示。

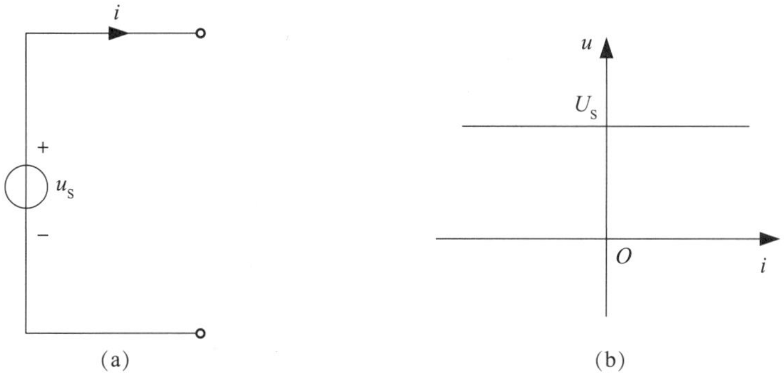

图 2-58　理想电压源及其伏安特性

(a) 理想电压源；(b) 伏安特性

理想电压源：如不考虑电源内耗时的电池、稳压源、发电机等。

（2）实际电压源。实际电压源可以看作一个理想电压源与一个内阻为 R_S 的电阻串联的电路，如图 2－59（a）所示，由图中所标出的电压、电流的参考方向，可得

$$U = U_S - IR_S \tag{2-30}$$

因此，电路的特性可以用图 2－59（b）表示，从图中可以看出 R_S 越大，斜率越大，当 R_S 为零时，电压源变为理想电压源。在实际中，电源的内阻 R_S 越小越好。

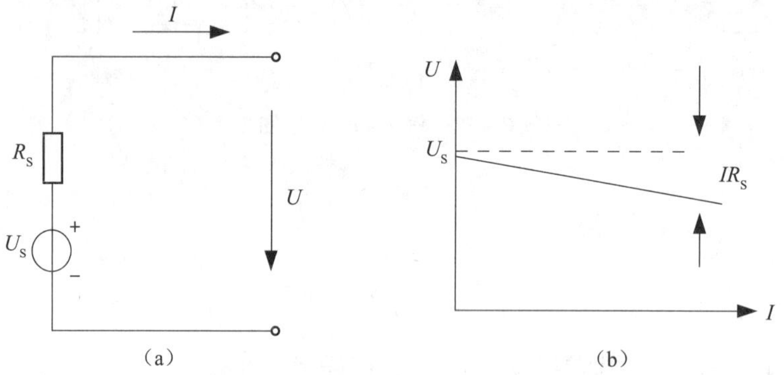

图 2－59　实际电压源模型及特性

（a）实际电压源模型；（b）特性

2. 电流源

（1）理想电流源。理想电流源对外也有两个端子，其图形符号如图 2－60（a）所示。其特点有两个：

①能够提供一个数值恒定或者与时间 t 具有确定函数关系的电流的电源；

②其端电压只决定于外接负载 R。理想电流源的伏安特性是一条与电压轴平行的直线，如图 2－60（b）所示。

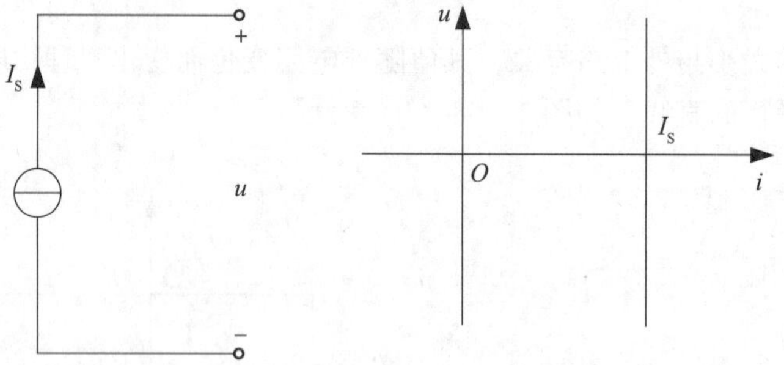

图 2－60　理想电流源及其伏安特性

（a）理想电流源；（b）伏安特性

理想电流源：如不考虑内耗时的光电池、晶体管电路等。

（2）实际电流源。实际电流源可以看作一个理想电流源与一个电阻 R_S 并联组成的电路，如图 2－61（a）所示，由图可得

$$I = I_S - \frac{U}{R_S} = I_S - UG_S \tag{2-31}$$

电路的特性如图 2－61（b）所示，显然，R_S越大，特性越陡。当 R_S等于∞时，电流源变为理想电流源。从实际考虑，R_S越大越好。

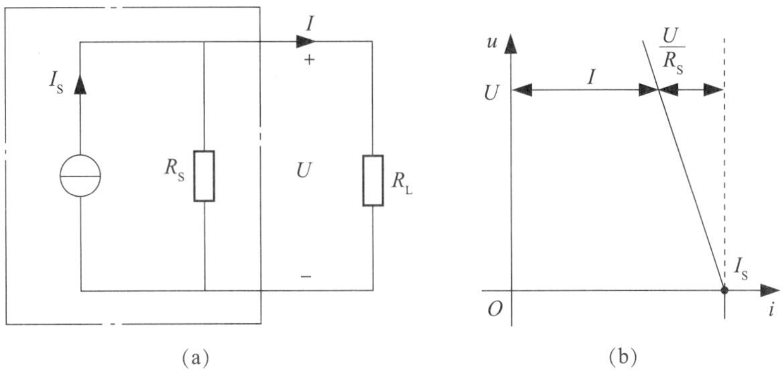

图 2－61　实际电流源模型及特性

（a）实际电流源模型；（b）特性

3. 电压源与电流源的等效变换

如图 2－62 所示，电压源和电流源可以等效变换。电压源与电流源对外电路等效的条件为

$$U_S = I_S R_S \text{ 或 } I_S = \frac{U_S}{R_S} = U_S G_S \tag{2-32}$$

且两种电源模型的内阻相等。

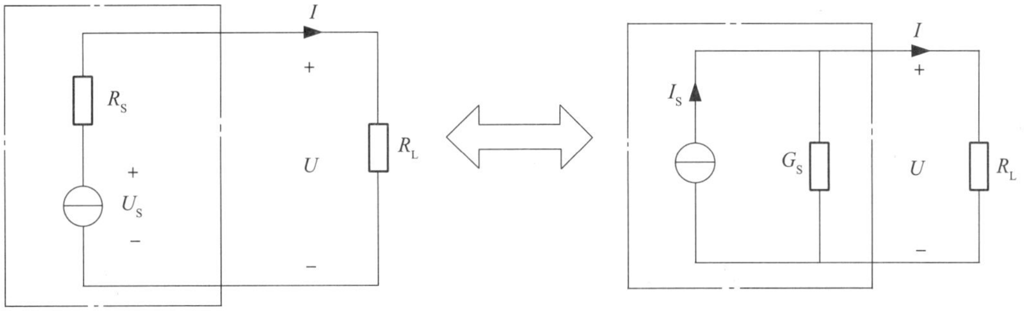

图 2－62　电压源和电流源的等效变换

【例 2－16】 已知 $I_S = 10$ mA，$R_S = 1$ kΩ。将图 2－63（a）中的电流源转化为等效电压源，并画出其等效电路。

解：

$$E = I_S R_S = 10 \text{ mA} \times 1 \text{ k}\Omega = 10 \text{ V}$$

内阻不变，所以等效电路如图 2－63（b）所示。

【例 2－17】 用电源等效变换的方法求图 2－64（a）所示电路中的电流 I_1和 I_2。

解： 将原电路经图 2－64（b）所示电路变换为图 2－64（c）所示电路，由此可得

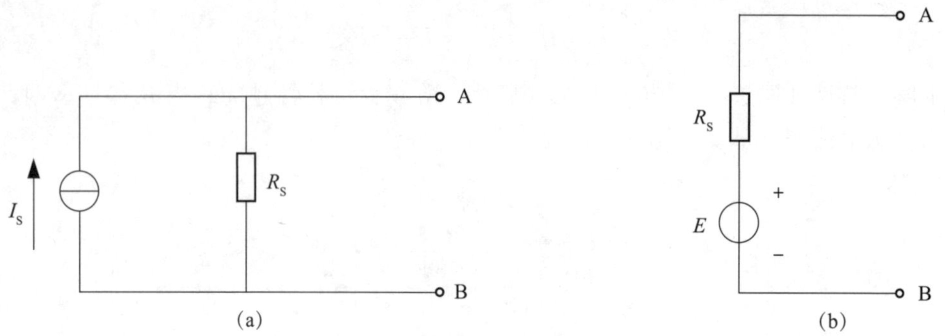

图 2－63 例 2－16 图

(a) 电流源；(b) 等效电压源

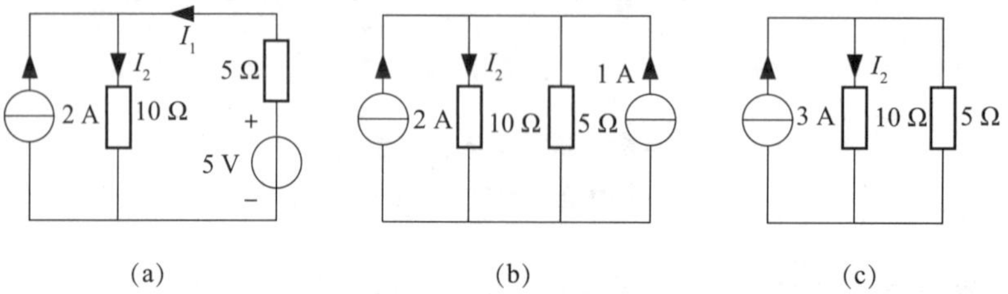

图 2－64 例 2－17 图

$$I_2 = \frac{5}{10+5} \times 3\ \text{A} = 1\ \text{A}$$

$$I_1 = I_2 - 2\ \text{A} = 1\ \text{A} - 2\ \text{A} = -1\ \text{A}$$

通过例题可以看出，实际的电压源和电流源在满足一定的条件下可以等效变换，但需要注意以下几个问题：

(1) 变换后，要保持等效电压源或等效电流源的极性，与变换前电流源或电压源的极性一致。

(2) 等效变换是指对外电路有效，而在电源模型内部，并不等效。

(3) 理想电压源与理想电流源不能等效。

二、Y－△连接的等效变换

等效电路是电路分析中一个很重要的概念，通过等效变换，可以把多元件组成的电路化简为只有少数几个元件组成的简单电路，它是化繁为简、化难为易的钥匙。

电路的等效分析方法很多，下面只介绍一下无源三端网络Y形和△形的等效变换，如图 2－65 所示。

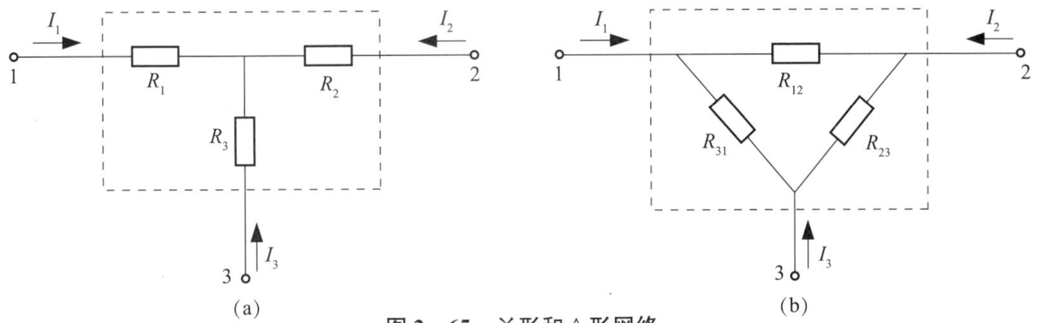

图 2－65　Y形和△形网络

(a) Y形网络；(b) △形网络

根据 KVL 和 KCL，若两个三端网络对应端间的电压相等，对应端的电流相同，即伏安关系相同，则这两个三端网络等效。据此可推出其等效变换公式如下：

(1) △形变Y形等效变换公式：

$$\begin{cases} R_1 = \dfrac{R_{12}R_{31}}{R_{12}+R_{23}+R_{31}} \\ R_2 = \dfrac{R_{23}R_{12}}{R_{12}+R_{23}+R_{31}} \\ R_3 = \dfrac{R_{23}R_{31}}{R_{12}+R_{23}+R_{31}} \end{cases} \tag{2-33}$$

(2) Y形变△形等效变换公式：

$$\begin{cases} R_{12} = \dfrac{R_1R_2+R_2R_3+R_3R_1}{R_3} \\ R_{23} = \dfrac{R_1R_2+R_2R_3+R_3R_1}{R_1} \\ R_{31} = \dfrac{R_1R_2+R_2R_3+R_3R_1}{R_2} \end{cases} \tag{2-34}$$

当 3 个电阻相等时，互换公式为

$$R_{Y} = \frac{1}{3}R_{\triangle} \tag{2-35}$$

【例 2－18】 如图 2－66 所示电路，求电压 U。

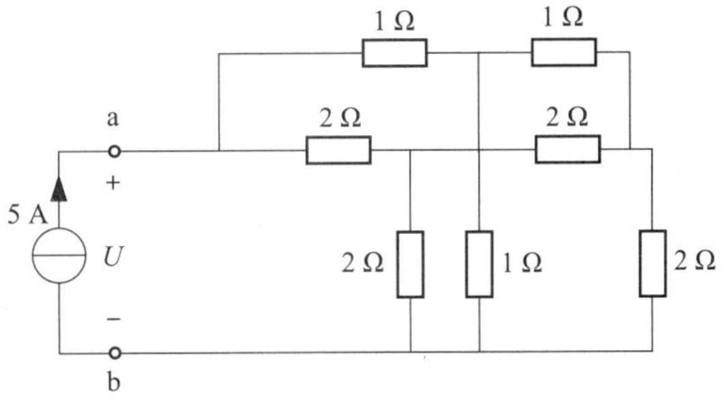

图 2－66　例 2－18 图

解：将图2-66中的Y形Y_1（1 Ω）和Y_2（2 Ω）等效变换为$\triangle_1$和$\triangle_2$，并进行并联等效，得图2-67，再对图2-67进行串并联等效，得ab端口的等效电阻为$R=(6/5)\ \Omega$。从而得

$$U=(6/5)\ \Omega\times 5\ \text{A}=6\ \text{V}$$

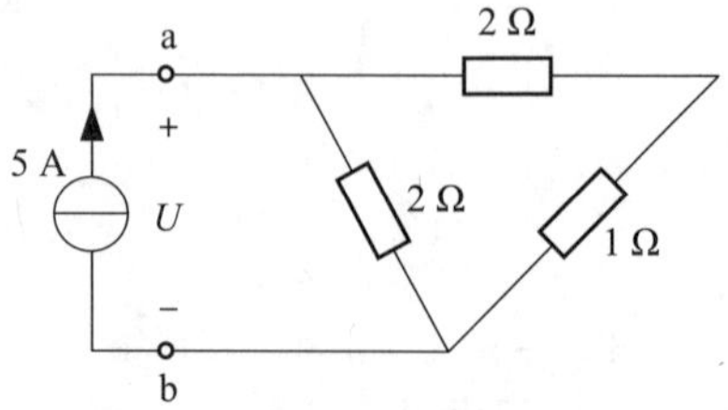

图2-67　例2-18题解图

思考与练习

一、填空题

1. 已知$R_1=6\ \Omega$，$R_2=3\ \Omega$，$R_3=2\ \Omega$，把它们串联起来后的总电阻$R=$________。

2. 导线的电阻是10 Ω，对折起来作为一根导线用，电阻变为________；若把它均匀拉长为原来的2倍，电阻变为________。

3. 两根同种材料的电阻丝，长度之比为1∶5，横截面面积之比为2∶3，则它们的电阻之比为________。

4. 两个电阻R_1和R_2组成一串联电路，已知$R_1:R_2=1:2$，则通过两电阻的电流之比$I_1:I_2=$________，两电阻上电压之比$U_1:U_2=$________，消耗功率之比$P_1:P_2=$________。

5. 将R_1、R_2两个电阻串联后接于固定电压的两端，现将阻值为90 Ω的电阻R_1短接，电流值变为以前的4倍，则电阻R_2的阻值为________。

6. 有一个表头，满偏电流$I_g=100\ \mu\text{A}$，内阻$r_g=1\ \text{k}\Omega$。若要将其改装成量程为1 A的电流表，需要并联________的分流电阻。

7. 有两个电阻，把它们串联起来的总电阻为10 Ω，把它们并联起来的总电阻为2.1 Ω，这两个电阻的阻值分别为________和________。

8. 有A、B两个电阻器，A的额定功率大，B的额定功率小，但它们的额定电压相同，若将它们并联，则________的发热量大。

9. 实际电压源可以用一个________和电阻________的模型来表征，实际电流源可以用一个________和电阻________的模型来表征。实际电压源和实际电流源进行等效互换的条件是________和________。

10. 理想电压源的内阻为________，理想电流源的内阻为________。

11. 一个内阻为0.2 Ω，I_S为10 A的实际电流源，等效成实际电压源时，$E=$________，$R_0=$________，E与I_S的方向________。

12. 某直流电源开路时的端电压为12 V，短路电流为3 A，则外接一只阻值为6 Ω的电阻时，回路电流为________。

13. 一个有源二端网络，测得其开路电压为 4 V，短路电流为 2 A，则等效电压源 U_S = __________，R_0 = __________。

14. 电源电动势 $E = 4.5$ V，内阻 $r = 0.5$ Ω，负载电阻 $R = 4$ Ω，则电路中的电流 I = __________，端电压 U = __________。

二、选择题

1. 在图 2－68 所示电路中，电源电压是 6 V，3 只白炽灯工作电压都是 6 V，接法错误的是（　　）。

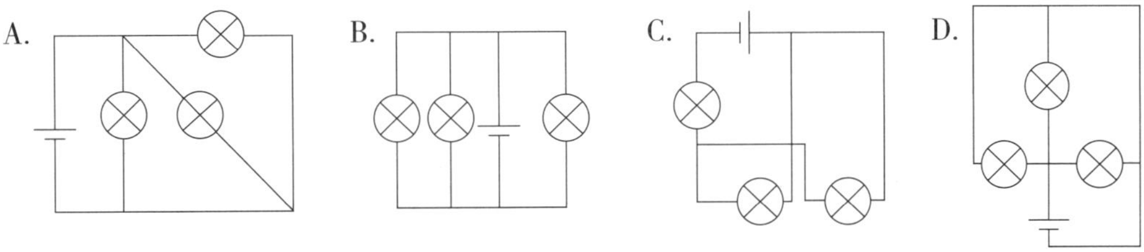

图 2－68　选择题 1 图

2. 有一只内阻为 0.15 Ω，量程为 1 A 的电流表，现给它并联一只 0.05 Ω 的小电阻，则这只电流表的量程扩大为（　　）。

A. 1 A　　B. 3 A　　C. 4 A　　D. 6 A

3. 某 3 条完全相同的电阻丝并联在一起时的阻值为 20 Ω，若将它们串联后接上 U = 36 V 的电压，则流过它们的电流是（　　）。

A. 1 A　　B. 0.6 A　　C. 0.3 A　　D. 0.2 A

4. 一均匀电阻丝，横截面的直径为 d，电阻为 R，把它拉成直径为 $\frac{1}{10}d$ 的均匀细丝后，它的电阻变为（　　）。

A. $\frac{1}{10\,000}R$　　B. $10\,000\,R$　　C. $\frac{1}{100}R$　　D. $100\,R$

5. 已知电源电压为 12 V，4 只相同的灯泡的工作电压都是 6 V，要使灯泡都能正常工作，则灯泡应（　　）。

A. 全部串联　　B. 两只并联后与另两只串联

C. 两两串联后再并联　　D. 全部并联

6. R_1 和 R_2 为两个串联电阻，已知 $R_1 = 4R_2$，若 R_1 上消耗的功率为 1 W，则 R_2 上消耗的功率为（　　）。

A. 0.25 W　　B. 5 W　　C. 20 W　　D. 400 W

7. 一段导体的电阻为 4 Ω，将其对折后的等效电阻为（　　）。

A. 2 Ω　　B. 1 Ω　　C. 8 Ω　　D. 4 Ω

8. 任何一个有源二端网络都可以用一个适当的理想电压源与一电阻（　　）来代替。

A. 串联　　B. 并联　　C. 串联或并联　　D. 随意连接

9. 实际电压源在供电时，它的端电压（　　）它的电动势。

A. 高于　　　　B. 低于　　　　C. 等于　　　　D. 无法确定

三、判断题

1. 电压源和电流源等效变换前后电源内部是不等效的。　（　　）

2. 理想电流源的输出电流和电压是恒定的，不随负载变化。　（　　）

四、计算题

1. 求图 2－69 所示各网络 ab 端的等效电阻。

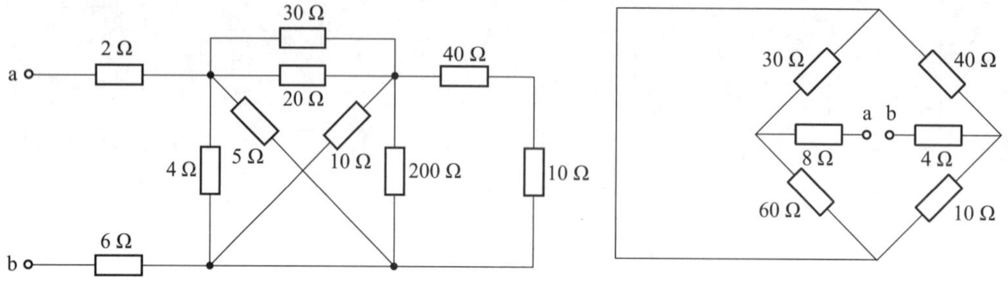

(a)　　　　(b)

图 2－69　计算题 1 图

2. 求图 2－70 所示各网络 ab 端和 cd 端的输入电阻。

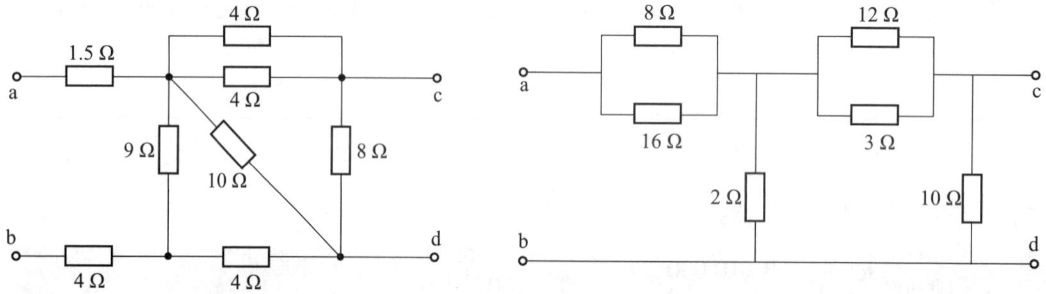

(a)　　　　(b)

图 2－70　计算题 2 图

3. 如图 2－71 所示，已知 $E = 30$ V，内阻不计，$R_1 = 240\ \Omega$，$R_2 = R_5 = 600\ \Omega$，$R_3 = R_4 = 200\ \Omega$，求通过电阻 R_1、R_2、R_3 的电流。

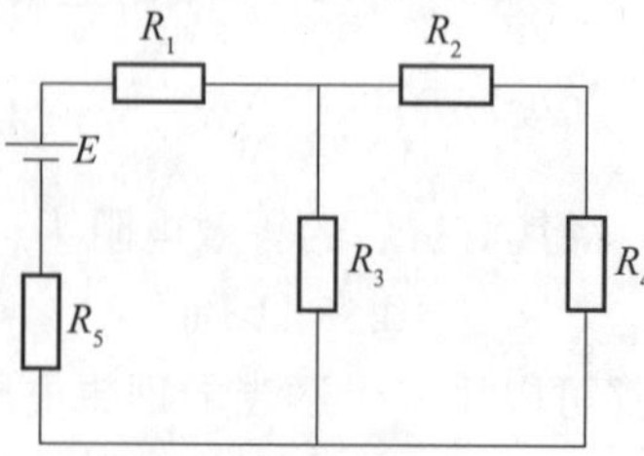

图 2－71　计算题 3 图

4. 如图 2－72 所示，这是两个量程的伏特计内部电路图。已知表头内阻 $R_g=500\ \Omega$，允许通过的最大电流 $I_g=1\ mA$，使用 A、B 接线柱时，量程是 3 V；使用 A、C 接线柱时，量程是 15 V。求分压电阻 R_1 和 R_2 的阻值。

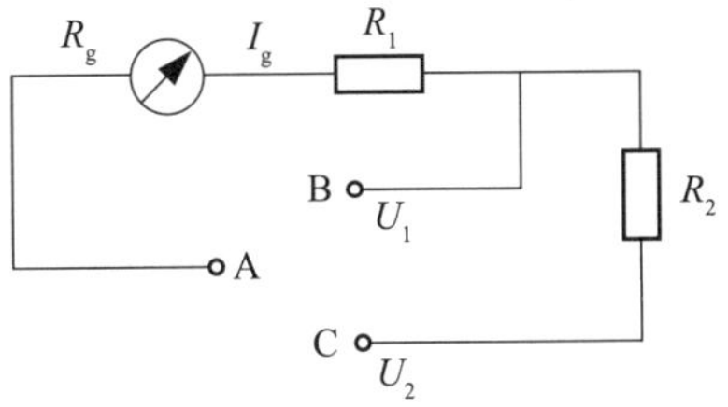

图 2－72　计算题 4 图

5. 在图 2－73 所示的电路中，各电阻的阻值均为 1 Ω，画出电路的等效电路图，并求出电路 A、B 两点间的等效电阻 R_{AB}。

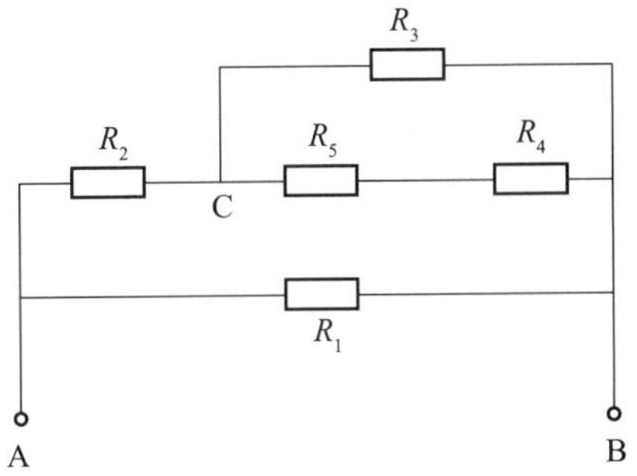

图 2－73　计算题 5 图

6. 如图 2－74 所示，S 闭合时，伏特表读数是 2.9 V，安培表读数是 0.5 A；当 S 断开时，伏特表读数是 3 V。已知 $R_2=R_3=4\ \Omega$，求：

(1) 电源的电动势和内电阻；

(2) 外电路上的电阻 R_1。

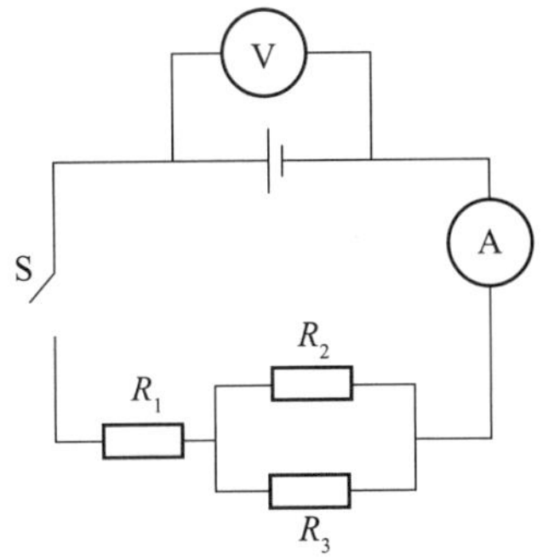

图 2－74　计算题 6 图

7. 如图 2－75 所示，已知 $E=30\ V$，内阻不计，$R_1=10\ \Omega$，$R_2=R_3=40\ \Omega$，求：

（1）S 断开时，AB 间的电压和 R_1 上消耗的功率；
（2）S 闭合时，AB 间的电压和 R_2 上的电流。

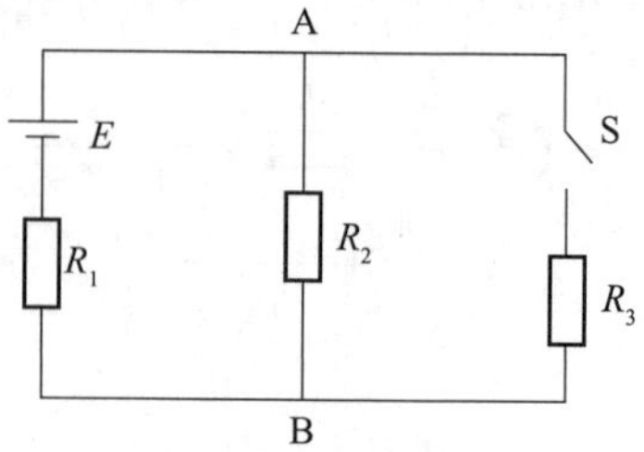

图 2-75　计算题 7 图

8. 如图 2-76 所示，已知 $E=6\ \text{V}$，$r=2\ \Omega$，$R_1=R_2=R_3=4\ \Omega$，求：
（1）S 断开时，通过 R_1、R_2、R_3 的电流；
（2）S 闭合时，R_1、R_2、R_3 两端的电压。

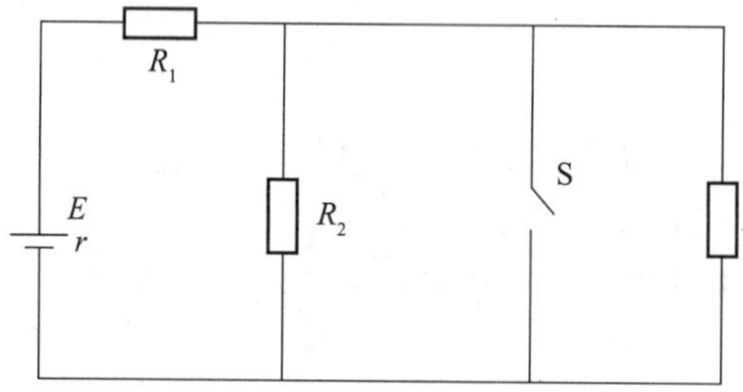

图 2-76　计算题 8 图

9. 在进行电路物理量的测量时，可根据需要扩大电流表量程或将电流表改装成多量程的电压表。如有一个量程为 0～200 μA 的微安表，内阻为 500 Ω，要求将它改装成 2 V、10 V 量程的直流电压表，应如何实现？

10. 求图 2-77 所示电路中 a、b 两点间的等效电阻 R_{ab}。

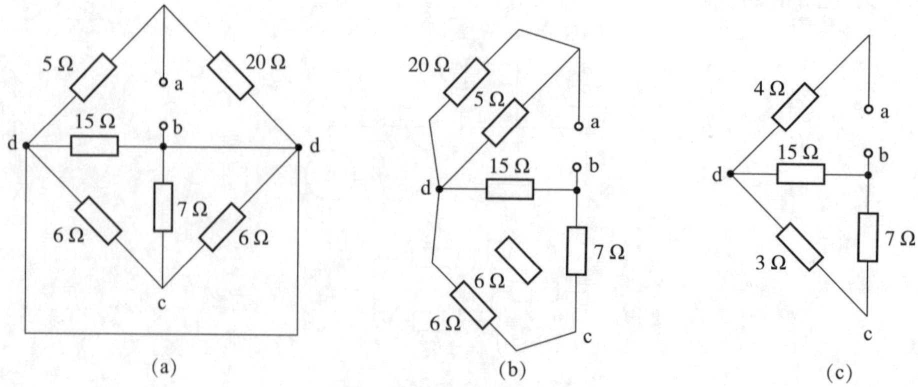

图 2-77　计算题 10 图

（a）题 1；（b）题 2；（c）题 3

11. 求图 2－78 所示电路的等效电阻 R_{ab}。

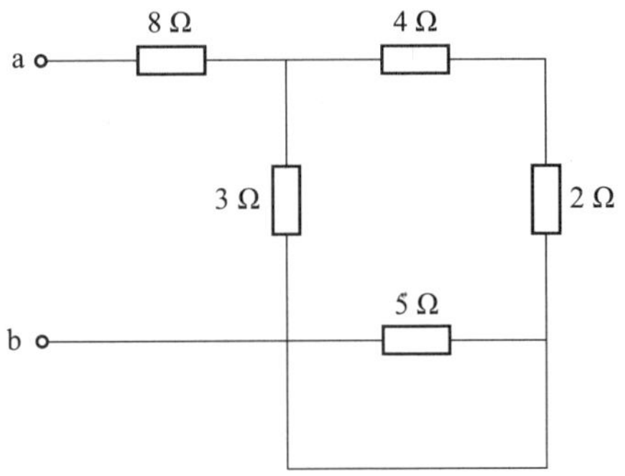

图 2－78　计算题 11 图

12. 在如图 2－79 所示电路中，$R_1=R_2=R_3=R_4=R_5=12\ \Omega$，分别求 S 断开和 S 闭合时 AB 间的等效电阻 R_{AB}。

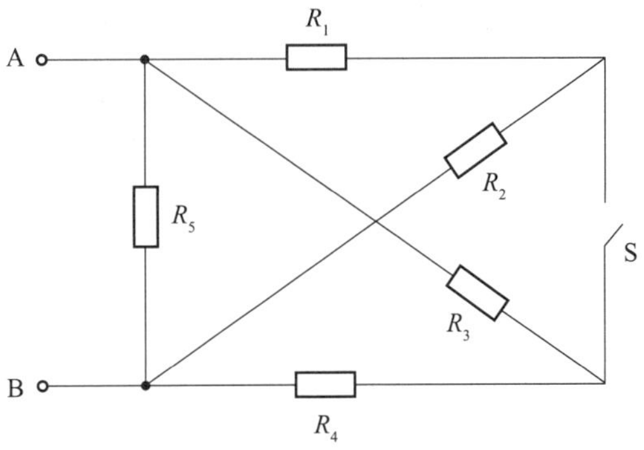

图 2－79　计算题 12 图

13. 如图 2－80 所示电路，计算等效电阻 R_{ab}。

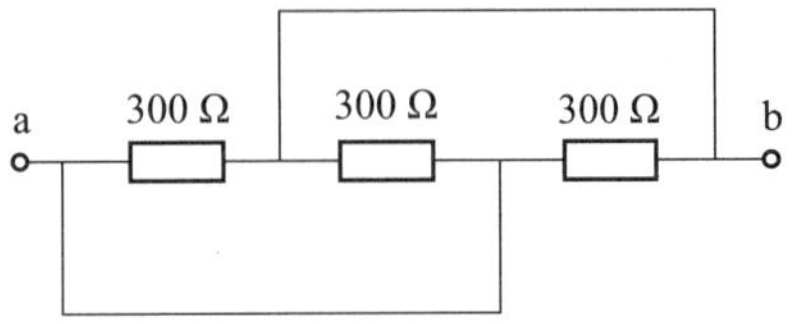

图 2－80　计算题 13 图

14. 在图 2－81 所示电路中，已知 $U_S=10\ V$，$r=0.1\ \Omega$，$R=9.9\ \Omega$，求开关在不同位置 1、2、3 时电流表和电压表的读数。

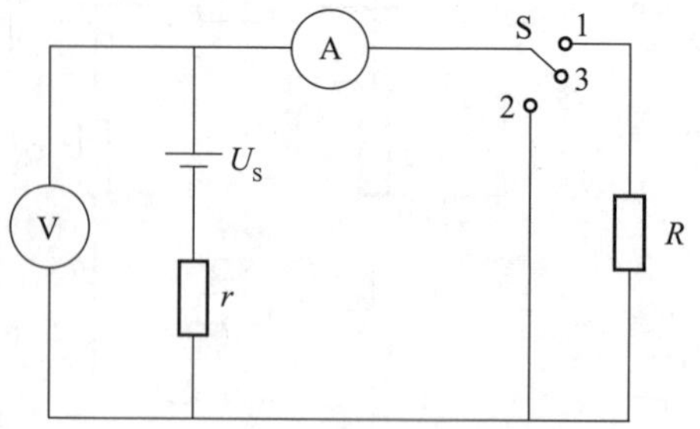

图 2－81　计算题 14 图

15. 图 2－82 所示为双量程的电压表，其量程分别为 10 V 和 50 V，已知对应于 10 V 量程时电压表内阻 $R_1=20\ k\Omega$（包括表头内阻），求 R_2。

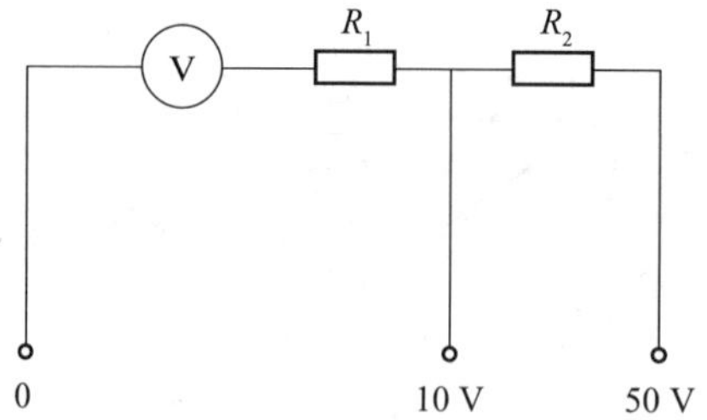

图 2－82　计算题 15 图

16. 如图 2－83 所示电路，求电压 U。

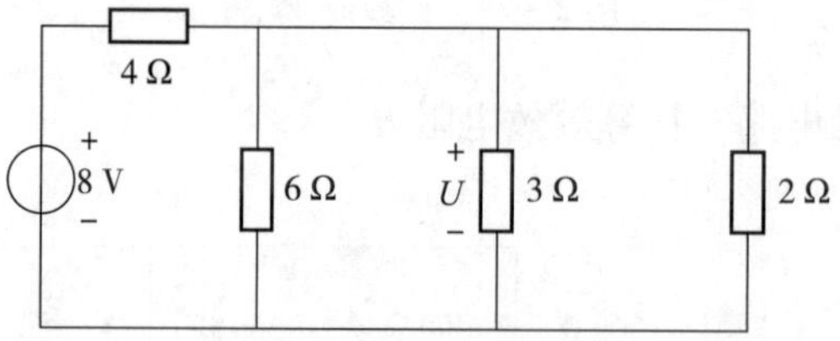

图 2－83　计算题 16 图

任务六　叠加定理的验证与应用

学习目标

知识目标	1. 掌握叠加定理的具体内容
	2. 掌握叠加定理的适用范围
	3. 掌握叠加定理的解题方法
技能目标	1. 熟练使用电流表、电压表
	2. 培养学生应用叠加和分解的思想，把复杂变简单、把多元变单元的解决复杂问题的能力
素质目标	1. 树立规范操作意识
	2. 保持良好的工作环境

任务要求

之前学习了基尔霍夫定律和支路电流法及回路电流法，这些方法都可以求解复杂的直流电路。但是可以看到，每种方法都有它的适用范围。如果题目中电源数量不多，但是支路数和回路数较多，还有没有其他较为简便的方法来求解。如果能把复杂直流电路拆分成多个单独电源作用的简单直流电路，求解后再把各个结果合成，是不是能达到求解的目的。本次任务我们来解决这个问题。

（1）根据下列步骤，完成实验。将测得的所需数据填入表 2 – 11。

实验线路使用 DGJ – 03 挂箱的“基尔霍夫定律/叠加定理”线路。实验前先任意设定 3 条支路和 3 个闭合回路的电流正方向。图 2 – 84 中的 I_1、I_2、I_3 的方向已设定。3 个闭合回路的电流正方向可设为 ADEFA、BADCB 和 FBCEF。

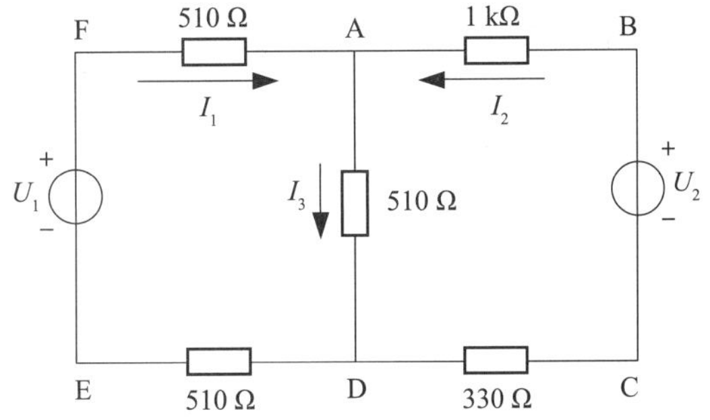

图 2 – 84　叠加定理电路原理图

① 将两路稳压源的输出电压分别调节为 12 V 和 6 V，接入 U_1 和 U_2 处。

② 令 U_1 电源单独作用。用直流数字电压表和毫安表（接电流插头）测量各支路电流及各电阻元件两端的电压，并将数据记入表 2－11。

③ 令 U_2 电源单独作用，重复实验步骤②的测量，并将数据记入表 2－11。

④ 令 U_1 和 U_2 共同作用，重复上述测量，并将数据记入表 2－11。

⑤ 将 U_2 的数值调至 $2U_2$（即 12 V），重复上述测量，并将数据记入表 2－11。

表 2－11　叠加定理电路测量数据

测量项目 / 实验内容	U_1/V	U_2/V	I_1/mA	I_2/mA	I_3/mA	U_{AB}/V	U_{CD}/V	U_{AD}/V	U_{DE}/V	U_{FA}/V
U_1 单独作用										
U_2 单独作用										
U_1 和 U_2 共同作用										
$2U_2$ 单独作用										

（2）分析表 2－11 所得到的数据，将结论填写到下面。

结论：____

____

（3）应用叠加定理，求解图 2－84 中的各支路电流值及各电阻两端电压值。

知识准备

一、叠加定理

在线性电路中，当有多个独立电源共同作用时，在电路中任一支路所产生的电流（或电压）等于各独立电源单独作用时在该支路所产生的电流（或电压）的代数和。线性电路的这一性质称为叠加定理。

应用叠加定理，可以将复杂的电路分解成几个简单的电路，然后应用欧姆定律就可以进行求解。叠加定理仅适用于线性电路。

图 2－85（a）所示为含有两个电源的电路，根据叠加定理此电路可以分解成两个电路：恒流源单独作用的电路［图 2－85（b）］和恒压源单独作用的电路［图 2－85（c）］。

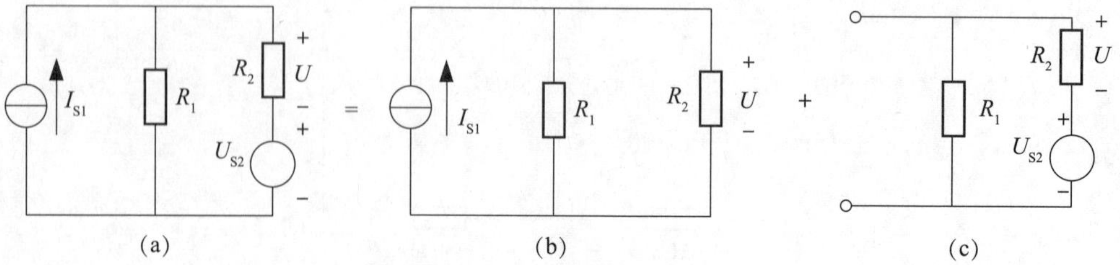

图 2－85　叠加定理原理应用

（a）含有两个电源的电路；（b）恒流源单独作用的电路；（c）恒压源单独作用的电路

二、叠加定理的应用

根据叠加定理的内容可以总结出解题的一般步骤：

（1）把含有若干个电源的复杂电路分解成若干个恒压源或恒流源单独作用的分电路。

注意：①某个电源单独作用时，其余电源的作用为零（恒压源短路、恒流源断路）；②某个电源单独作用时，原复杂电路中的所有电阻（包括电源的内阻）应当保留。

（2）在原复杂电路和分电路中标出电流的参考方向（要求原电路和分电路的参考方向一致）。

（3）计算各分电路中的电流。

（4）电流叠加，计算复杂电路中的待求电流。叠加时注意各分电路中电流的正负号。

【例 2－19】求如图 2－86 所示电路图中的支路电流。

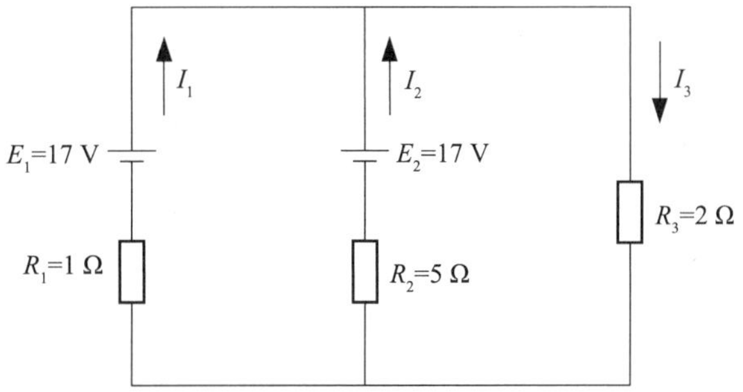

图 2－86　例 2－19 图

解：根据叠加定理，将原电路分解成如图 2－87（a）、图 2－87（b）所示的两个电路。

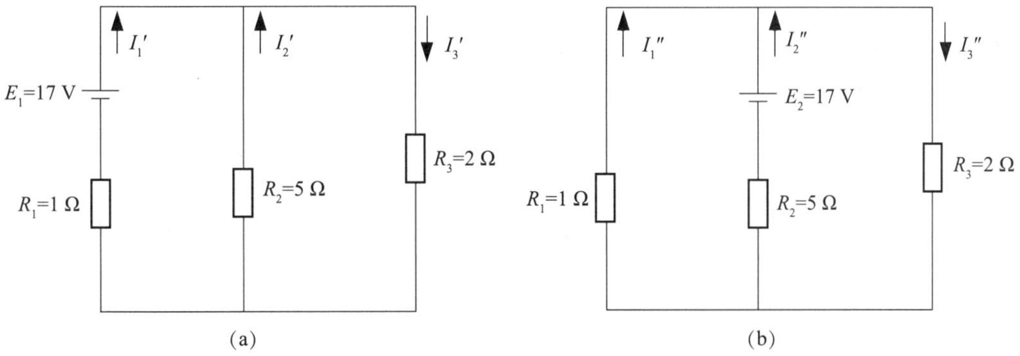

图 2－87　例 2－19 题解图

（a）分解电路一；（b）分解电路二

（1）在图 2－87（a）中：E_1 单独作用。

$$R_{eq} = (R_2//R_3) + R_1 = 17/7\ \Omega$$

$$I'_1 = \frac{E_1}{R_{eq}} = \frac{17}{17/7} \text{ A} = 7 \text{ A}$$

$$I'_2 = -\frac{\frac{1}{R_2}}{\frac{1}{R_2} + \frac{1}{R_3}} \cdot I'_1 = -2 \text{ A}$$

$$I'_3 = \frac{\frac{1}{R_3}}{\frac{1}{R_2} + \frac{1}{R_3}} \cdot I'_1 = 5 \text{ A}$$

(2) 在图 2－87（b）中：E_2 单独作用。

$$R'_{eq} = (R_1//R_3) + R_2 = 17/3\ \Omega$$

$$I''_2 = \frac{E_2}{R_{eq}'} = \frac{17}{17/3} \text{ A} = 3 \text{ A}$$

$$I''_1 = -\frac{\frac{1}{R_1}}{\frac{1}{R_1} + \frac{1}{R_3}} \cdot I''_2 = -2 \text{ A}$$

$$I''_3 = \frac{\frac{1}{R_3}}{\frac{1}{R_1} + \frac{1}{R_3}} \cdot I''_2 = 1 \text{ A}$$

(3) 应用叠加原理：

$$I_1 = I'_1 + I''_1 = 7 \text{ A} + (-2 \text{ A}) = 5 \text{ A}$$

$$I_2 = I'_2 + I''_2 = -2 \text{ A} + 3 \text{ A} = 1 \text{ A}$$

$$I_3 = I'_3 + I''_3 = 5 \text{ A} + 1 \text{ A} = 6 \text{ A}$$

【例 2－20】 如图 2－85（a）所示，已知 $R_1 = 1\ \Omega$，$R_2 = 2\ \Omega$，$I_{S1} = 3$ A，$U_{S2} = 6$ V，求电路中的电压 U。

解： 根据叠加定理，将原电路分解成如图 2－85（b）、（c）两个电路。

在图 2－85（b）中：

$$U' = R_2 \times \frac{R_1}{R_1 + R_2} I_{S1} = 2 \text{ V}$$

在图 2－85（c）中：

$$U'' = -\frac{R_2}{R_1 + R_2} U_{S2} = -\frac{2}{1+2} \times 6 \text{ V} = -4 \text{ V}$$

因此

$$U = U' + U'' = 2 \text{ V} - 4 \text{ V} = -2 \text{ V}$$

在应用叠加定理时要注意以下几点：

(1) 该定理只适用于线性电路。

(2) 在各电源单独作用时，其他电源不起作用，即电路中只有一个电源作用而将其他电源均除去，即将其他电压源短路、电流源开路，但它们的内阻（如果有）仍保留在原处。

(3) 叠加时要注意电流（或电压）的参考方向。当各电源单独作用所得电路的电流（或电压）与各电源共同作用时的电流（或电压）的参考方向相同时取正，相反时取负。

(4) 即使在线性电路中，也不能用叠加定理来计算功率。

(5) 应用叠加定理时，受控源要与电阻一样看待，即叠加时只对独立电源产生的电流（或电压）进行叠加，受控源在每个独立电源单独作用时都应在相应的电路中保留。

知识拓展——戴维南定理

一、戴维南定理

任意一个有源二端网络 N 均可等效为一个电压源。其中，电压源的电动势 E 为该网络的开路电压 U_0，内阻 R_0 为该网络中全部独立源作用为零（恒压源短路、恒流源断路）后的等效电阻，如图 2－88 所示。

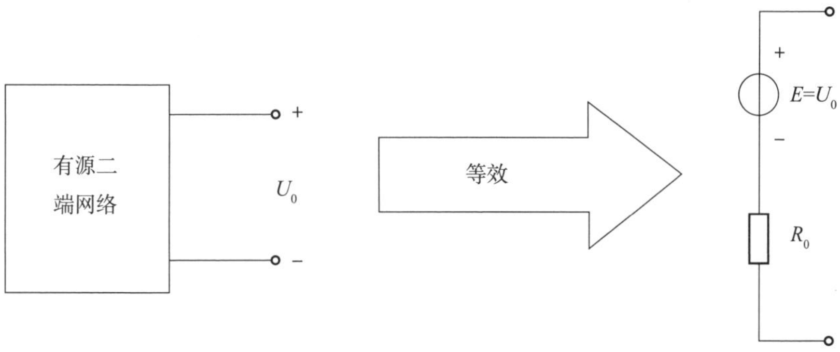

图 2－88　戴维南定理应用

二、戴维南定理的应用

利用戴维南定理求解支路电路的步骤：

(1) 将所求支路断开，得一有源二端网络。

(2) 求出有源二端网络的开路电压 U_0，即等效电压源的电动势 E。

(3) 令有源二端网络中所有电源作用为零（恒压源短路、恒流源断路），保留电源内阻，得一无源二端网络，求其等效电阻。

(4) 用等效的电压源代替有源二端网络，将所求支路接入等效电路中，应用欧姆定律求出该支路电流。

【例 2－21】 根据戴维南定理，求如图 2－89 所示电路的等效电压源模型。

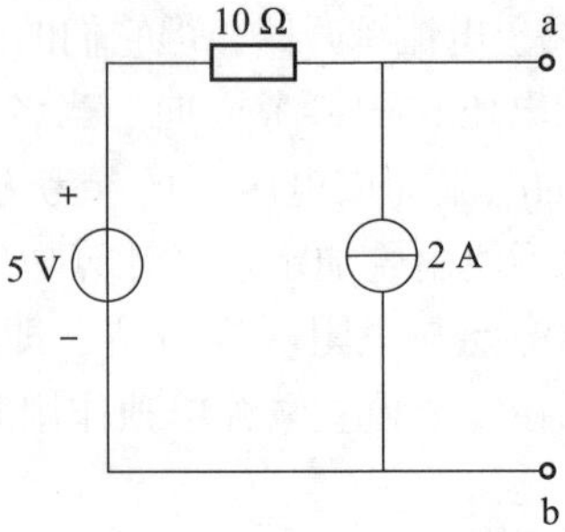

图 2-89　例 2-21 图

解：(1) 求开路电压。在图 2-90 (a) 中标注 $i=0$ 时的条件及电压、电流的参考方向，可得开路电压为

$$U_0 = 2\ \text{A} \times 10\ \Omega + 5\ \text{V} = 25\ \text{V}$$

(2) 求等效电阻。在图 2-90 (a) 中，将电压源短路、电流源开路，图 2-90 (a) 所示有源二端网络可转换为图 2-90 (b) 所示的无源二端网络，则等效电阻 $R_0 = 10\ \Omega$。

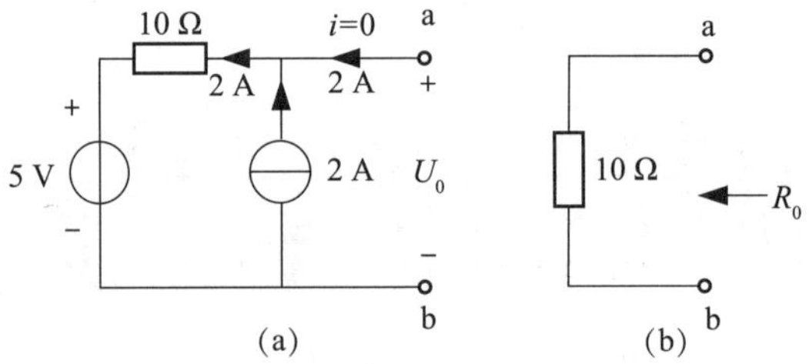

图 2-90　例 2-21 题解图 1

(a) 转换前电路；(b) 等效电路

(3) 画等效电路图。等效电路中的电动势为

$$E = U_0 = 25\ \text{V}$$

方向与开路电压方向一致，内阻

$$r_0 = R_0 = 10\ \Omega$$

图 2-89 所示有源二端网络的戴维南等效电路如图 2-91 所示。

运用戴维南定理时，应注意：

(1) 戴维南定理仅适合于线性电路；

(2) 有源二端网络经戴维南等效变换之后，仅对外电路等效，若求有源二端网络内部的电压或电流，则需另处理；

(3) 等效电阻是指将各个电压源短路、电流源开路，有源网络变为无源网络之后从端口看进去的电阻；

(4) 画等效电路时，要注意等效恒压源的电动势 E 的方向应与有源二端网络开路时的端电压方向相一致。

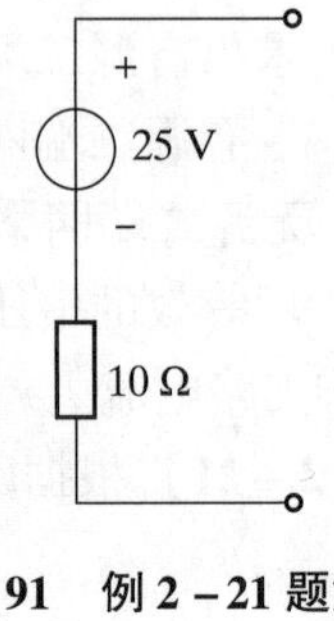

图 2-91　例 2-21 题解图 2

【例 2-22】 如图 2-92 所示电路，已知：$E = 48\ \text{V}$，$R_1 = 12\ \Omega$，$R_2 = 24\ \Omega$，$R_3 = 36\ \Omega$，

$R_4=12\ \Omega$，$R=33\ \Omega$，利用戴维南定理求通过 R 的电流 I。

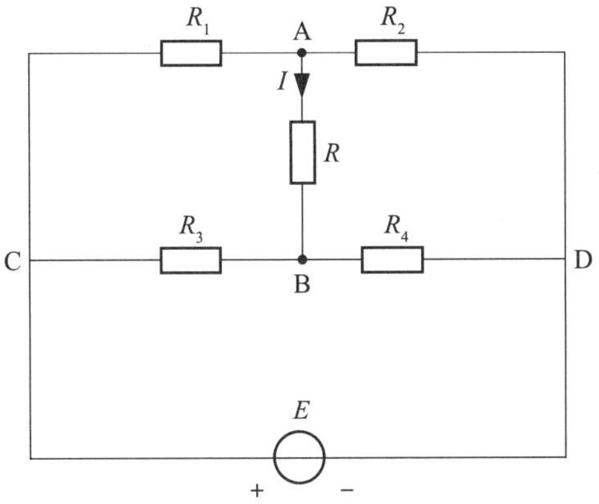

图 2－92　例 2－22 图

解：将所求支路断开，如图 2－93（a）所示，则

$$U_{AD}=\frac{R_2}{R_1+R_2}\cdot E=\frac{24}{12+24}\times 48\ V=32\ V$$

$$U_{BD}=\frac{R_4}{R_3+R_4}\cdot E=\frac{12}{36+12}\times 48\ V=12\ V$$

得

$$E_0=U_{AB}=U_{AD}+U_{DB}=U_{AD}-U_{BD}=32\ V-12\ V=20\ V$$

令 E 作用为零，得一无源二端网络如图 2－93（b）所示，则 A、B 间的等效电阻为

$$R_0=\frac{R_1R_2}{R_1+R_2}+\frac{R_3R_4}{R_3+R_4}=\frac{12\times 24}{12+24}\ \Omega+\frac{36\times 12}{36+12}\ \Omega=17\ \Omega$$

将 R 支路接入等效电压源，如图 2－93（c）所示，可得

$$I=\frac{E_0}{R+R_0}=\frac{20}{33+17}\ A=0.4\ A$$

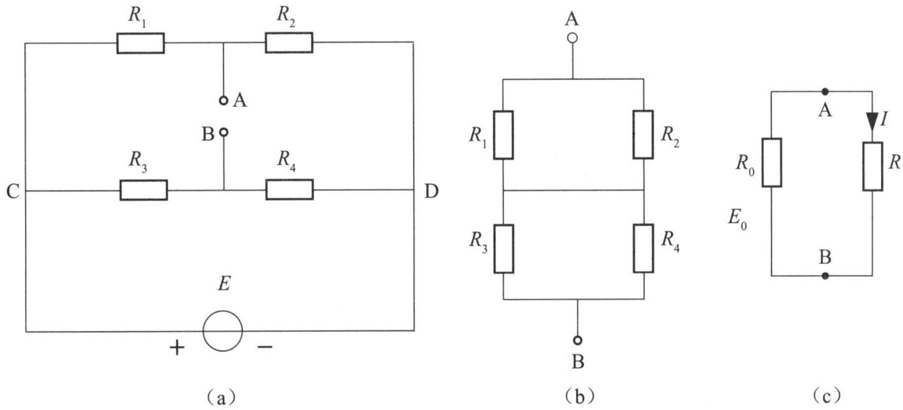

图 2－93　例 2－22 题解用图

（a）断开支路；（b）无源二端网络；（c）接入等效电压源

思考与练习

一、选择题

直流电路中应用叠加定理时，每个电源单独作用时，其他电源应（　　）。

A. 电压源做短路处理　　B. 电压源做开路处理

C. 电流源做短路处理　　D. 以上都不对

二、计算题

1. 如图2－94所示，已知$E_1=6$ V，$E_2=1$ V，内阻不计，$R_1=1\ \Omega$，$R_2=2\ \Omega$，$R_3=3\ \Omega$，用叠加定理求各支路的电流。

2. 用叠加定理求图2－95所示电路中的电流。若电流源的电流由原来的1 A增加到3 A,求ΔI_L。

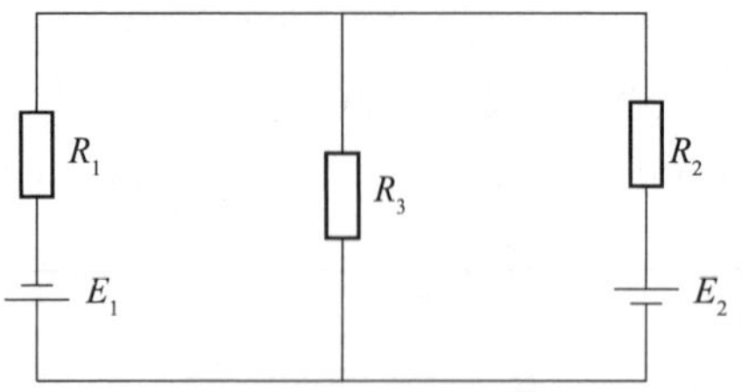

图2－94　计算题1图

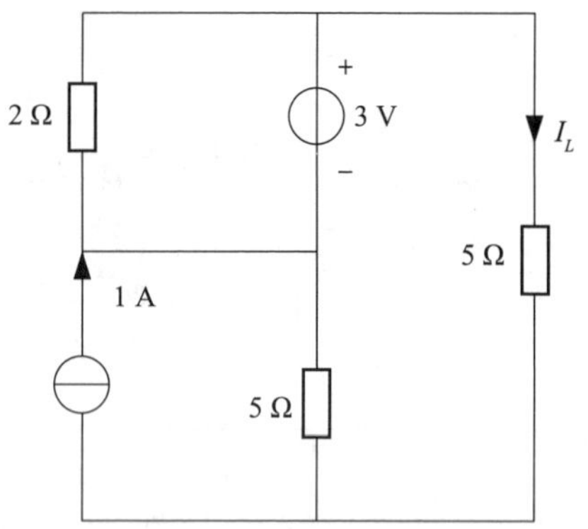

图2－95　计算题2图

3. 如图2－96所示，已知$U_S=10$ V，$I_S=6$ A，$R_1=5\ \Omega$，$R_2=3\ \Omega$，$R_3=5\ \Omega$，用叠加定理求R_3中电流I。

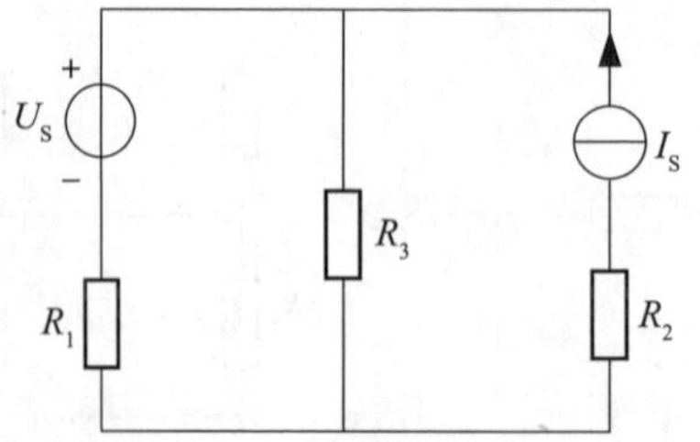

图2－96　计算题3图

4. 如图2－97所示，桥形电路中$R_1=2\ \Omega$，$R_2=1\ \Omega$，$R_3=3\ \Omega$，$R_4=0.5\ \Omega$，$U_S=4.5$ V，$I_S=1$ A。试用叠加定理求电压源的电流I和电流源的端电压U。

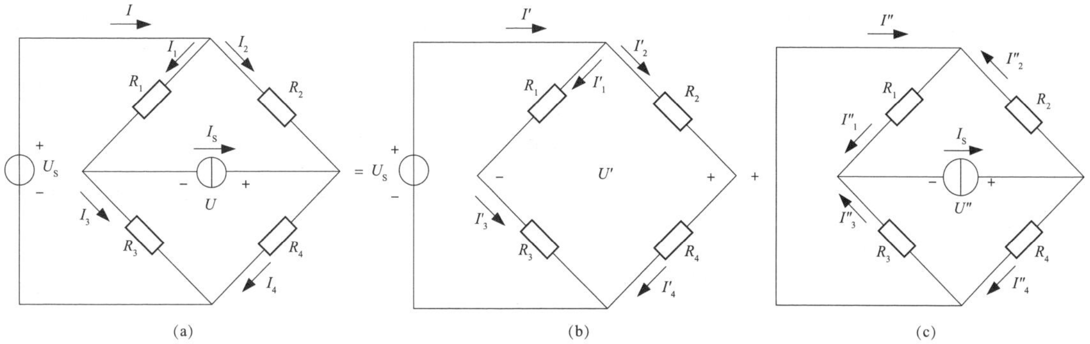

图 2－97　计算题 4 图

(a) 题 1；(b) 题 2；(c) 题 3

任务七　MF47万用表的装调

学习目标

知识目标	1. 理解万用表的结构与主要挡位的测试原理
	2. 熟练掌握元器件的识别与检测方法
	3. 掌握万用表的组装与调试的步骤和方法
	4. 学会万用表常见故障的排除方法
技能目标	1. 学会万用表的安装、调试、使用方法
	2. 学会排除一些常见故障
素质目标	1. 提高学生解疑、讨论、合作、竞争的意识
	2. 树立规范操作意识
	3. 保持良好的工作环境

任务要求

本任务要求学生能根据万用表原理图进行万用表的安装、焊接及调试。要求安装调试好的万用表能够完成正常的测量任务。

知识准备

一、MF47 型指针式万用表的特点与组成

1. 特点

MF47 型万用表采用高灵敏度的磁电系整流式表头，造型大方，设计紧凑，结构牢

固，携带方便，零部件均选用优良材料及工艺处理，具有良好的电气性能和机械强度。其特点如下：

（1）测量机构采用高灵敏度表头，性能稳定。

（2）线路部分保证可靠、耐磨、维修方便。

（3）测量机构采用硅二极管保护，保证过载时不损坏表头，并且线路设有 0.5 A 熔丝，以防止误用时烧坏电路。

（4）设计上考虑了湿度和频率补偿。

（5）低电阻挡选用 2 号干电池，容量大、寿命长。

（6）配有晶体管静态直流放大系数检测装置。

（7）刻度盘标度尺刻度线与挡位转换开关指示盘均有红、绿、黑三色，分别按交流红色，晶体管绿色，其余黑色对应制成，共有 7 条专用刻度线，刻度分开，便于读数；配有反光铝膜，消除视差，提高了读数精度。

（8）除交直流 2 500 V 和直流 5 A 分别有单独的插座外，其余只需转动一个挡位转换开关即可，使用方便。

（9）装有提把，不仅便于携带，而且可在必要时做倾斜支撑，便于读数。

2. 组成

MF47 型指针式万用表主要由表头、挡位转换开关、测量电路板、面板等组成，如图 2－98所示。

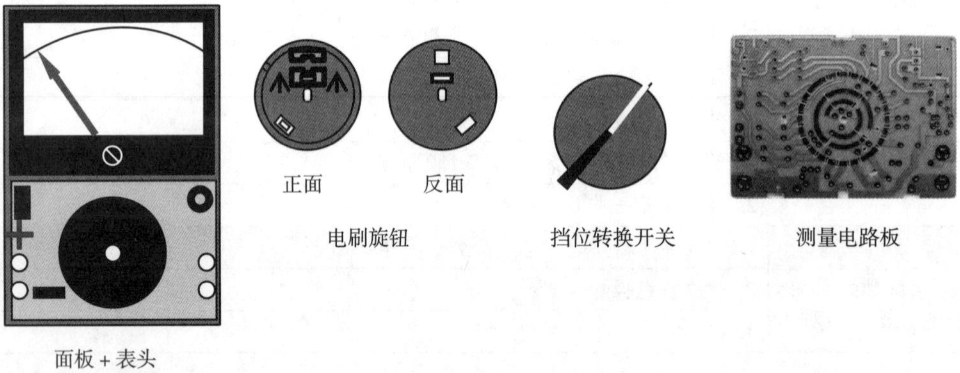

图 2－98　指针式万用表的组成

表头是万用表的测量显示装置，指针式万用表采用控制显示面板＋表头一体化结构；挡位转换开关用来选择测量项目和量程；测量电路板将不同性质和大小的被测电量转换为表头所能接受的直流电流。万用表可以测量直流电流、直流电压、交流电压和电阻等多种电量。当挡位转换开关拨到直流电流挡，可分别与 5 个接触点接通，用于测量 500 mA、50 mA、5 mA 和 500 μA、50 μA 量程的直流电流。同样，当挡位转换开关拨到欧姆挡，可分别测量 ×1 Ω、×10 Ω、×100 Ω、×1k Ω、×10 kΩ 量程的电阻；当挡位转换开关拨到直流电压挡，可分别测量 0.25 V、1 V、2.5 V、10 V、50 V、250 V、500 V、1 000 V 量程的直流电压；当挡位转换开关拨到交流电压挡，可分别测量 10 V、50 V、250 V、500 V、1 000 V 量程的交流电压。

二、MF47 型指针式万用表的工作原理

MF47 型指针式万用表的原理图如图 2－99 所示，测量电路板及挡住分布如图 2－100 所示。

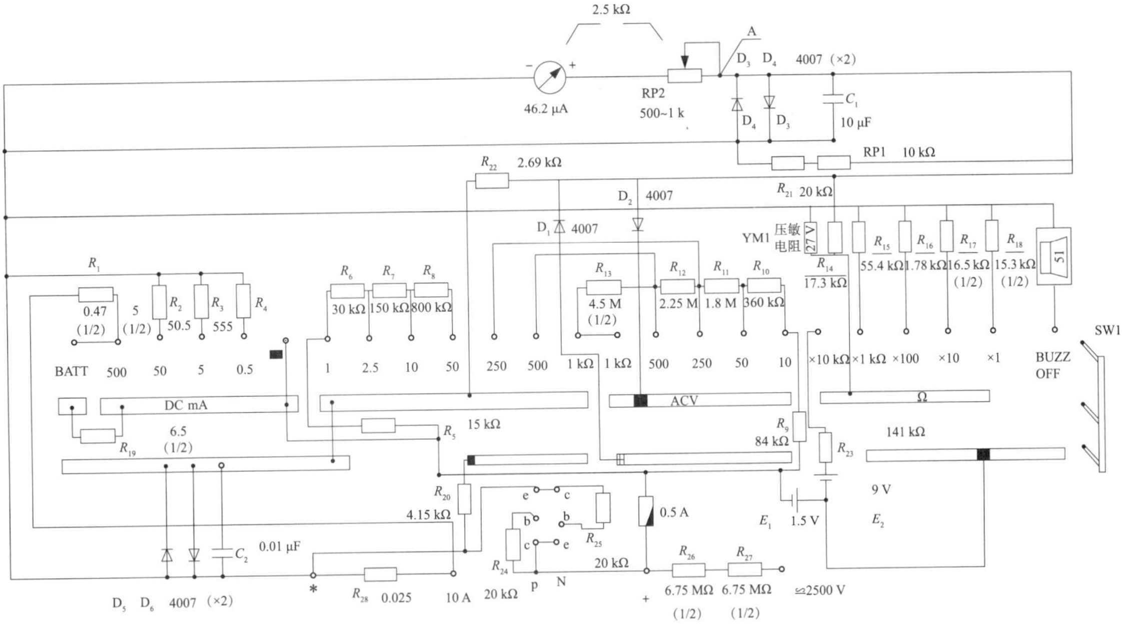

图 2－99　MF 47 型指针式万用表的原理图

注：本图纸中凡电阻单位未注明者为 Ω，功率未注明者为 1/4W。

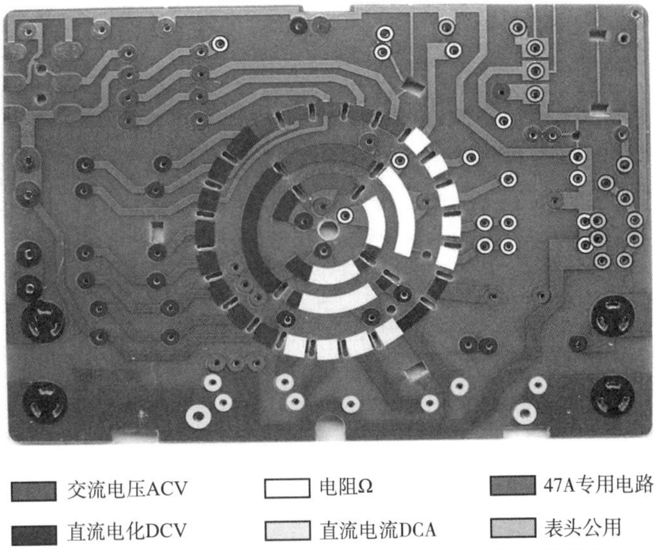

图 2－100　MF47 型指针式万用表的测量电路板及挡位分布

MF47 型指针式万用表的显示表头是一个直流微安表；RP2 是电位器，用于调节表头回路中的电流大小；D_3、D_4 两个二极管反向并联，并与电容并联，用于限制表头两端的

电压，起保护表头的作用，使表头不致因电压、电流过大而烧坏。电阻挡分为 ×1 Ω、×10 Ω、×100 Ω、×1 kΩ、×10 kΩ 几个量程，当转换开关打到某一个量程时，与某一个电阻形成回路，使表头偏转，测出阻值的大小。

MF47 型指针式万用表由 6 个部分组成：公共显示部分、保护电路部分、直流电流部分、直流电压部分、交流电压部分和电阻部分。电路板上每个挡位的分布如图 2－100 所示，上面为交流电压挡，左边为直流电压挡，下面为直流毫安挡，右边是电阻挡。

MF47 型指针式万用表电阻挡分为 ×1 Ω、×10 Ω、×100 Ω、×1 kΩ、×10 kΩ 共 5 个量程。例如，将挡位转换开关打到 ×1 Ω 时，外接被测电阻通过“－COM”端与公共显示部分相连；通过“+”端经过 0.5 A 熔断器接到电池，再经过电刷旋钮与 R_{18} 相连，RP1 为电阻挡公用调零电位器，最后与公共显示部分形成回路，使表头偏转，测出阻值的大小。

三、MF47 型指针式万用表的安装步骤

1. 清点材料

参考材料配套清单，并注意按材料清单一一对应，记清每个元件的名称与外形。

打开时请小心，不要将塑料袋撕破，以免材料丢失。

清点材料时请将表箱后盖作为容器，将所有的东西都放在里面。

清点完后请将材料放回塑料袋备用，暂时不用的放在塑料袋里，弹簧和钢珠不要丢失。

（1）电位器和可调电阻如图 2－101 所示。轻轻拧动电位器的黑色旋钮，可以调节电位器的阻值；用十字螺钉旋具轻轻拧动可调电阻的橙色旋钮，也可调节可调电阻的阻值。

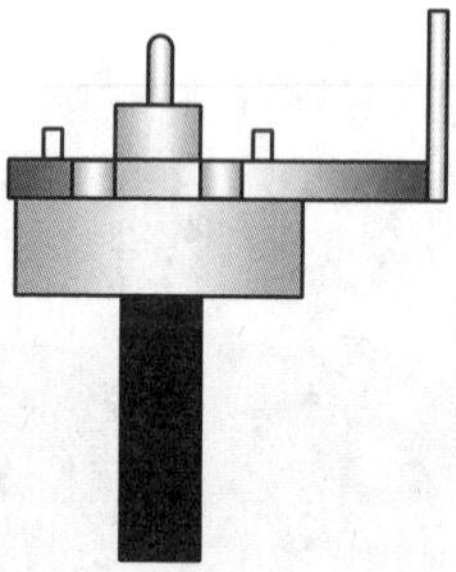

(a)

(b)

图 2－101　电位器和可调电阻

(a) 电位器；(b) 可调电阻

（2）二极管和熔丝夹如图 2－102 所示。

（3）电容如图 2－103 所示。

2. 识别二极管及电解电容的极性

在安装前要求每个学生学会辨别不同二极管及电解电容的形状，并学会分辨元件的大小与极性。

（1）二极管极性的判断。

（a）　　　　（b）

图 2－102　二极管和熔丝夹

（a）二极管；（b）熔丝夹

（a）　　　　（b）

图 2－103　电容

（a）电解电容；（b）涤纶电容

① 判断二极管极性时可用实习室提供的万用表，将红表笔插在“＋”端，黑表笔插在“－”端，将二极管搭接在表笔两端（见图 2－104），观察万用表指针的偏转情况。如果指针偏向右边，显示阻值很小，表示二极管与黑表笔连接的为正极，与红表笔连接的为负极，与实物相对照，黑色的一头为正极，白色的一头为负极。也就是说阻值很小时，与红表笔搭接的是二极管的负极，反之，如果显示阻值很大，那么与红表笔搭接的是二极管的正极。

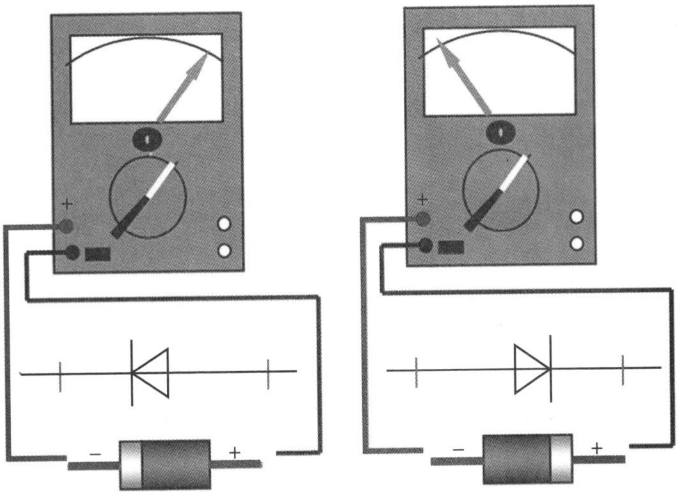

（a）　　　　（b）

图 2－104　用万用表判断二极管的极性

（a）红表笔搭接二极管的负极；（b）红表笔搭接二极管的正极

② 用万用表判断二极管极性的原理。由于电阻挡中的电池正极与黑表笔相连，这时黑表笔相当于电池的正极；红表笔与电池的负极相连，相当于电池的负极，因此当二极管

正极与黑表笔连通，负极与红表笔连通时，二极管两端被加上了正向电压，二极管导通，显示阻值很小。

（2）电解电容极性的判断。注意观察，在电解电容侧面有“–”号，是负极；如果电解电容上没有标明正负极，也可以根据其引脚的长短来判断，长脚为正极，短脚为负极，如图 2–105 所示。

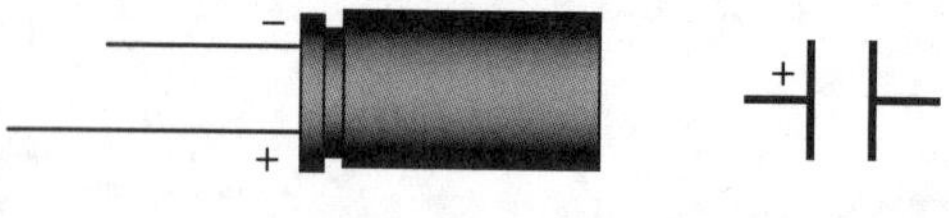

图 2–105　电解电容极性的判断

（a）电解电容极性；（b）电解电容的符号

如果已经把引脚剪短，并且电容上没有标明正负极，那么可以用万用表来判断，判断的方法是正接时漏电流小（阻值大），反接时漏电流大。

3. 焊接前的准备工作

（1）清除元件表面的氧化层。元件经过长期存放，会在元件表面形成氧化层，不但使元件难以焊接，而且影响焊接质量，因此当元件表面存在氧化层时，应首先清除元件表面的氧化层。注意：用力不能过猛，以免使元件引脚受伤或折断。清除元件表面的氧化层的方法如图 2–106 所示：左手捏住电阻或其他元件的本体，右手用锯条轻刮元件引脚的表面，左手慢慢地转动，直到表面氧化层全部去除。为了使电池夹易于焊接，要用尖嘴钳前端的齿口部分将电池夹的焊接点锉毛，去除氧化层。

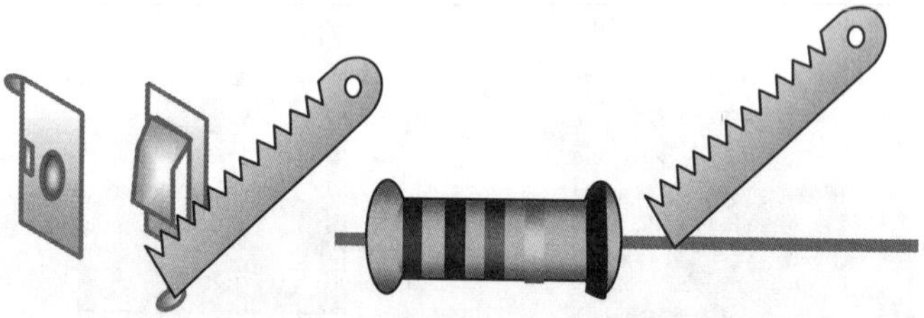

图 2–106　清除元件表面的氧化层

（2）元件引脚的弯制成形。左手用镊子紧靠电阻的本体，夹紧元件的引脚，使引脚的弯折处距离元件的本体有 2 mm 以上的间隙。左手夹紧镊子，右手食指将引脚弯成直角。

注意：不能用左手捏住元件本体、右手紧贴元件本体进行弯制，否则，引脚的根部在弯制过程中容易受力而损坏。元件弯制后的形状如图 2–107 所示，引脚之间的距离根据电路板孔距而定，引脚修剪后的长度大约为 8 mm。如果孔距较小、元件较大，应将引脚往回弯折成形［见图 2–107（c）和（d）］。电容的引脚可以弯成直角，将电容水平安装［见图 2–107（e）］，或弯成梯形，将电容垂直安装［见图 2–107（h）］。二极管可以水平安装，当孔距很小时应垂直安装［见图 2–107（i）］，为了将二极管的引脚弯成美观的圆形，应用螺钉旋具辅助弯制［见图2－108］。将螺钉旋具紧靠二极管引脚的根部，十字交叉，左手捏紧交叉点，右手食指将引脚向下弯，直到两引脚平行。

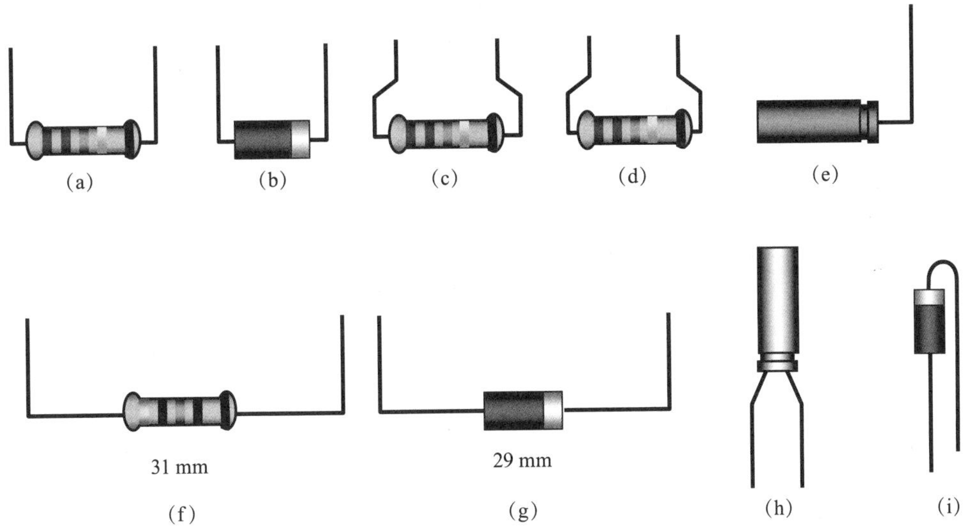

图2－107　元件弯制后的形状

(a)、(b) 孔距合适的情况；(c)、(d) 孔距较小、元件较大的情况；
(e) 水平安装的情况；(f)、(g) 孔距较大的情况；
(h)、(i) 垂直安装的情况

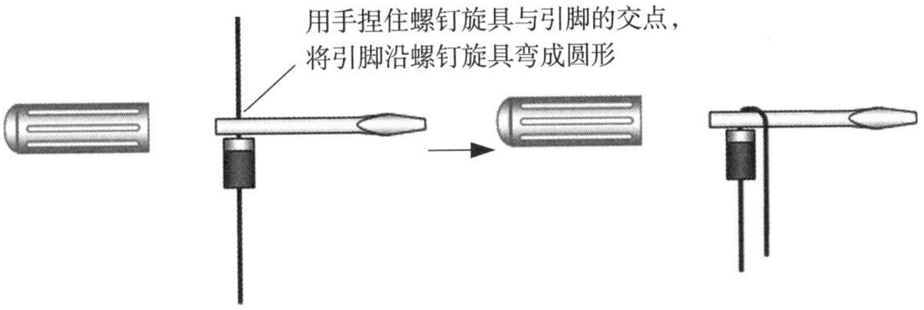

图2－108　用螺钉旋具辅助弯制二极管

有的元器件安装孔距离较大，应根据电路板上对应的孔距弯曲成形［见图2－107（f）和（g）］。元器件做好后应按规格型号的标注方法进行读数。将胶带轻轻贴在纸上，把元器件插入、贴牢，写上元器件规格、型号，然后将胶带贴紧、备用，如图2－109所示。注意：不要把元器件引脚剪得太短。

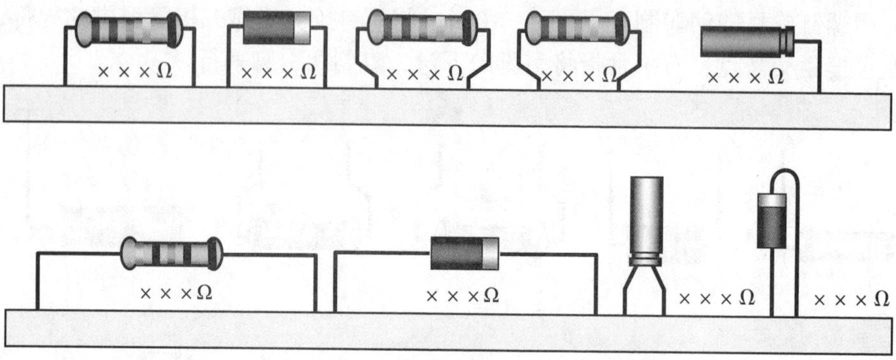

图 2-109　元器件制成后标注规格、型号备用

（3）焊接练习。焊接前一定要注意，烙铁的插头必须插在靠右手边的插座上，不能插在靠左手边的插座上；如果是惯用左手的就插在左手边的插座上。烙铁通电前应将烙铁的电线拉直并检查电线的绝缘层是否有损坏，不能使电线缠在手上。通电后应将电烙铁插在烙铁架中，并检查烙铁头是否会碰到电线、书包或其他易燃物品。

烙铁加热过程中及加热后都不能用手触摸烙铁的发热金属部分，以免烫伤或触电。烙铁架上的海绵要事先加水浸湿。

① 烙铁头的保护。为了便于使用，在每次使用烙铁后都要对其进行保养，将烙铁头上的黑色氧化层锉去，露出铜的本色，在烙铁加热的过程中要注意观察烙铁头表面的颜色变化，随着颜色的变深，烙铁的温度渐渐升高，这时要及时把焊锡丝点到烙铁头上，焊锡丝在一定温度时熔化，给烙铁头镀锡可保护烙铁头，镀锡后的烙铁头为白色。

② 烙铁头上多余锡的处理。如果烙铁头上挂有很多的锡，不易焊接，可在烙铁架中带水的海绵上或者在烙铁架的钢丝上抹去多余的锡。不可在工作台或者其他地方抹去。

（4）元器件的插放。将弯制成型的元器件对照图纸插放到电路板上。

注意：一定不能插错位置；二极管、电解电容要注意极性；电阻插放时要求按读数方向排列整齐，横排的必须从左向右读，竖排的从下向上读，保证读数一致，如图 2-110 所示。

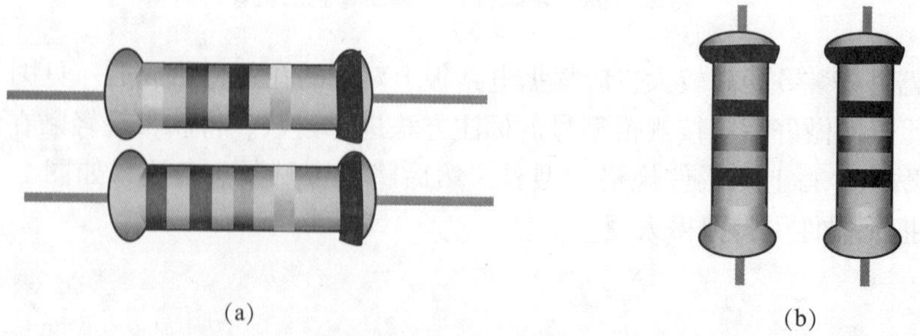

图 2-110　电阻色环的排列方向

（a）横向排列误差环在右；（b）纵向排列误差环在上

（5）元器件参数的检测。每个元器件在焊接前都要用万用表检测其参数是否在规定的范围内。二极管、电解电容要检查它们的极性，电阻要测量阻值。测量阻值时应将万用表的挡位转换开关调整到电阻挡，预读被测电阻的阻值，估计量程，将挡位开关旋钮打到合适的量程，短接红、黑表笔，调整电位器旋钮，将万用表调零。注意：电阻挡调零电位器在表的右侧，不能调表头中间的小旋钮，该旋钮用于表头本身的调零。调零后，用万用表测量每个插放好的电阻的阻值。测量不同阻值的电阻时要使用不同的挡位，每次换挡后都要调零。为了保证测量的精度，要使测出的阻值在满刻度的2/3左右，过大或过小都会影响读数，应及时调整量程。要注意一定要先插放电阻，后测阻值，这样不但检查了电阻的阻值是否准确，而且检查了元件的插放是否正确。如果插放前测量电阻，只能检查元件的阻值，而不能检查插放是否正确。

4. 元器件的焊接

（1）元器件的焊接。检查每个元器件插放是否正确、整齐，二极管、电解电容极性是否正确，电阻读数的方向是否一致，全部合格后方可进行元器件的焊接。

焊接完后的元器件，要求排列整齐、高度一致，如图2－111所示。为了保证焊接的整齐美观，焊接时应将电路板架在焊接木架上，两边架空的高度要一致，元器件插好后，要调整位置，使它与桌面相接触，保证每个元器件的焊接高度一致。焊接时，电阻不能离开电路板太远，也不能紧贴电路板焊接，以免影响电阻散热。

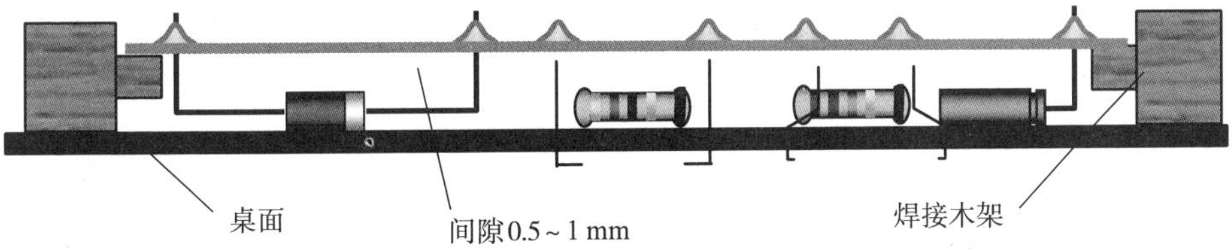

图2－111　元器件的排列

应先焊水平放置的元器件，后焊垂直放置的或体积较大的元器件，如分流器、可调电阻等。焊接时不允许用电烙铁运载焊锡丝，因为烙铁头的温度很高，焊锡在高温下会使助焊剂分解挥发，易造成虚焊等焊接缺陷。

（2）错焊元器件的拔除。当元器件焊错时，要将错焊元器件拔除。先检查焊错的元器件应该焊在什么位置，正确位置的引脚长度是多少；如果引脚较短，为了便于拔出，应先将引脚剪短。在烙铁架上清除烙铁头上的焊锡，将电路板绿色的焊接面朝下，用烙铁将元器件引脚上的锡尽量刮除，然后将电路板竖直放置，用镊子在黄色的面将元器件引脚轻轻夹住，在绿色面，用烙铁轻轻烫，同时用镊子将元器件向相反方向拔除。拔除后，焊盘孔容易堵塞，有两种方法可以解决这一问题。烙铁稍烫焊盘，用镊子夹住一根废元器件脚，将堵塞的孔捅开；将元器件做成正确的形状，并将引脚剪到合适的长度，用镊子夹住元器件，放在被堵塞孔的背面，用烙铁在焊盘上加热，将元器件推入焊盘孔中。注意：用力要轻，不能将焊盘推离电路板，使焊盘与电路板间形成间隙或者使焊盘与电路板脱开。

（3）电位器的安装。安装电位器时，应先测量电位器引脚间的阻值，电位器共有5个引脚（见图2－112），其中3个并排的引脚中，1、3两点为固定触点，2为可动触点，当转动旋钮时，1、2或者2、3间的阻值发生变化。电位器实质是滑线电阻，电位器中2个粗的引脚主要用于固定电位器。安装时应捏住电位器的外壳，平稳地插入，不应使某一个引脚受力过大。不能捏住电位器的引脚安装，以免损坏电位器。安装前应用万用表测量电位器的阻值，电位器 1、3 为固定触点，2 为可动触点，1、3 之间的阻值应为 10 kΩ；拧动电位器的黑色小旋钮，测量 1 与 2 或者 2 与 3 之间的阻值，应在 0 ~ 10 kΩ 变化。如果没有阻值，或者阻值不改变，说明电位器已经损坏，不能安装，否则 5 个引脚焊接后，要更换电位器就非常困难了。

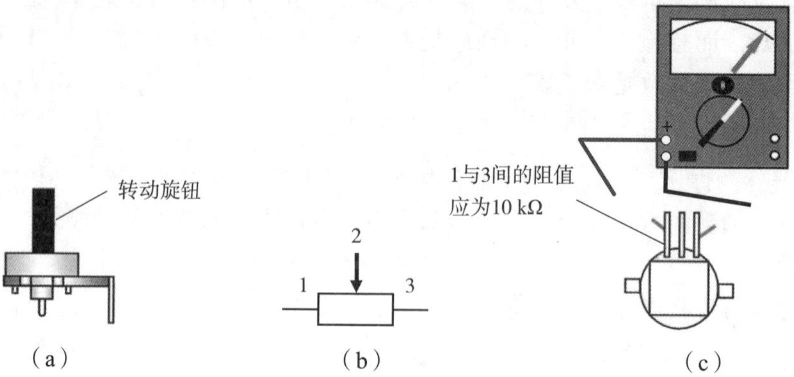

图 2 – 112　电位器阻值的测量

(a) 转动旋钮；(b) 电位器符号；(c) 电位器阻值的测量

注意：电位器要装在电路板的焊接绿面，不能装在黄色面。

(4) 焊接时的注意事项：

① 在拿起电路板的时候，最好戴上手套或者用两指捏住电路板的边缘。不要直接用手抓电路板两面有铜箔的部分，防止手汗等污渍腐蚀电路板上的铜箔而导致电路板漏电。

② 如果在安装完毕后发现高压测量的误差较大，可用酒精将电路板两面清洗干净并用电吹风烘干。电路板焊接完毕后，用橡皮将三圈导电环上的松香、汗渍等残留物擦干净，否则易造成接触不良。

③ 焊接时要注意电刷轨道上一定不能粘上锡，否则会严重影响电刷的运转。为了防止电刷轨道粘锡，切忌用烙铁运载焊锡。由于焊接过程中有时会产生气泡，使焊锡飞溅到电刷轨道上，因此应用一张圆形厚纸垫在电路板上。

④ 如果电刷轨道上粘了锡，应将其绿面朝下，用没有焊锡的烙铁将锡尽量刮除。但由于电路板上的金属与焊锡的亲和性强，一般不能刮尽，只能用小刀稍微修平整。

⑤ 在每一个焊点加热的时间不能过长，否则会使焊盘脱开或脱离电路板。对焊点进行修整时，要让焊点有一定的冷却时间，否则不但会使焊盘脱开或脱离电路板，而且会使元器件温度过高而损坏。

5. 机械部分的安装与调整

(1) 提把的旋转方法。将后盖两侧面的提把柄轻轻外拉，使提把柄上的星形定位扣露出后盖两侧的星形孔。将提把向下旋转 90°，使星形定位扣的角与后盖两侧星形孔的角相对应，再把提把柄上的星形定位扣推入后盖两侧的星形孔中。

（2）电刷旋钮的安装。取出弹簧和钢珠，并将其放入凡士林中，使其沾满凡士林。加凡士林有两个作用：使电刷旋钮润滑，旋转灵活；起黏附作用，将弹簧和钢珠黏附在电刷旋钮上，防止其丢失。

将加上润滑油（凡士林）的弹簧放入电刷旋钮的小孔中（见图 2－113），钢珠黏附在弹簧的上方。

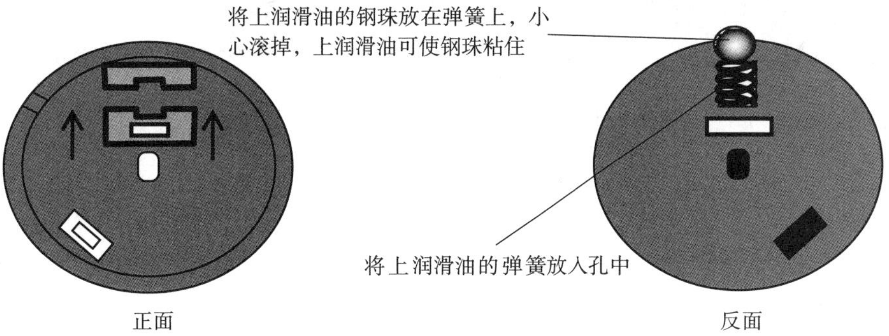

图 2－113　弹簧、钢珠的安装

观察面板背面的电刷旋钮安装部位（见图 2－114），它由 3 个电刷旋钮固定卡、2 个电刷旋钮定位弧、1 个钢珠安装槽和 1 个花瓣形钢珠滚动槽组成。

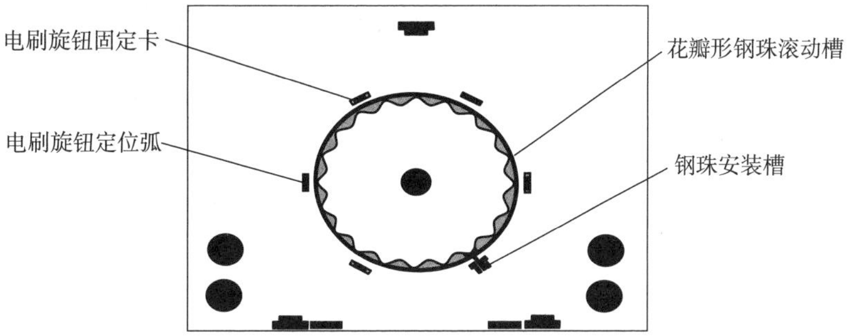

图 2－114　面板背面的电刷旋钮安装部位

将电刷旋钮平放在面板上（见图 2－115），注意电刷放置的方向。用螺钉旋具轻轻顶，使钢珠卡入花瓣槽内，小心钢珠滚掉，然后手指均匀用力将电刷旋钮卡入固定卡。

将面板翻到正面，挡位开关旋钮轻轻套在从圆孔中伸出的小手柄上，慢慢转动旋钮，检查电刷旋钮是否安装正确，应能听到“咔嗒咔嗒”的定位声；如果听不到，则钢珠可能丢失或掉进电刷旋钮与面板间的缝隙，这时挡位转换开关无法定位，应拆除重装。

（3）挡位转换开关的安装。电刷旋钮安装正确后，将它转到电刷安装卡向上位置，将挡位转换开关旋钮白线向上套在正面电刷旋钮的小手柄上，向下压紧即可。

（4）电刷的安装。将电刷旋钮的电刷安装卡转向朝上，V 形电刷有一个缺口，应该放在左下角，因为电路板的 3 条电刷轨道中间 2 条间隙较小，外侧 2 条间隙较大，与电刷相对应，当缺口在左下角时，上面 2 个电刷接触点相距较远，下面 2 个相距较近，一定不能放错（见图 2－116）。电刷四周都要卡入电刷安装槽内，用手轻轻按，看是否有弹性并能自动复位。

（5）电路板的安装。电刷安装正确后方可安装电路板。安装电路板前应先检查电路板

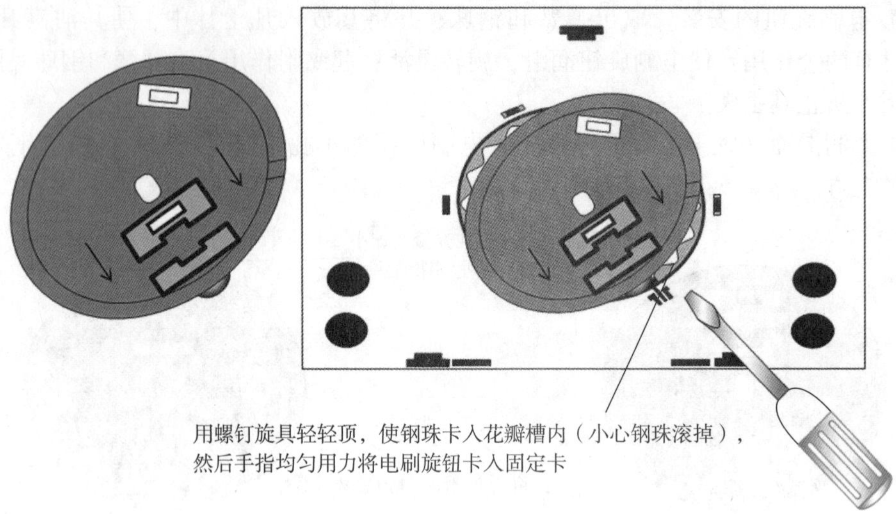

图2－115　电刷旋钮的安装

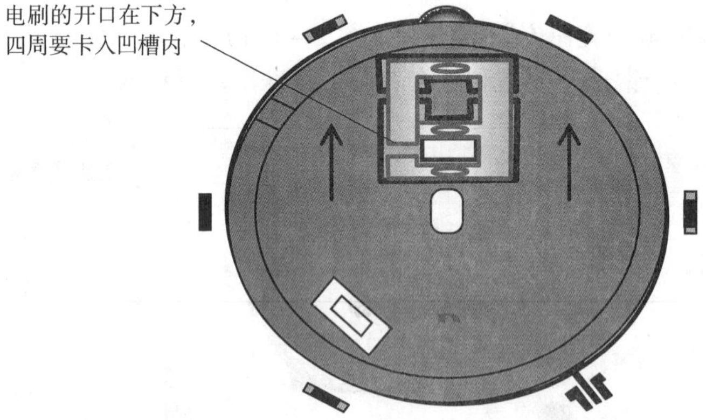

图2－116　电刷的安装

焊点的质量及高度，特别是在外侧两圈轨道中的焊点，由于电刷要从中通过，安装前一定要检查焊点高度，不能超过2 mm，直径不能太大。如果焊点太高会影响电刷的正常转动，甚至刮断电刷。

电路板用3个固定卡固定在面板背面，将电路板水平放在固定卡上，依次卡入即可。如果要拆下重装，需依次轻轻扳动固定卡。注意：在安装电路板前应先将表头连接线焊上。

最后安装电池和后盖。安装后盖时左手拿面板，稍高；右手拿后盖，稍低，将后盖向上推入面板，拧上螺钉。注意：拧螺钉时用力不可太大或太猛，以免将螺孔拧坏。

思考与练习

1. 如何确定二极管的正负极？
2. 如何识别电容的正负极？
3. 如果不去除元器件表面的氧化层，会造成什么后果？

模块三　单相交流电路的制作与测试

任务导学

在工程实际的自动控制系统中，通常是根据被控制对象的各种电信号来对其实施自动控制的。因此，电测量是进行电路、电子实训时一个必不可少的重要内容。电测量就是通过借助各种电工电子仪器仪表，应用科学的测量技术对电路中的电流、电压、电功率及电能等物理量进行测量。

本任务要求利用信号发生器产生正弦信号和方波信号，并使用示波器进行观察。

任务一　正弦交流电的测量

通过该任务的实施，要求学生熟悉电工实训室工频电源的配置方法，学会使用交流毫伏表、信号发生器和示波器，掌握典型交流信号的观测方法。

学习目标

知识目标	1. 了解电工实训室工频电源的配置方法
	2. 掌握交流毫伏表、信号发生器和示波器的使用方法
	3. 掌握典型交流信号的观测方法
技能目标	1. 能熟练使用交流毫伏表、信号发生器和示波器
	2. 会利用示波器观察交流信号并计算相关数值
	3. 培养学生使用交流仪表的能力
素质目标	1. 规范操作
	2. 7S 素质养成

任务要求

1. 正弦波信号的观测

(1) 将示波器的幅度和扫描速度微调旋钮旋至“校准”位置。

（2）通过电缆线，将信号发生器的正弦波输出口与示波器的 YA 插座相连。

（3）接通信号发生器的电源，选择正弦波输出。通过相应调节，使输出频率分别为 50 Hz、1.5 kHz 和 20 kHz（由频率计读出）；再使输出电压有效值分别为 0.1 V、1 V、3 V（由交流毫伏表读得）。调节示波器 *Y* 轴和 *X* 轴的偏转灵敏度至合适的位置，从荧光屏上读得频率及幅值，记入表 3－1 和表 3－2 中。

表 3－1　正弦波信号频率的测定

频率计读数 / 所测项目	正弦波信号频率的测定		
	50 Hz	**1500 Hz**	**20000 Hz**
示波器"t/DIV"旋钮位置			
一个周期占有的格数			
信号周期/s			
计算所得频率/Hz			

表 3－2　正弦波信号幅值的测定

交流毫伏表读数 / 所测项目	正弦波信号幅值的测定		
	0.1 V	**1 V**	**3 V**
示波器"V/DIV"位置			
峰峰值波形格数			
峰峰值/V			
计算所得有效值/V			

2. 方波脉冲信号的观察和测定

（1）将电缆插头换接在脉冲信号的输出插口上，选择方波信号输出。

（2）调节方波的输出幅值为 3.0 V（用示波器测定），分别观测 100 Hz、3 kHz 和 30 kHz方波信号的波形参数。

（3）使信号频率保持在 3 kHz，选择不同的幅值及脉宽，观测波形参数的变化。

知识准备

大小和方向随时间按一定规律做周期性变化且在一个周期内平均值为零的电压或电流，称为交流电。

工程上应用的交流电，一般是随时间按正弦规律变化的，称为正弦交流电，简称交流电，通常用字母"ac"或"AC"表示。

交流电易于产生、传输和转换，从而具有成本低廉的优势；可以方便地通过变压器变压，进行输送、分配和使用。从用电设备来看，由交流电源供电的交流电机比直流电机结构简单、制造使用维护方便、运行可靠，是使用最多的动力设备。当需要直流电时，如电解、电镀、电信等行业，可以使用整流装置把交流电转换为直流电。

一、正弦交流电的基本概念

1. 正弦交流电的产生

正弦交流电的产生与波形如图 3－1 所示。当电枢以等角速度 ω 旋转时，线圈绕组将不断地切割磁力线，产生正弦交变的感应电动势 e，并向外电路提供正弦交变的电压 u。

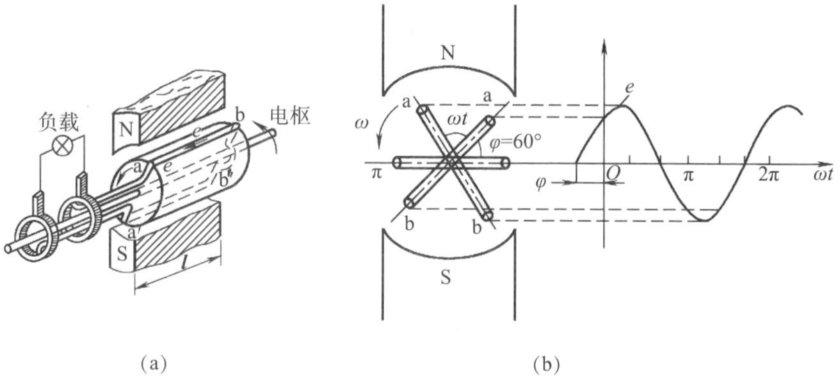

图 3－1　正弦交流电的产生与波形

（a）交流发电机原理图；（b）正弦交流电动势的波形

2. 正弦交流电的三要素及表达式

正弦交流电如图 3－2 所示。

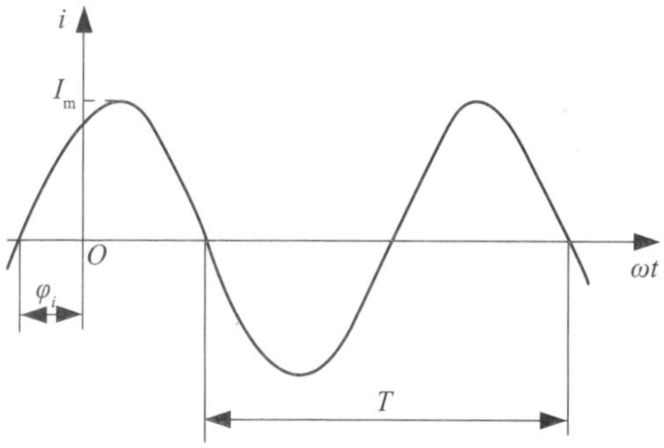

图 3－2　正弦交流电

正弦交流电的三要素是角频率、最大值和初相位。

（1）周期、频率和角频率都是表示正弦量随时间变化快慢的物理量。

周期是正弦量随时间变化一周所经历的时间，用大写字母 T 表示，单位是秒（s），如图 3－2 所示。

频率是正弦量在 1 s 内重复变化的周期数，用小写字母 f 表示，单位为赫兹（Hz）。如果 1 s 内变化一个周期，频率是 1 Hz。周期与频率互为倒数关系，即

$$f = \frac{1}{T} \tag{3-1}$$

在我国，发电厂提供的交流电的频率为 50 Hz，称为工业标准频率，简称工频。世界上少数国家（美国、日本等）采用 60 Hz。不同的技术领域使用的频率是不同的。例如，无线电工程使用的频率是以 kHz、MHz 为单位的。

正弦量变化一个周期与变化了 2π 弧度是相等的，所以正弦量随时间变化的快慢还可以用角频率 ω 来表示。角频率 ω 指的是正弦量在 1 s 内变化的角度，即

$$\omega = 2\pi f = \frac{2\pi}{T} \tag{3-2}$$

角频率单位为弧度/秒，用 rad/s 表示。

（2）瞬时值、最大值和有效值。正弦交变的电动势、电压及电流可以用数学的三角函数来表示。

$$e = E_m \sin(\omega t + \varphi_0) \tag{3-3}$$

$$u = U_m \sin(\omega t + \varphi_u) \tag{3-4}$$

$$i = I_m \sin(\omega t + \varphi_i) \tag{3-5}$$

正弦交流电在变化过程中任一瞬间所对应的数值，称为瞬时值，用小写字母 e、u、i 表示。瞬时值中最大的数值称为正弦交流电的最大值或振幅，用大写字母加下标“m”表示，即 E_m、U_m、I_m。

交流电的瞬时值在使用中不方便，因此常用有效值来表示。正弦电流的有效值是这样规定的：将数值相同的两个电阻 R 分别通以直流电流 I 和正弦电流 i，如果在一个周期的相同时间内发热量是相等的，则直流电流 I 的数值称为正弦电流 i 的有效值。

交流电在一个周期 T 内所产生的热量

$$Q = \int_0^T i^2 R\mathrm{d}t \tag{3-6}$$

直流电在同一时间内所产生的热量

$$Q = I^2 RT \tag{3-7}$$

$$\int_0^T i^2 R\mathrm{d}t = I^2 RT \tag{3-8}$$

得

$$I = \sqrt{\frac{1}{T}\int_0^T i^2 \mathrm{d}t} \tag{3-9}$$

即周期性函数的有效值等于其瞬时值的平方在一个周期内的积分平均值的平方根值。

设交流电流 $i = I_m \sin\omega t$，则有效值为

$$I = \sqrt{\frac{1}{T}\int_0^T (I_m \sin\omega t)^2 \mathrm{d}t}$$

$$= I_m \sqrt{\frac{1}{T}\int_0^T \frac{1-\cos 2\omega t}{2}\mathrm{d}t}$$

$$= \frac{I_m}{\sqrt{2}} = 0.707 I_m \tag{3-10}$$

同理，正弦电压和正弦电动势的有效值

$$U = \frac{U_{\mathrm{m}}}{\sqrt{2}} = 0.707U_{\mathrm{m}} \tag{3-11}$$

$$E = \frac{E_{\mathrm{m}}}{\sqrt{2}} = 0.707E_{\mathrm{m}} \tag{3-12}$$

$$u = U_{\mathrm{m}}\sin(\omega t + \varphi_u) = \sqrt{2}U\sin(\omega t + \varphi_u)$$

$$i = I_{\mathrm{m}}\sin(\omega t + \varphi_i) = \sqrt{2}I\sin(\omega t + \varphi_i)$$

正弦交流电的最大值是有效值的 $\sqrt{2}$ 倍。

在实际应用中，通常所说的交流电的电压或电流的数值均指的是有效值。交流电压表、交流电流表测量指示的电压、电流读数一般都是有效值。一般只有在分析电气设备的绝缘耐压能力时，才用到最大值。

有效值一般用大写字母表示，如正弦电流、电压、电动势用 I、U、E 表示。

（3）相位、初相位、相位差。以正弦电流为例，图 3－3 所示正弦电流的表达式为

$$i = I_{\mathrm{m}}\sin(\omega t + \varphi) \tag{3-13}$$

式中，$\omega t+\varphi$ 称为正弦交流电的相位角，简称相位，单位是弧度（rad）。当 $t=0$ 时，$\omega t+\varphi=\varphi$ 称为初相位角或初相位。初相位的取值范围为 $-180° \leqslant \varphi \leqslant 180°$。初相位决定了正弦量在 $t=0$ 时刻的值，即初始值。初相位与计时起点的选择有关，是区别同频率正弦量的重要标志之一。在分析和计算正弦电路时，常用到两个同频率正弦量相位之差的概念，即相位差。

例如，电压与电流的相位差为

$$u = U_{\mathrm{m}}\sin(\omega t + \varphi_u)$$

$$i = I_{\mathrm{m}}\sin(\omega t + \varphi_i)$$

$$(\omega t + \varphi_u) - (\omega t + \varphi_i) = \varphi_u - \varphi_i = \varphi \tag{3-14}$$

因此，两个同频率正弦量的相位之差等于这两个正弦量的初相位之差，用 φ 表示。两个同频率正弦量的相位差始终不变，它与计时起点无关。根据 φ 的取值不同，两个正弦量的相位关系也不同。

若 $\varphi=0$，表明 $\varphi_u=\varphi_i$，则 u 与 i 同时到达最大值也同时到达零点，称 u 与 i 同相，如图 3－3（a）所示。

若 $\varphi>0$，表明 $\varphi_u>\varphi_i$，则 u 比 i 先达到最大值也先到零点，称 u 超前 i 一个相位角 φ，如图 3－3（b）所示。

若 $\varphi<0$，表明 $\varphi_u<\varphi_i$，则 u 滞后 i 一个相位角 φ，如图 3－3（c）所示。

若 $\varphi=\pi$，表明 $\varphi_u-\varphi_i=\pi$，则 u 与 i 反相，如图 3－3（d）所示。

若 $\varphi=\pi/2$，表明 $\varphi_u-\varphi_i=\pi/2$，则 u 与 i 正交，如图 3－3（e）所示。

必须指出，在比较两个正弦量之间的相位时，两正弦量一定要同频率才有意义。否则，随时间不同，两正弦量之间的相位差是一个变量，就没有意义。

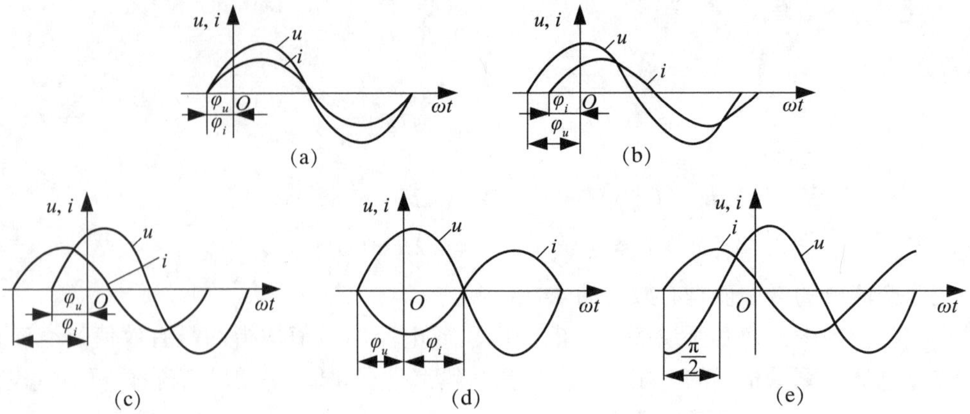

图 3－3　正弦交流电波形

【**例 3－1**】如图 3－4 所示的正弦交流电，写出它们的瞬时值表达式。

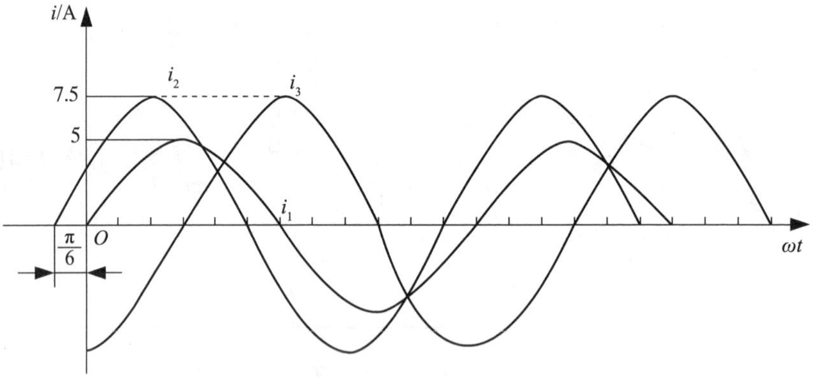

图 3－4　例 3－1 图

解：

$$i_1 = 5\sin\omega t$$

$$i_2 = 7.5\sin(\omega t + \pi/6)$$

$$i_3 = 7.5\sin(\omega t - \pi/2)$$

【**例 3－2**】分别写出图 3－5 中各电流的相位差，并说明相位关系。

解：(1) 图 3－5 (a) 中 $\varphi_{12} = -90°$，滞后；

(2) 图 3－5 (b) 中 $\varphi_{12} = 0°$，同相；

(3) 图 3－5 (c) 中 $\varphi_{12} = \pi$，反相；

(4) 图 3－5 (d) 中 $\varphi_{12} = 3\pi/4$，超前。

二、正弦交流电的相量表示

如果直接利用正弦量的解析式或波形图来分计算正弦交流电路，会非常烦琐和困难。工程计算中通常采用复数表示正弦量，把对正弦量的各种运算转化为复数的各种运算，从而大大简化正弦交流电路的分析计算过程，这种方法称为相量法。在介绍该方法之前我们先复习一下相关的复数知识。

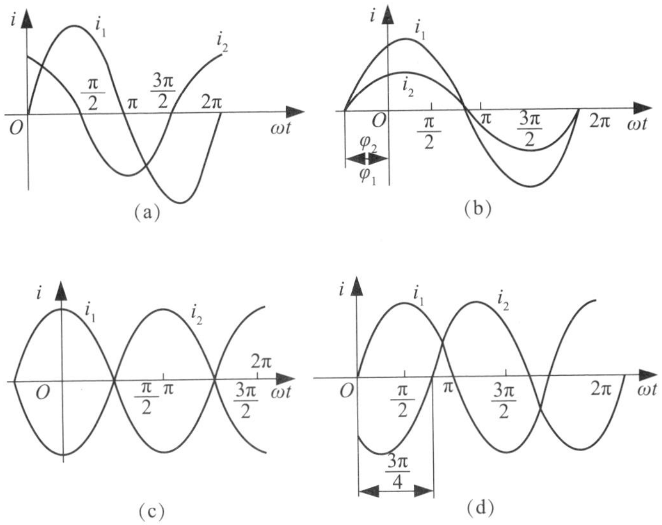

图 3-5　例 3-2 图

1. 复数及其运算

（1）在数学中常用 $A = a + bi$ 表示复数，a、b 分别为复数的实部和虚部，$\mathrm{i} = \sqrt{-1}$ 称为虚数单位。在电工技术中，为区别于电流的符号，虚数单位常用 j 表示。

用直角坐标的横轴表示实轴，以 +1 为单位；纵轴表示虚轴，以 +j 为单位，实轴和虚轴构成复数坐标平面，简称复平面，如图 3-6（a）所示。任何一个复数都可与复平面上的一个确定点相对应。

复数也可以用由实轴和虚轴组成的复平面上的有向线段表示。如图 3-6（b）所示，用有向线段连接坐标原点 O 和 A，在线段末端带有箭头，成为一个矢量，该矢量就与复数 A 对应。这种表示复数的矢量称为复数矢量。把 $r = |A| = \sqrt{a^2 + b^2}$ 称为复数的模，$\varphi = \arctan\dfrac{b}{a}$ 称为辐角。不难看出，复数 A 的模在实轴上的投影就是复数 A 的实部，在虚轴上的投影就是复数 A 的虚部，即

$$a = r\cos\varphi$$
$$b = r\sin\varphi$$

则复数 A 可以表示为

$$A = a + \mathrm{j}b = r\mathrm{e}^{\mathrm{j}\varphi} = r\cos\varphi + \mathrm{j}r\sin\varphi = r\angle\varphi \tag{3-15}$$

式中用等号连接的各表达式分别称为复数的代数形式、指数形式、三角函数形式和极坐标形式。一般在分析和计算电路中，多采用代数形式和极坐标形式。

【例 3-3】 试用相量的指数式和代数式表示正弦电压 $u = 10\sqrt{2}\sin(\omega t + 30°)$ V。

解：（1）指数式为

$$\dot{U}_{\mathrm{m}} = 10\sqrt{2}\mathrm{e}^{\mathrm{j}30°}\ \mathrm{V}$$

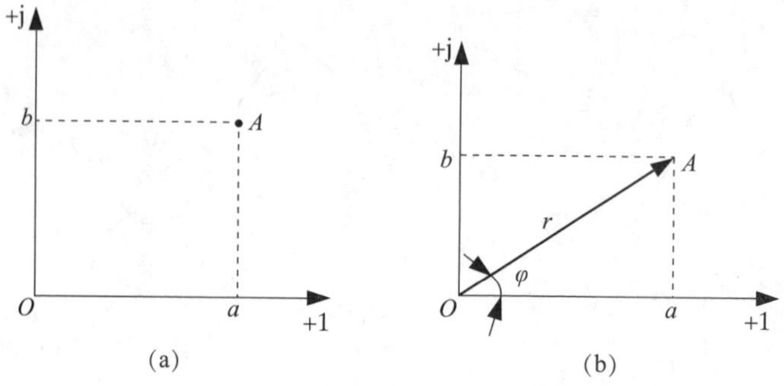

图 3－6　复数的表示

（a）复平面；（b）有向线段表示复数

（2）代数式为

$$\dot{U}_m = (10\sqrt{2}\cos30° + j10\sqrt{2}\sin30°)\ V = (10\sqrt{2}\times 0.866 + j10\sqrt{2}\times 0.5)\ V = (12.2 + j7.07)\ V$$

【例 3－4】 现有复数 $A_1 = 3 - j4$，求出它们的其他 3 种表达式。

解： $A_1 = 5e^{j(-53.1°)} = 5\cos53.1° - j5\sin53.1° = 5\angle(-53.1°)$

（2）复数的运算：

$$A_1 = a_1 + j\,b_1 = r_1\angle\varphi_1,\ A_2 = a_2 + j\,b_2 = r_2\angle\varphi_2$$

①复数的加减法。

代数形式：实部和实部相加减，虚部和虚部相加减。加、减运算用代数形式较为方便。复数的加减法运算也可以在复平面上作图完成，复数相加用平行四边形法则，复数相减用三角形法则，如图 3－7 所示。

$$A_1 \pm A_2 = (a_1 \pm a_2) + j(b_1 \pm b_2) \tag{3-16}$$

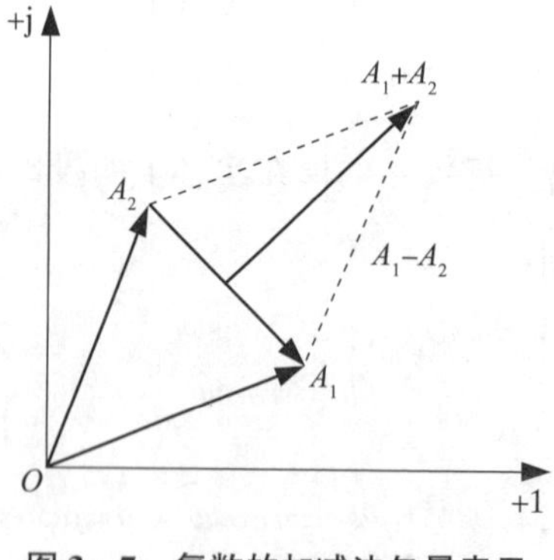

图 3－7　复数的加减法矢量表示

②复数的乘除法：

$$\begin{cases} A_1A_2 = r_1\angle\varphi_1 \cdot r_2\angle\varphi_2 = r_1r_2\angle(\varphi_1 + \varphi_2) \\ \dfrac{A_1}{A_2} = \dfrac{r_1\angle\varphi_1}{r_2\angle\varphi_2} = \dfrac{r_1}{r_2}\angle(\varphi_1 - \varphi_2) \end{cases} \tag{3-17}$$

规则：复数相乘，模相乘，辐角相加；复数相除，模相除，辐角相减。

注意：复数的乘、除运算应用极坐标形式较为方便。

复数乘以 j 或 $-$j 是复数乘法运算的特例。因为 $\pm j = 0 \pm j = 1\angle \pm 90°$，所以 $\pm$j 可以看成一个模为 1、辐角为 $\pm 90°$ 的复数。复数 A 乘以 j（$-$j），则为

$$\pm jA_1 = 1\angle \pm 90° r_1\angle\varphi_1 = r_1\angle(\varphi_1 \pm 90°)$$

上式表明，任意一个复数乘以 j（$-$j），其模值不变，辐角增加（减少）90°，相当于在复平面上把复数矢量逆时针（顺时针）旋转 90°。因此，j 称为旋转 90° 的算子。

2. 正弦交流电的相量

如图 3－8（a）所示，设某正弦交流电流为 $i(t) = I_m\sin(\omega t + \varphi_i)$，在复平面上作一矢量，矢量的长度按比例等于正弦交流电流的振幅或有效值，矢量与横轴正方向之间的夹角为初相角 φ_i，矢量以角速度 ω 绕坐标原点逆时针方向旋转，如图 3－8（b）所示。当$t=0$时，该矢量在纵轴上的投影 $Oa = I_m\sin\varphi_i$，经过一定时间 t_1 后，矢量从 OA 转到 OB，此时矢量在纵轴上的投影为 Ob。由此可见，上述旋转矢量既能反映正弦量的三要素，又能通过它在纵轴上的投影确定正弦量的瞬时值，所以复平面上一个旋转矢量可以完整地表示一个正弦量。复平面上的矢量与复数对应，因此用复数 $I_m e^{j\varphi_i}$ 来表示复数的起始位置，再乘以旋转因子 $e^{j\omega t}$（该复数的模值为 1，辐角 ωt 随时间正比增长），便为上述旋转矢量，即 $I_m\sin(\omega t + \varphi_i) = Ob$。

$$I_m e^{j\varphi_i} \cdot e^{j\omega t} = I_m e^{j(\omega t+\varphi_i)} = I_m\cos(\omega t + \varphi_i) + jI_m\sin(\omega t + \varphi_i)$$

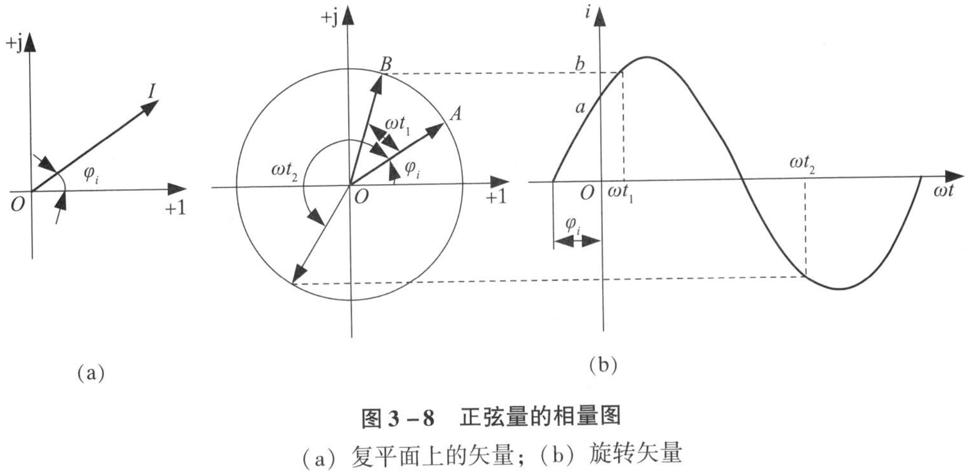

图 3－8　正弦量的相量图

（a）复平面上的矢量；（b）旋转矢量

由此可见，一个复指数函数的虚部就是一正弦函数，或者说一个正弦函数等于复指数函数的虚数部分。但注意，复数本身并不一定是正弦函数，因此用复数对应地表示一个正弦量并不意味着两者相等。

由于正弦交流电路中角频率常为一定值，电压、电流都是同频率的正弦量，一般只需要确定正弦量的最大值和初相位两个要素，因此常把旋转因子 $e^{j\omega t}$ 省去，而用复数 $I_m e^{j\varphi_i}$ 对应地表示一个正弦量。把这样一个能够表示正弦量的最大值和初相位的复数称为正弦量的相量。在电量的大写字母上方加"·"，用来与一般的复数相区别，即

$$\dot{I}_m = I_m e^{j\varphi_i} = I_m \angle \varphi_i \tag{3-18}$$

式（3－18）称为最大值相量，由于工程实践中大多使用有效值表示正弦量的大小，为此取复数的模等于正弦量的有效值，即有效值相量。

$$\dot{I} = I \angle \varphi_i$$

$$\dot{U} = U \angle \varphi_u \tag{3-19}$$

【例3－5】试用相量的指数式和代数式表示正弦电压 $u = 10\sqrt{2}\sin(\omega t + 30°)$ V。

解：（1）指数式为

$$\dot{U}_m = 10\sqrt{2}\,e^{j30°}\ \text{V 或 } \dot{U} = 10\angle 30°\ \text{V}$$

（2）代数式为

$$\dot{U}_m = (10\sqrt{2}\cos 30° + j10\sqrt{2}\sin 30°)\ \text{V}$$
$$= (10\sqrt{2} \times 0.866 + j10\sqrt{2} \times 0.5)\ \text{V} = (12.2 + j7.07)\ \text{V}$$

3. 同频率的正弦量和的相量与它们的相量之和

在复平面上，用矢量表示的相量称为相量图，下面通过例子加以说明。

【例3－6】已知两个电压 $u_1 = 141\sin(\omega t + 45°)$ V，$u_2 = 84.6\sin(\omega t - 30°)$ V。

（1）请写出相量 $\dot{U}_1$、$\dot{U}_2$ 的表达式；

（2）若电压 $u = u_1 + u_2$，写出电压 u 的瞬时值表达式。

解：（1）

$$\dot{U}_1 = 100\angle 45°\ \text{V}$$
$$\dot{U}_2 = 60\angle -30°\ \text{V}$$

（2）因为 $\dot{U} = \dot{U}_1 + \dot{U}_2$，$\dot{U}_1$、$\dot{U}_2$ 的模应按照相同的比例确定，由平行四边形法则作出 $\dot{U}$，相量图如图3－9所示。应注意的是，在同一相量图中，各相量所表示的正弦量必须是同频率的正弦量。

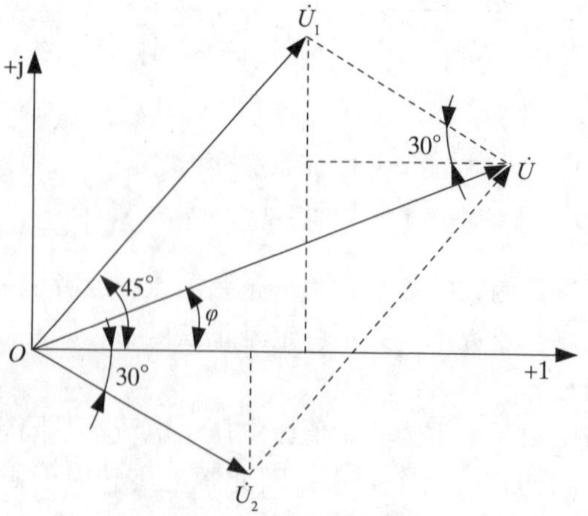

图3－9　正弦量的相量图

由相量图中各相量之间的几何关系得

$$
\begin{aligned}
U &= \sqrt{(U_1\cos\varphi_1 + U_2\cos\varphi_2)^2 + (U_1\sin\varphi_1 + U_2\sin\varphi_2)^2} \\
&= \sqrt{(100\cos 45° + 60\cos 30°)^2 + (100\sin 45° - 60\sin 30°)^2}\ \text{V} \\
&= 129\ \text{V}
\end{aligned}
$$

$$
\varphi = \arctan\frac{U_1\sin\varphi_1 + U_2\sin\varphi_2}{U_1\cos\varphi_1 + U_2\cos\varphi_2} = \arctan\frac{100\sin 45° - 60\sin 30°}{100\cos 45° + 60\cos 30°} = 18.4°
$$

则电压 u 的瞬时值表示为

$$
u = 129\sqrt{2}\sin(\omega t + 18.4°)\ \text{V}
$$

由例 3－6 可知，同频率正弦量相加的问题可以转化为对应的相量相加，其运算结果仍是同频率的正弦量，即同频率正弦量和的相量等于正弦量相量的和。

知识拓展——信号发生器和示波器

一、EE1410 合成函数信号发生器

EE1410 合成函数信号发生器如图 3－10 所示。

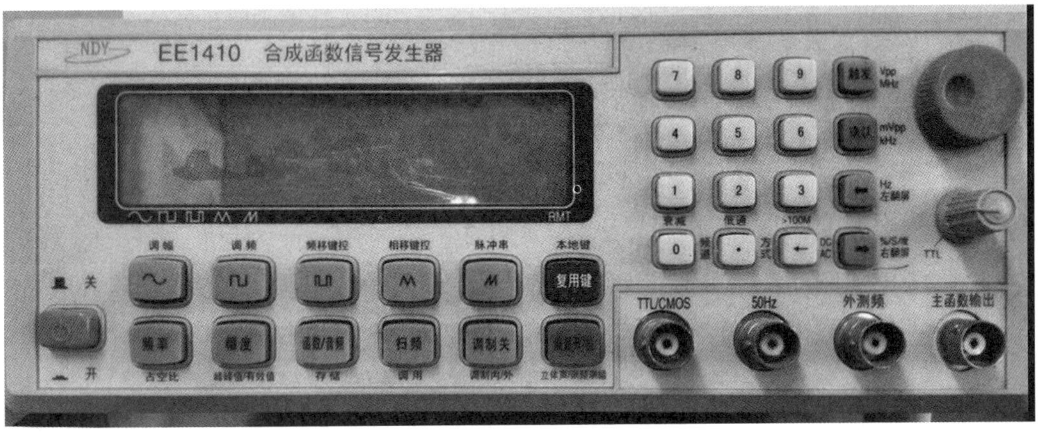

图 3－10　EE1410 合成函数信号发生器

1. 按键说明

调幅 [～]：选择正弦波，第二功能为进入调幅功能。

调频 [⊓⊔]：选择方波，第二功能为进入频调功能。

频移键控 [⊓⊔⊓]：选择脉冲波，第二功能为进入频移键控功能。

相移键控 [/\/\]：选择三角波，第二功能为进入相移键控功能。

脉冲串 [锯齿波]：选择锯齿波，第二功能为进入脉冲猝发控制功能。

本地键 [复用键]：复用键功能，辅助功能为从远控进入本地状态。

[频率] 占空比：设置输出频率，第二功能为调整脉冲波占空比。

[幅度] 峰峰值/有效值：设置输出幅度，第二功能为切换幅度显示的峰峰值/有效值。

[函数/音频] 存储：函数/音频切换，第二功能为进入存储功能。

[扫频] 调用：设置频率扫描功能，第二功能为进入状态调用功能。

[调制关] 调制内/外 和 [偏置开/关] 立体声/测频测幅：因不常用，这里不做介绍。

[1]至[9]：数字输入键，用于输入数字 1 ~ 9，辅助功能为进入存储。

[0]：输入数字 0，辅助功能为在进入外测频时选择是否衰减信号，进入立体声时进行立体声调制方式的选择。

[·]：输入小数点，辅助功能为在进入外测频时开关低通滤波，进入立体声时进行频道选择，进入存储周期用时用于输入存储号。

方式 [←] DC/AC：在输入数字时进行退格操作，辅助功能为在进入外测幅时进行交直流选择。

[触发] Vpp/MHz：频率、幅度输入时的单位，辅助功能为手动触发 BURST。

[确认] mVpp/kHz：频率、幅度输入时的单位，辅助功能为编码器状态切换。

[⇦] Hz/左翻屏：频率输入时的单位，辅助功能为左翻屏。

[⇨] %/S/度/右翻屏：占空比、扫描时间、相位输入时的单位，辅助功能为右翻屏。

仪器开机后，液晶屏显示仪器型号名称，进入正常工作界面，此时仪器进入初始状态，即正弦波、无调制、幅值 1 V 状态。显示屏显示当前操作的内容，如信号频率、幅度、调制方式等，但每次只显示其中一项内容，可以通过翻屏键查看其他状态。

2. 输出波形调节方法

（1）输出 3 MHz 正弦波，幅值为 1 V，如图 3 – 11 所示。

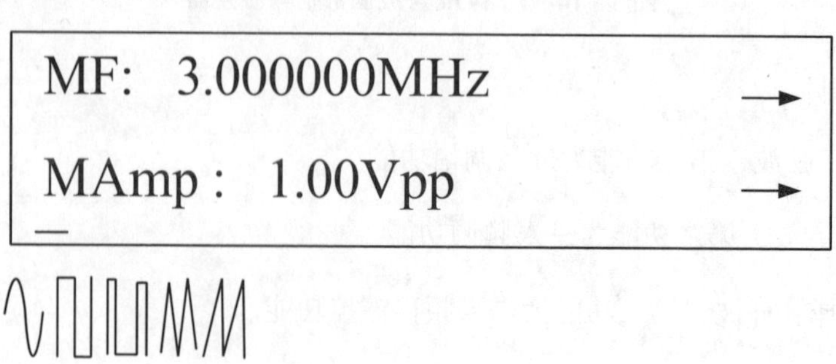

图 3 – 11　正弦波信号

① 按调幅[～]键，按[频率]占空比键，按[3]键，按[确认]mVpp/kHz键。

② 按[幅度]峰峰值/有效值键，按[1]键，按[触发]Vpp/MHz键。

（2）输出 100 kHz 方波，幅值为 3 V。按调频[⊓⊔]键，光标移至方波上。脉冲波、三角波、锯齿波的调节依此类推。

（3）脉冲波占空比调节。按频移键控[⊓⊔⊓]键，按[频率]占空比键，按数字键和[触发]Vpp/MHz键输入所需要的频率；按[幅度]峰峰值/有效值键，按数字键和[确认]mVpp/kHz键输入所需要的幅度；按本地键[复用键]键和扫频[调用]键，显示 DUTY：50%，此时可以按数字键和[⇨]%/S/度 右翻屏键修改脉冲的占空比。按[频率]占空比键将退出修改占空比，返回频率设置菜单。

二、示波器的使用

示波器是一种用途很广的电子测量仪器，它既能直接显示电信号的波形，又能对电信号进行各种参数的测量。示波器如图 3－12 所示，其各按键功能如图 3－13 所示，其波形显示窗口如图 3－14 所示。

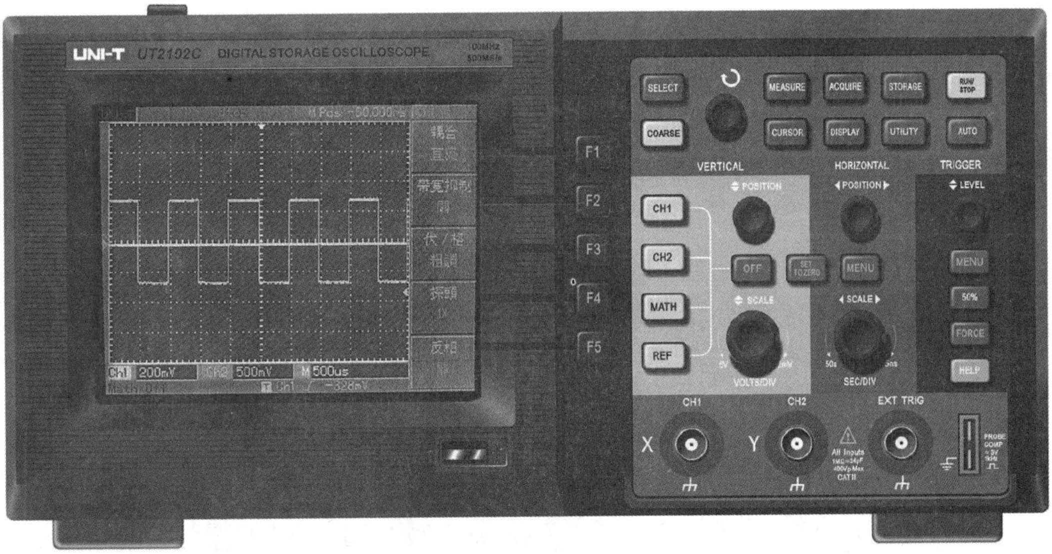

图 3－12　示波器

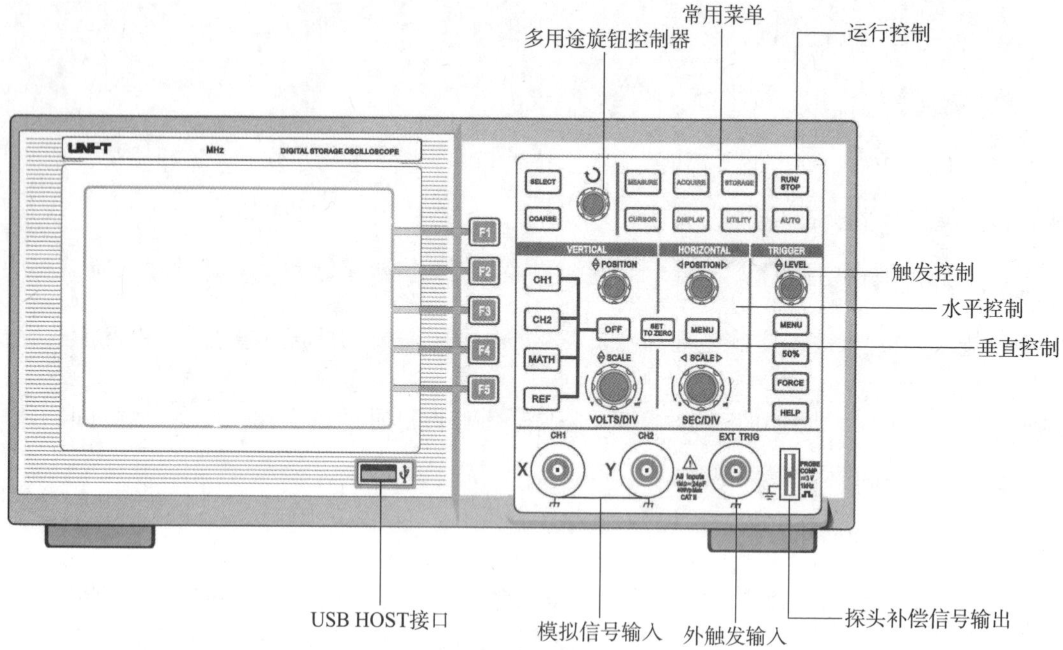

图 3-13 示波器各按键功能

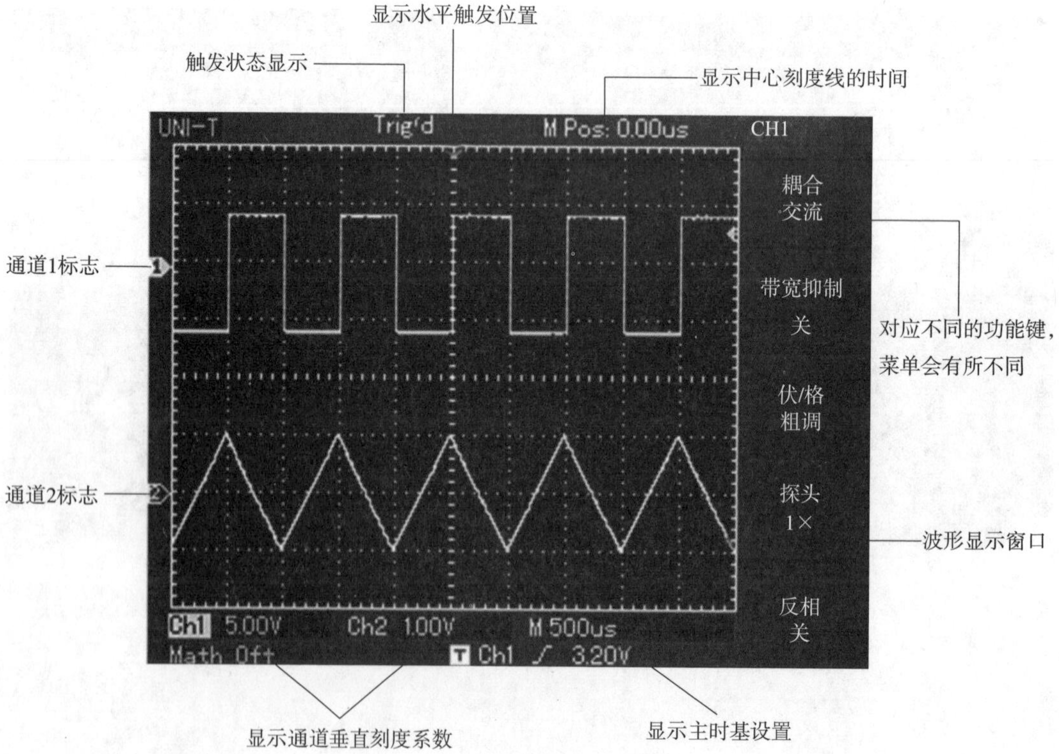

图 3-14 示波器波形显示窗口

1. 操作说明

（1）将数字存储示波器探头连接到 CH1 输入端，并将探头上的衰减倍率开关设定为“10×”，如图 3－15 所示。

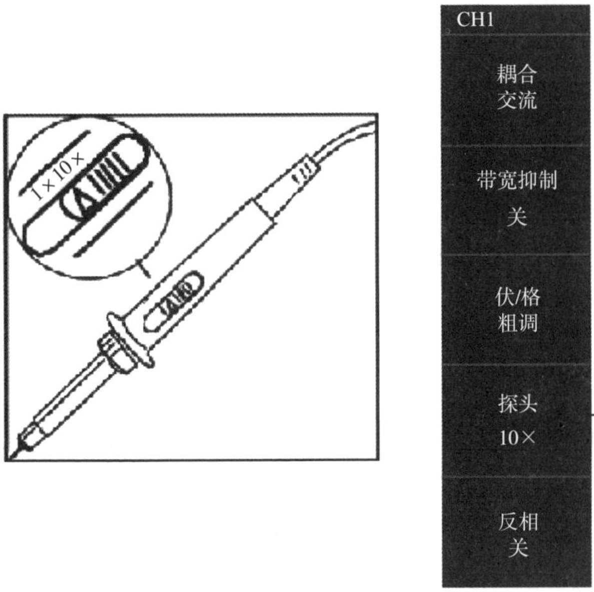

图 3－15 探头衰减系数设定

（2）在数字存储示波器上设置探头衰减系数，此衰减系数改变仪器的垂直挡位倍率，从而使得测量结果正确反映被测信号的幅值。设置探头衰减系数的方法如下：按 F4 键，使菜单显示“10×”。

（3）把探头的探针和接地夹连接到探头补偿信号的相应连接端上，按 AUTO 键。几秒内，可见到方波显示（1 kHz，约 3 V，峰峰值），如图 3－16 所示。

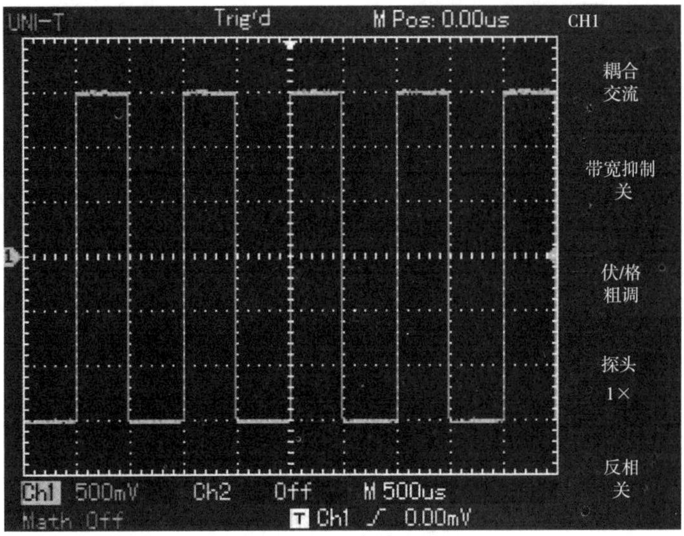

图 3－16 方波显示

以同样的方法检查 CH2，按 OFF 键关闭 CH1，按 CH2 键打开 CH2，重复步骤（2）和步骤（3）。

2. 波形显示的自动设置

根据输入的信号，可自动调整垂直偏转系数、扫描时基及触发方式，直至最合适的波形显示。应用自动设置，要求被测信号的频率大于或等于 50 Hz，占空比大于 1% 。

使用自动设置：

（1）将被测信号连接到信号输入通道。

（2）按 AUTO 键。数字存储示波器将自动设置垂直偏转系数、扫描时基及触发方式。如果需要进一步仔细观察，在自动设置完成后可再进行手工调整，直至波形显示达到需要的最佳效果。

3. 垂直控制区

如图 3－17 所示，在垂直控制区有一系列的按键和 2 个旋钮。

（1）使用垂直位置旋钮（POSITION）使波形在窗口中居中显示信号。垂直位置旋钮控制信号的垂直显示位置。当旋动垂直位置旋钮时，指示通道的标志跟随波形而上下移动。

（2）改变垂直设置，并观察状态信息变化。可以通过波形窗口下方的状态栏显示的信息确定任何垂直挡位的变化。旋动垂直标度旋钮（SCALE）改变“伏/格”垂直挡位，可以发现状态栏对应通道的挡位发生了相应的变化。按 CH1 、CH2 、MATH 、REF 键，屏幕显示对应通道的操作菜单、标志、波形和挡位状态信息。按 OFF 键关闭当前选择的通道。

4. 水平控制区

如图 3－18 所示，在水平控制区有 1 个按键和 2 个旋钮。

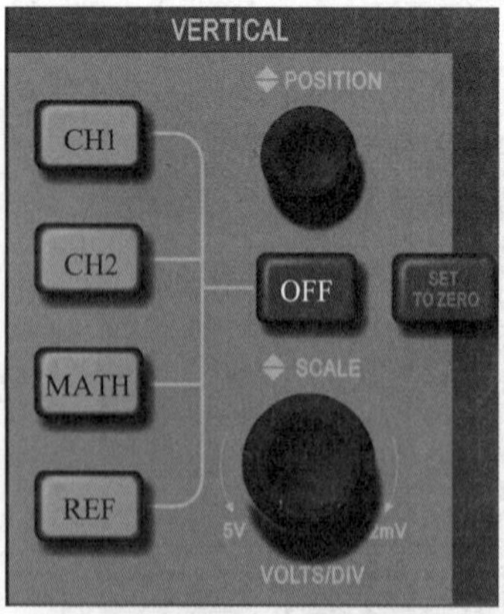

图 3－17　垂直控制区

图 3－18　水平控制区

（1）使用水平位置旋钮（POSITION）调整信号在波形窗口的水平位置。水平位置旋钮控制信号的触发移位。当应用于触发移位时，转动水平位置旋钮时，可以观察到波形随旋钮水平移动。

（2）使用水平标度旋钮（SCALE）改变水平时基挡位设置，并观察状态信息变化。转动水平标度旋钮改变“SEC/DIV”时基挡位，可以发现状态栏对应通道的时基挡位显示发生了相应的变化。水平扫描速率为 5 ns～50 s，以 1—2—5 方式步进。

（3）按[MENU]键，显示 Zoom 菜单。在此菜单下，按[F3]键可以开启视窗扩展，再按[F1]键可以关闭视窗扩展而回到主时基。

5. 触发控制区

如图 3－19 所示，在触发控制区有 1 个旋钮和 4 个按键。

图 3－19　触发控制区

（1）使用触发电平旋钮（LEVEL）改变触发电平，可以在屏幕上看到触发标志来指示触发电平线，随旋钮转动而上下移动。在移动触发电平的同时，可以观察到在屏幕下部的触发电平的数值相应变化。

（2）按[MENU]键改变触发设置。

按[F1]键，选择[边沿]触发。

按[F2]键，选择[触发源]触发。

按[F3]键，设置[边沿类型]为上升。

按[F4]键，设置[触发方式]为自动。

按[F5]键，设置[触发耦合]为直流。

（3）按[50%]键，设定触发电平在触发信号幅值的垂直中点。

（4）按[FORCE]键，强制产生一触发信号，主要应用于触发方式中的正常和单次模式。

各通道菜单说明如表 3－3 所示。

表 3-3　通道菜单说明

功能菜单	设定	说明
耦合	交流	阻挡输入信号的直流成分
	直流	通过输入信号的交流和直流成分
	接地	断开输入信号
带宽抑制	打开	限制带宽至 20 MHz，以减少显示噪声
	关闭	满带宽
伏/格	粗调 细调	粗调按 1—2—5 进制设定垂直偏转系数。细调则在粗调设置范围之间进一步细分，以改善垂直分辨率
探头	1× 10× 100× 1000×	根据探头衰减系数选取其中一个值，以保持垂直偏转系数的读数正确。共有 4 种：1×、10×、100×、1000×
反相	开	打开波形反相功能
	关	波形正常显示

思考与练习

1. ________和________随时间做周期性变化的电压和电流称为交流电，一般随时间按正弦规律变化的交流电称为正弦交流电，正弦量的一般表达式为________。

2. 正弦交流电的三要素是________、________和________。

3. 正弦信号 $u=141.4\sin(100\pi t-30^\circ)$ V，其周期 $T=$________，频率 $f=$________，角频率 $\omega=$________，初相位 $\varphi=$________，有效值 $U=$________。

4. 正弦电流 $i=14.14\sin(314t-45^\circ)$ A，则有效值 $I=$________，角频率 $\omega=$________，初相位 $\varphi_0=$________。

5. 一个正弦交流电流的解析式为 $i=5\sqrt{2}\sin(314t-45^\circ)$ A，则其有效值 $I=5$ A，频率 $f=$________ Hz，周期 $T=$________ s，角频率 $\omega=$________ rad/s，初相位 $\varphi=$________。

6. 周期为 0.02 s，振幅为 50 V、初相位为 60° 的正弦交流电压 u 的瞬时值表达式为________。

7. 正弦交流电流 $\dot{I}10\angle 60^\circ$ A，角频率 $\omega=100$ rad/s，则该交流电流的瞬时值表达式________，最大值 $I_m=$________，有效值 $I=$________，初相位 $\varphi=$________。

8. 交流电流 $i=10\sin(100\pi t+\pi/3)$ A，则其有效值为________，频率为________，初相位为________。

9. 示波器面板上“t/DIV”和“V/DIV”的含义是什么？

10. 观察本机“标准信号”时，要在荧光屏上得到两个周期的稳定波形，而幅度要求为5格，试问 *Y* 轴电压灵敏度应置于哪一挡？“t/DIV”又应置于哪一挡？

11. 应用双踪示波器观察到图3－20所示的两个波形，YA和YB轴的“V/DIV”指示均为0.5 V，“t/DIV”指示为20 μs，试写出这两个波形信号的波形参数。

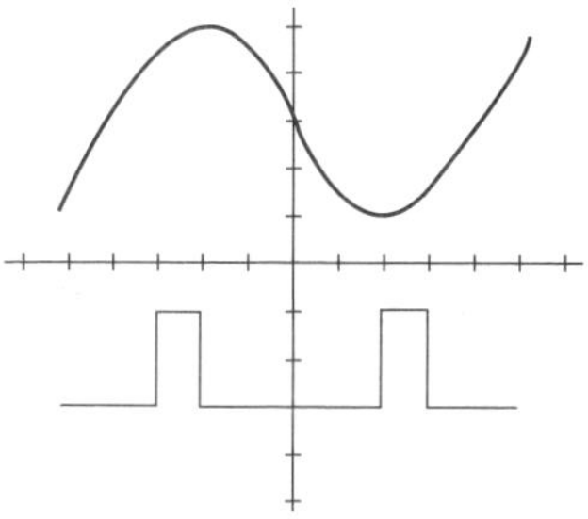

图3－20　双踪示波器观测图形

任务二　荧光灯电路的制作与测试

学习目标

知识目标	1. 了解荧光灯电路的组成
	2. 了解荧光灯电路故障的分析方法
	3. 掌握电路中各元件的作用及相关参数计算
技能目标	1. 会安装荧光灯电路
	2. 会对荧光灯进行故障排除检查
素质目标	1. 提高学生将所学知识应用于实际电路的能力
	2. 培养学生的逻辑思维能力

任务要求

在工农业生产和人们的日常生活中所用的电一般都是交流电，如家庭照明用电、电器用电、灌溉用电等。交流电的使用非常广泛，主要是因为它的产生容易，并能利用变压器改变电压，便于输送和使用。交流电还能很容易地转换为直流电使用。

图3－21所示为家庭中所用的荧光灯电路图。本任务要求安装荧光灯电路并调试、排除故障。

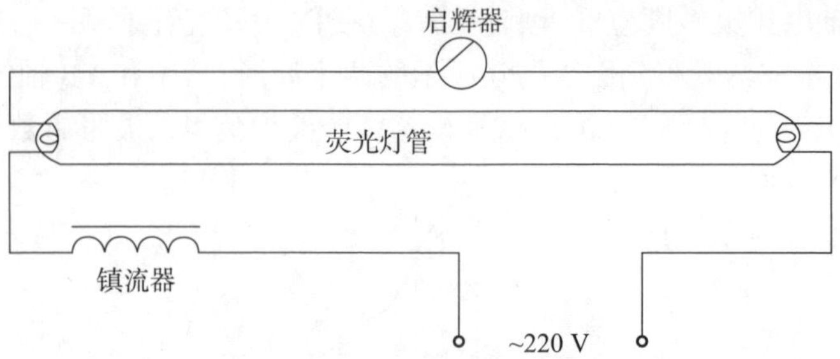

图 3－21　家庭中所用的荧光灯电路图

（1）按要求准备电路材料，材料清单见表 3－4。

表 3－4　电路材料清单

名称和规格	数量/个	名称和规格	数量/个
交流电流表 0～5 A	1	启辉器（与 40 W 的灯管配用）	1
交流电压表 0～500 V	1	荧光灯管 40 W	1
功率表	1	电流插座	1
镇流器（与 40 W 的灯管配用）	1	自耦调压器（能提供 220 V 交流电压）	1

（2）按图 3－22 所示电路图连线，并将电流表插入电流插座，电压表和功率表接入相应断开的位置。

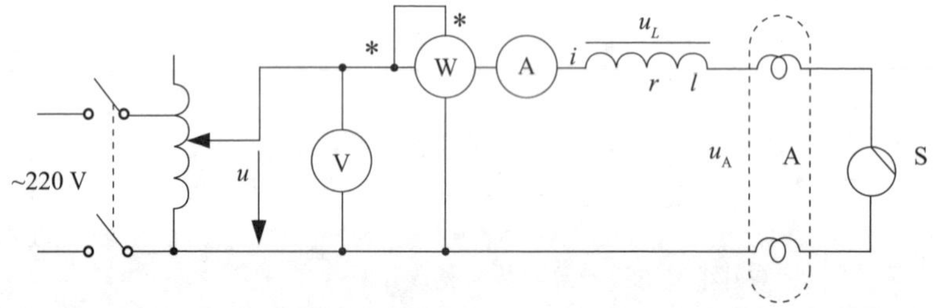

图 3－22　荧光灯电路图

（3）通入 220 V 交流电源，观察各表读数并记录。

知识准备

电阻元件、电感元件和电容元件是交流电路的基本元件，日常生活和工作中的交流电路也都是由基本元件组合起来的。为了分析交流电路，先分析单一元件的正弦交流电路及其特性。

一、交流电路中的电阻元件

只含有电阻元件的交流电路称为纯电阻电路，是最简单的交流电路，如含有白炽灯、电炉、电烙铁等的电路。

如图3－23（a）所示，由欧姆定律 $u = Ri$ 可知，当电阻 R 上的电流 $i_R = \sqrt{2}I_R\sin(\omega t + \varphi_i)$ 时，电阻两端的电压为

$$u_R = \sqrt{2}RI_R\sin(\omega t + \varphi_i) = \sqrt{2}U_R\sin(\omega t + \varphi_u) \tag{3-20}$$

即

$$U_R\angle\varphi_u = RI_R\angle\varphi_i$$

相量形式为

$$\dot{U}_R = R\dot{I}_R \tag{3-21}$$

由此可得

（1）电阻元件电压与电流的数值关系为

$$U_R = RI_R \tag{3-22}$$

（2）电阻元件电压与电流的相位关系为

$$\varphi_u = \varphi_i \tag{3-23}$$

纯电阻电路中电压与电流的波形关系如图3－23（b）所示，电压与电流的相量图如图3－23（c）所示。

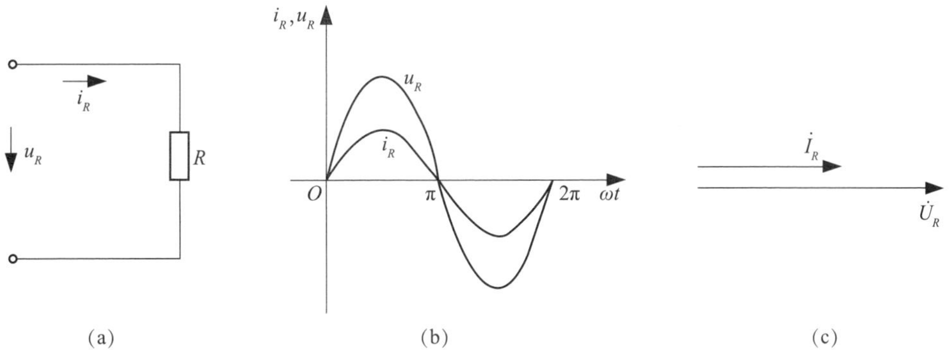

图3－23　交流电路中的纯电阻电路

（a）电路图；（b）波形图；（c）相量图

二、交流电路中的电容元件

只含有电容元件的交流电路称为纯电容电路。如图3－24（a）所示，如果在电容 C 两端加一正弦交流电压 $u_C = \sqrt{2}U_C\sin(\omega t + \varphi_u)$，在电压、电流关联参考方向下，电容元件两端的电流为

$$i_C = C\frac{\mathrm{d}u_C}{\mathrm{d}t} = \omega CU_{Cm}\cos(\omega t + \varphi_u)$$

$$= \sqrt{2}I_C\sin\left(\omega t + \frac{\pi}{2} + \varphi_u\right) \tag{3-24}$$

用相量表示电压与电流的关系为

$$\dot{I}_C = I_C\angle\varphi_u + \frac{\pi}{2} = \frac{U_C}{X_C}\angle\varphi_u + \frac{\pi}{2}$$

$$= \angle \varphi_u + \frac{\pi}{2} = \frac{\dot{U}_C}{-\mathrm{j}X_C}$$

电压与电流在数值上满足关系式：

$$I_C = \omega C U_C \text{ 或 } I_C = \frac{U_C}{X_C} \tag{3-25}$$

相位关系为

$$\varphi_i = \angle \varphi_u + \frac{\pi}{2} \tag{3-26}$$

比较电压和电流的关系式可见：交流电路中电容元件两端电压 u 和电流 i 也是同频率的正弦量，电流的相位超前电压 90°。

纯电容电路中电压与电流波形如图 3－24（b）所示，纯电容电路的相量图如图 3－24（c）所示。电容具有对交流电流起阻碍作用的物理性质，称为容抗，用 X_C 表示，即

$$X_C = \frac{1}{\omega C} = \frac{1}{2\pi f C} \tag{3-27}$$

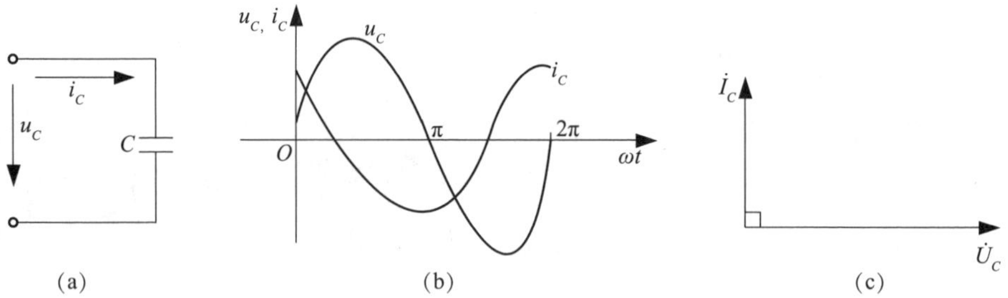

图 3－24　交流电路中的纯电容电路

（a）电路图；（b）波形图；（c）相量图

式（3－27）表明电压与电流的幅值（有效值）的关系不仅与 C 的大小有关，而且还与角频率 ω 有关，X_C 与 ω 成反比，X_C 的单位为 Ω。当 C 值一定时，对一定的 U 来说，ω 越高，容抗 X_C 越小，则 I 越大，说明电流越容易通过；ω 越低，容抗 X_C 越大，则 I 越小，说明电流越难通过；当 $\omega=0$（相当于直流激励）时，容抗 $X_C=\infty$，$I=0$，电容相当于开路。可见，电容具有“通交隔直，通高阻低”的作用。电子线路中的旁路电容就是利用了电容的这一特性。

【例 3－7】 一个 100 μF 的电容元件接在电压（有效值）为 10 V 的正弦电源上。当电源频率分别为 50 Hz 和 500 Hz 时，电容元件中的电流分别是多少？

解： 当电源频率为 50 Hz 时，有

$$X_C = \frac{1}{2\pi f C} = \frac{1}{2\pi \times 50 \times 100 \times 10^{-6}}\ \Omega \approx 31.8\ \Omega$$

$$I = \frac{U}{X_C} = \frac{10}{31.8}\ \mathrm{A} \approx 0.314\ \mathrm{A} = 314\ \mathrm{mA}$$

当电源频率为 500 Hz 时，有

$$X_C = \frac{1}{2\pi fC} = \frac{1}{2\pi \times 500 \times 100 \times 10^{-6}}\ \Omega \approx 3.18\ \Omega$$

$$I = \frac{U}{X_C} = \frac{10}{3.18}\ \text{A} \approx 3.14\ \text{A} = 3140\ \text{mA}$$

三、交流电路中的电感元件

只含有电感元件的交流电路称为纯电感电路。如图 3－25（a）所示，设电感元件流过的正弦交流电流 $i_L = \sqrt{2}I_L\sin(\omega t + \varphi_i)$，在电压、电流关联参考方向下，电感元件两端的电压为

$$u_L = L\frac{\mathrm{d}i_L}{\mathrm{d}t} = L\frac{\mathrm{d}\sqrt{2}I_L\sin(\omega t + \varphi_i)}{\mathrm{d}t}$$

$$= \omega L\sqrt{2}I_L\cos(\omega t + \varphi_i) = \sqrt{2}U_L\sin\left(\omega t + \frac{\pi}{2} + \varphi_i\right) \quad (3-28)$$

比较电压和电流的关系式可见：电感元件两端电压 u 和电流 i 也是同频率的正弦量，电压的相位超前电流 90°。

用相量表示电压和电流的关系为

$$\dot{U}_L = \mathrm{j}X_L\dot{I}_L = \mathrm{j}\omega L\dot{I}_L \quad (3-29)$$

电压与电流在数值上满足关系式：

$$U_L = X_L I_L = \omega L I_L$$

相位关系为

$$\varphi_u = \angle\varphi_i + \frac{\pi}{2} \quad (3-30)$$

纯电感电路中电压与电流的波形如图 3－25（b）所示。纯电感电路的相量图如图 3－26（c）所示。电感具有对交流电流起阻碍作用的物理性质，称为感抗，用 X_L 表示，即

$$X_L = \omega L = 2\pi fL \quad (3-31)$$

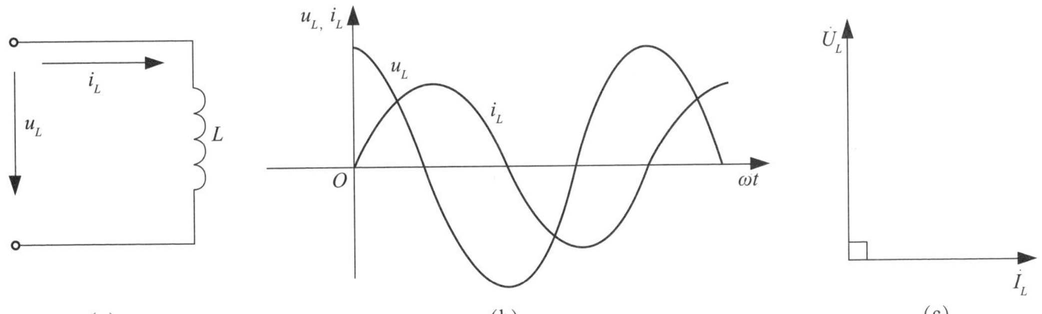

图 3－25　交流电路中的纯电感电路

（a）电路图；（b）波形图；（c）相量图

从式（3－31）中可以看出，感抗 X_L 与 f 成正比。频率 f 越高，感抗 X_L 越大；当频率 $f=0$（即为直流电）时，电感相当于短路。这说明电感元件对高频电流有较大的阻碍作用，对低频电流阻碍较小，即电感元件具有“通低阻高”的作用。在实际电路中常常利用电感元件的这一特性，如无线电设备中的高频扼流圈和滤波电路中的电感线圈就是利用的此特性。

【例 3－8】 把一个电感为 0.35 H 的线圈，接到 $u=220\sqrt{2}\sin(100\pi t+60°)$ V 的电路中，求线圈中电流瞬时值表达式。

解： 由已知电压的瞬时值表达式，可得

$$U=220\ \text{V},\ \omega=100\pi\ \text{rad/s},\ \varphi=60°$$

电压的极坐标式为

$$\dot{U}=220\angle 60°\ \text{V}$$

而

$$X_L=\omega L=100\times 3.14\times 0.35\ \Omega\approx 110\ \Omega$$

$$\dot{I}_L=\frac{\dot{U}_L}{\text{j}X_L}=\frac{220\angle 60°}{1\angle 90°\times 110}\ \text{A}=2\angle(-30°)\ \text{A}$$

因此通过线圈的电流瞬时值表达式为

$$i=2\sqrt{2}\sin\left(100\pi t-\frac{\pi}{6}\right)\ \text{A}$$

四、相量形式的基尔霍夫定律

根据基尔霍夫电流定律，电路中任一节点在任何时候都满足

$$\sum i=0$$

在正弦交流电路中所有响应都是与激励同频率的正弦量，根据正弦量与相量的对应关系可得

$$\sum \dot{I}=0 \tag{3-32}$$

式（3－32）是基尔霍夫电流定律的相量形式，表明正弦交流电路中任一节点的所有电流相量的代数和等于 0。

同样，正弦交流电路中任一闭合回路，所有电压相量的代数和也等于 0，即

$$\sum \dot{U}=0 \tag{3-33}$$

式（3－33）是基尔霍夫电压定律的相量形式。

五、*RLC* 串、并联电路

1. *RLC* 串联电路

在实际应用中，电阻、电感和电容这 3 个元件并不单独存在。工程实际电路的模型往往是由多个电阻、电感和电容元件组成的串联或并联电路。一般感性负载（如电动机、变压器和电磁铁等）都可看成是电阻和电感串联的电路，荧光灯电路也是最常见的 *RL* 串

联电路。电子技术中的阻容耦合放大器、RC 振荡器及 RC 移相电路都是 RC 电路。而供电系统中的电容补偿电路和电子技术中的串联谐振电路都属于 RLC 电路。因此，在分析实际电路时，可把复杂的电路抽象为若干个理想电路元件串、并联组成的典型电路模型来进行简化处理。由电阻、电感和电容相串联构成的电路称为 RLC 串联电路。

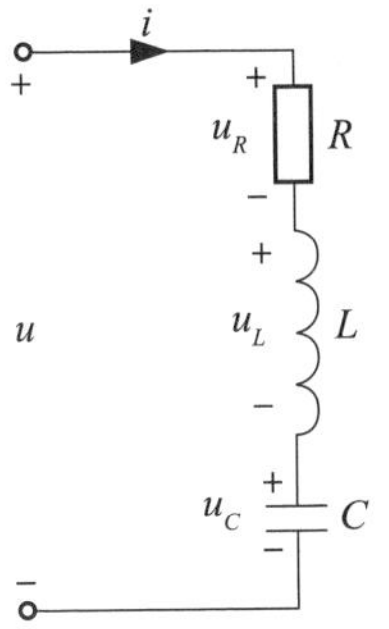

图 3－26　RLC 串联电路

（1）RLC 串联电路的电压、电流的关系。如图 3－26 所示的电路中，设电路中电流为参考正弦量，电压和电流为关联参考方向，根据 R、L、C 的基本特性有

$$u_R = U_{Rm}\sin\omega t = R I_m \sin\omega t, \quad \dot{U}_R = \dot{I}R$$

$$u_L = U_{Lm}\sin(\omega t + \frac{\pi}{2}) = X_L I_m(\sin\omega t + \frac{\pi}{2}), \quad \dot{U}_L = \mathrm{j}X_L\dot{I}$$

$$u_C = U_{Cm}\sin(\omega t - \frac{\pi}{2}) = X_C I_m(\sin\omega t - \frac{\pi}{2}), \quad \dot{U}_C = -\mathrm{j}X_C\dot{I}$$

根据基尔霍夫电压定律，在任一时刻总电压 u 的瞬时值为

$$u = u_R + u_L + u_C \tag{3－34}$$

$$\dot{U} = \dot{U}_R + \dot{U}_L + \dot{U}_C = \dot{U}_R + \dot{U}_X \tag{3－35}$$

其相量图如图 3－27（a）所示，显然，$\dot{U}_R$、$\dot{U}$、$\dot{U}_X$ 组成了一个直角三角形，称其为电压三角形。电压三角形中反映了各个正弦交流电压的有效值和相位之间的关系。由电压三角形可得各元件电压有效值的关系如下：

$$U = \sqrt{U_R^2 + (U_L - U_C)^2} = \sqrt{U_R^2 + (U_X)^2} \tag{3－36}$$

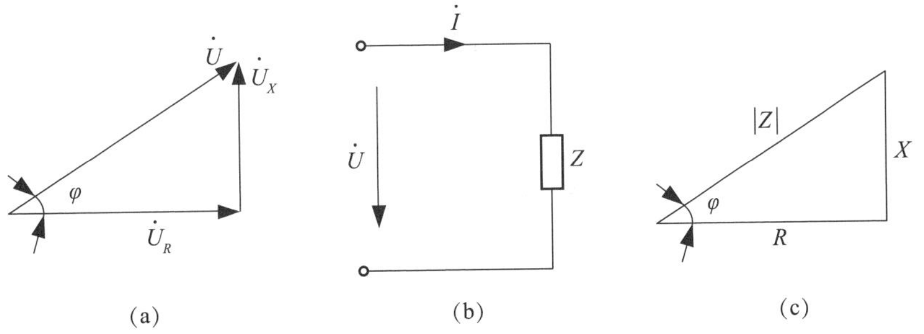

图 3－27　RLC 串联电路的相量图

（a）电压三角形；（b）相量形式的电路模型；（c）阻抗三角形

由此可见，通常正弦交流电路端口电压的有效值并不等于各串联元件两端电压的有效值之和。式中，$U_X = U_L - U_C$ 称为电抗电压。从电压三角形中还可以得出总电压和总电流之间的相位差为

$$\varphi = \arctan\frac{U_L - U_C}{U_R} = \arctan\frac{U_X}{U_R} \tag{3－37}$$

(2) *RLC* 串联电路的阻抗。把 *R*、*L*、*C* 元件的相量关系代入式 (3－35)，可得

$$\begin{aligned}\dot{U} &= \dot{U}_R + \dot{U}_L + \dot{U}_C = R\dot{I} + jX_L\dot{I} - jX_C\dot{I} \\ &= [R + j(X_L - X_C)]\dot{I} = Z\dot{I}\end{aligned} \tag{3-38}$$

所以

$$\begin{aligned}Z &= \frac{\dot{U}}{\dot{I}} = \frac{U\,e^{j\varphi_u}}{I\,e^{j\varphi_i}} = \frac{U}{I}\,e^{j(\varphi_u-\varphi_i)} \\ &= R + jX = |Z|e^{j\varphi}\end{aligned} \tag{3-39}$$

式 (3－38) 中，$X = X_L - X_C$ 称为电路的电抗；$Z = R + jX$ 是个复数，称为复阻抗。常把复阻抗当作一个二端元件，用符号 *Z* 表示。图 3－27 (b) 所示为相量形式的电路模型。

$\dot{U} = Z\dot{I}$ 也称正弦交流电路相量形式的欧姆定律。

将复阻抗 *Z* 分别取模和辐角，即 $|Z| = \sqrt{R^2 + X^2}$ 称为复阻抗 *Z* 的模，量纲为欧姆；$\varphi = \arctan\dfrac{X}{R}$ 称为复阻抗 *Z* 的辐角，也称阻抗角。

RLC 串联阻抗与电压、电流有效值的关系为

$$|Z| = \frac{U}{I} = \sqrt{R^2 + X^2}$$

电流与电压相位关系为

$$\varphi = \varphi_u - \varphi_i = \arctan\frac{X}{R}$$

从复阻抗的表达式可以看出，*R*、*X*、$|Z|$ 也组成直角三角形，它与电压三角形相似，反映了电阻 *R*、电抗 *X* 和阻抗的模 $|Z|$ 之间的数值关系，因此称为阻抗三角形，如图 3－27 (c) 所示。从阻抗三角形可以看出，阻抗角也是阻抗的模 $|Z|$ 和电阻 *R* 之间的夹角，即

$$\varphi = \arctan\frac{U_L - U_C}{U_R} = \arctan\frac{U_X}{U_R} = \arctan\frac{X}{R} \tag{3-40}$$

(3) *RLC* 串联电路的性质。对式 (3－38) 和式 (3－39) 进行分析可知，*RLC* 串联电路有以下 3 种不同的性质：

① 当 $\omega L > 1/(\omega C)$ 时，即 $X_L > X_C$、$U_L > U_C$、$\varphi > 0$ 时，相量图如图 3－28 (a) 所示，电路端电压超前电流，电路中感抗大于容抗，电感起决定作用，此时电路呈现感性，称为电感性电路，可以等效为电阻与电感串联的电路。

② 当 $\omega L < 1/(\omega C)$ 时，即 $X_L < X_C$、$U_L < U_C$、$\varphi < 0$ 时，相量图如图 3－28 (b) 所示，电压滞后电流，电路中电容的作用大于电感的作用，这种电路呈现容性，称为电容性电路，可以等效为电阻与电容串联的电路。

③ 当 $\omega L = 1/(\omega C)$ 时，即 $X_L = X_C$、$U_L = U_C$、$\varphi = 0$ 时，相量图如图 3－28 (c) 所示，电路端电压与电流同相，电路中感抗等于容抗，此时电路呈现纯电阻性，称为电阻性电路，电路此时处于串联谐振状态，将在后面加以介绍。

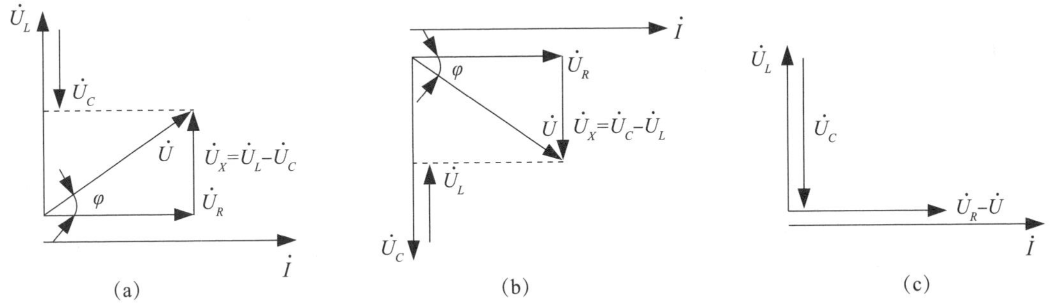

图 3－28　*RLC* 串联电路的相量图

(a) 电路端电压超前电流；(b) 电压滞后电流；(c) 电路端电压与电流同相

【例 3－9】 在 *RLC* 串联电路中，交流电源电压 $U=220$ V，频率 $f=50$ Hz，$R=30\ \Omega$，$L=445$ mH，$C=32\ \mu$F。试求：

(1) 电路中的电流大小 I；

(2) 总电压与电流的相位差 φ；

(3) 各元件上的电压 U_R、U_L、U_C。

解：(1) $X_L=2\pi fL\approx 140\ \Omega$, $X_C=\dfrac{1}{2\pi fC}\approx 100\ \Omega$, $|Z|=\sqrt{R^2+(X_L-X_C)^2}=50\ \Omega$, 则

$$I=\frac{U}{|Z|}=4.4\text{ A}$$

(2) $\varphi=\arctan\dfrac{X_L-X_C}{R}=\arctan\dfrac{40}{30}=53.1°$，即总电压比电流超前 53.1°，电路呈感性。

(3) $U_R=RI=132$ V，$U_L=X_LI=616$ V，$U_C=X_CI=440$ V。

本例题中电感电压、电容电压都比电源电压大，在交流电路中各元件上的电压可以比总电压大，这是交流电路与直流电路特性不同之处。

2. *RL* 串联与 *RC* 串联电路

(1) *RL* 串联电路。只要将 *RLC* 串联电路中的电容 C 短路去掉，即令 $X_C=0$、$U_C=0$，则有关 *RLC* 串联电路的公式完全适用于 *RL* 串联电路。

【例 3－10】 在 *RL* 串联电路中，已知电阻 $R=40\ \Omega$，电感 $L=95.5$ mH，外加频率 $f=50$ Hz、$U=200$ V 的交流电压源。试求：

(1) 电路中的电流 I；

(2) 各元件电压 U_R、U_L；

(3) 总电压与电流的相位差 φ。

解：(1) $X_L=2\pi fL\approx 30(\Omega)$，$|Z|=\sqrt{R^2+X_L^2}=50(\Omega)$，则 $I=\dfrac{U}{|Z|}=4(\text{A})$。

(2) $U_R=R\cdot I=160$ (V)，$U_L=X_L\cdot I=120$ (V)，显然 $U=\sqrt{U_R^2+U_L^2}$。

(3) $\varphi=\arctan\dfrac{X_L}{R}=\arctan\dfrac{30}{40}=36.9°$，即总电压 u 比电流 i 超前 36.9°，电路呈感性。

（2）*RC* 串联电路。只要将 *RLC* 串联电路中的电感 *L* 短路去掉，即令 $X_L=0$、$U_L=0$，则有关 *RLC* 串联电路的公式完全适用于 *RC* 串联电路。

【例 3－11】 在 *RC* 串联电路中，已知电阻 $R=60\ \Omega$，电容 $C=20\ \mu F$，外加电压 $u=141.2\sin 628t$ V。试求：

（1）电路中的电流 I；

（2）各元件电压 U_R、U_C；

（3）总电压与电流的相位差 φ。

解：（1）由 $X_C=\dfrac{1}{\omega C}=80\ \Omega, |Z|=\sqrt{R^2+X_C^2}=100\ \Omega, U=\dfrac{141.2}{\sqrt{2}}=100$ V，则电流为 $I=\dfrac{U}{|Z|}=1$ A。

（2）$U_R=RI=60$ V，$U_C=X_CI=80$ V，显然 $U=\sqrt{U_R^2+U_C^2}$。

（3）$\varphi=\arctan\left(-\dfrac{X_C}{R}\right)=\arctan\left(-\dfrac{80}{60}\right)=-53.1°$，即总电压比电流滞后 53.1°，电路呈容性。

知识拓展——*RLC* 并联电路

在供电电路中，额定电压相同的负载可以并联，如照明灯具及家用电器，都是并联在电路的两端。因此 *RLC* 并联电路是很常见的电路结构形式。

1. *RLC* 并联电路的电流、电压关系

RLC 并联电路如图 3－29 所示。

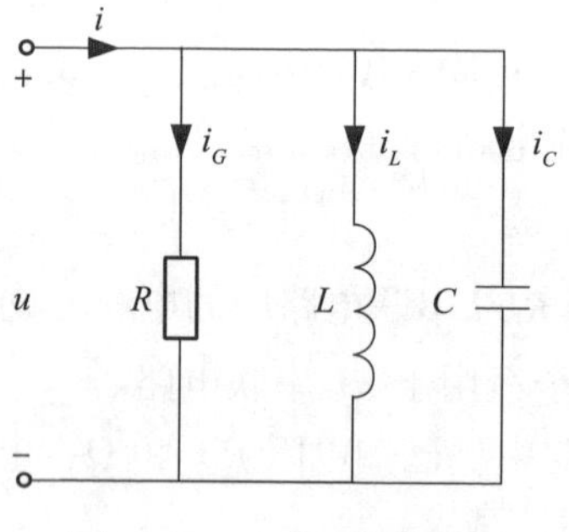

图 3－29　*RLC* 并联电路

对于电阻元件，也可用电导形式表示相量形式的欧姆定律，即

$$\dot{I}_G=\frac{\dot{U}_R}{R}=G\dot{U}_R \tag{3-41}$$

$$\dot{I}_L=\frac{\dot{U}_L}{jX_L}=Y_L\dot{U}_L=-jB_L\dot{U}_L \tag{3-42}$$

$$\dot{I}_C = -\frac{\dot{U}_C}{jX_C} = Y_C\dot{U}_C = jB_C\dot{U}_C \tag{3-43}$$

根据基尔霍夫电流定律的相量形式，有

$$\dot{I} = \dot{I}_G + \dot{I}_L + \dot{I}_C \tag{3-44}$$

显然，$\dot{I}$、$\dot{I}_G$、$\dot{I}_B$ 组成一个直角三角形，称为电流三角形，如图 3－30（a）所示，由电流三角形可得

$$\begin{aligned} I &= \sqrt{I_G^2 + (I_C - I_L)^2} = \sqrt{I_G^2 + I_B^2} \\ &= \sqrt{(UG)^2 + (UB)^2} = U\sqrt{G^2 + B^2} = U|Y| \end{aligned} \tag{3-45}$$

从电流三角形中还可以得出总电压和总电流之间的相位差 φ'，即

$$\varphi' = \arctan\frac{I_C - I_L}{I_R} \tag{3-46}$$

2. *RLC* 并联电路的导纳

把式（3－41）～式（3－43）代入式（3－44）中，有

$$\begin{aligned} \dot{I} &= G\dot{U} - jB_L\dot{U} + jB_C\dot{U} \\ &= [G + j(B_C - B_L)]\dot{U} \\ &= (G + jB)\dot{U} = Y\dot{U} \end{aligned} \tag{3-47}$$

式中：Y 称为复导纳；$B = B_C - B_L$ 称为电纳，量纲为西门子（S），同阻抗一样，导纳也是复数，导纳的电路模型如图 3－30（b）所示。由式（3－47）导出

$$Y = G + j(B_C - B_L) = (G + jB) = |Y|\angle\varphi'$$

$$\varphi' = \arctan\frac{B}{G} = \arctan\frac{B_C - B_L}{G} \tag{3-48}$$

式中：$|Y|$称为导纳的模；φ' 称为导纳角。导纳既表示了电路中电压和总电流的有效值的关系，又表示了电压和总电流的相位关系，与阻抗三角形一样，同样也可得到导纳三角形，如图 3－31 所示。

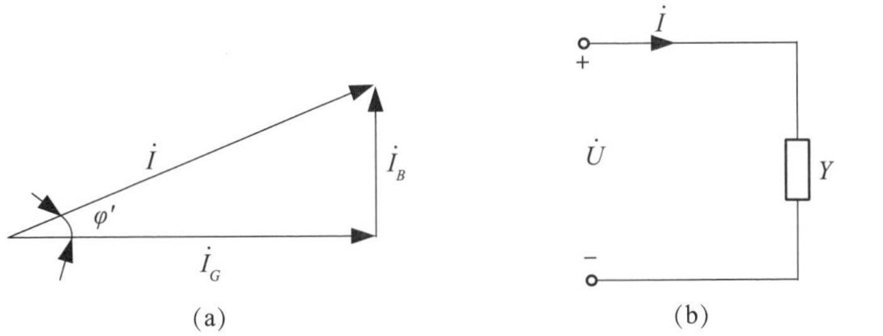

图 3－30　电流三角形

（a）电流三角形；（b）导纳的电路模型

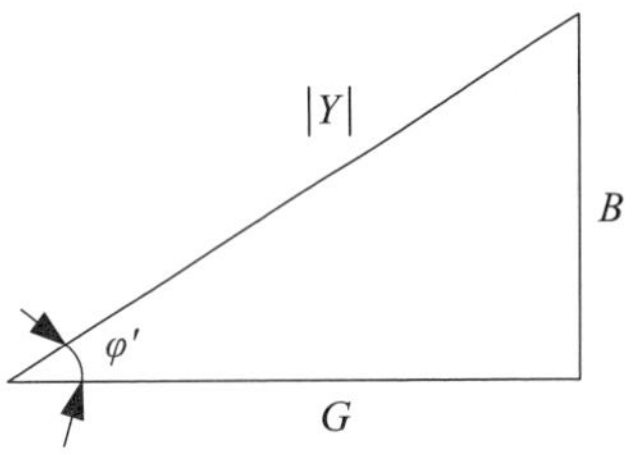

图 3－31　导纳三角形

3. *RLC* 并联电路的性质

(1) 当 $\omega C > 1/(\omega L)$ 时，$B_C > B_L$、$X>0$、$\varphi' >0$，电流超前电压，其相量图如图3－32 (a)所示，电路中的电容作用大于电感作用，这种电路称为电容性电路，可以等效为电阻与电容并联的电路。

(2) 当 $\omega C < 1/(\omega L)$ 时，$B_C < B_L$、$X<0$、$\varphi' <0$，电流滞后电压，其相量图如图3－32 (b)所示，电路中的电容作用小于电感作用，这种电路称为电感性电路，可以等效为电阻与电感并联的电路。

(3) 当 $\omega C = 1/(\omega L)$ 时，$B_C = B_L$、$X=0$、$\varphi' =0$，电流与电压同相，其相量图如图3－32 (c) 所示，电路中电容的作用和电感的作用相互抵消，这种电路称为电阻性电路，这种情况表明电路发生了并联谐振。

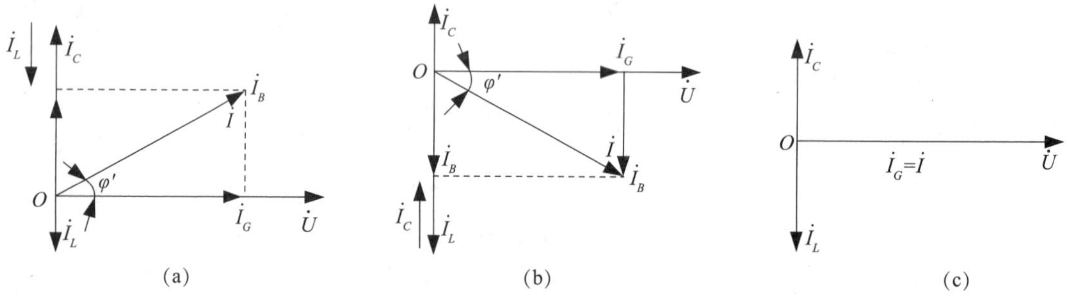

图3－32 *RLC* 并联电路的相量图

(a) 电流超前电压；(b) 电流滞后电压；(c) 电流与电压同相

【例3－12】 在 *RLC* 并联电路中，已知：电源电压 $U=120$ V，频率 $f=50$ Hz，$R=50\ \Omega$，$L=0.19$ H，$C=80\ \mu$F。试求：

(1) 各支路电流 I_R、I_L、I_C；

(2) 总电流 I，并说明该电路呈何性质；

(3) 等效阻抗 $|Z|$。

解：(1) $\omega=2\pi f=314$ rad/s，$X_L=\omega L=60\ \Omega$，$X_C=1/(\omega C)=40\Omega$。

(2) $I_R=U/R=120\ \text{V}/50\ \Omega=2.4$ A，$I_L=U/X_L=2$ A，$I_C=U/X_C=3$ A，

$I=\sqrt{I_R^2+(I_C-I_L)^2}=2.6$ A，因为 $X_L>X_C$，所以电路呈容性。

(3) $|Z|=U/I=120\ \text{V}/2.6\ \text{A}=46\ \Omega$。

【例3－13】 已知在 *RL* 并联电路中，$R=50\ \Omega$，$L=0.318$ H，工频电源 $f=50$ Hz，电压 $U=220$ V，试求：

(1) 各支路电流 I_R、I_L、总电流 I；

(2) 等效阻抗大小 $|Z|$；

(3) 电路呈何性质？

解：（1）由 $I_R=U/R=220\ \text{V}/50\ \Omega=4.4\ \text{A}$，$X_L=2\pi fL\approx100\ \Omega$，$I_L=U/X_L=2.2\ \text{A}$，可得 $I=\sqrt{I_R^2+I_L^2}=4.92\ \text{A}$。

（2）$|Z|=U/I=220\ \text{V}/4.92\ \text{A}=44.7\ \Omega$。

（3）在 RL 并联电路中，$B_C=0$，$B_L>0$，则 $B=B_C-B_L<0$，电路呈感性。

【例 3－14】 已知在 RC 并联电路中，电阻 $R=40\ \Omega$，电容 $C=21.23\ \mu\text{F}$，工频电源 $f=50\ \text{Hz}$，$U=220\ \text{V}$，试求：

（1）各支路电流 I_R、I_L、总电流 I；

（2）等效阻抗大小 $|Z|$；

（3）电路呈何性质？

解：（1）由 $I_R=U/R=220\ \text{V}/40\ \Omega=5.5\ \text{A}$，$X_C=\dfrac{1}{2\pi fC}\approx150\ \Omega$，$I_C=\dfrac{U}{X_C}=1.47\ \text{A}$ 得 $I=\sqrt{I_R^2+I_C^2}=5.69\ \text{A}$。

（2）$|Z|=U/I=220\ \text{V}/5.69\ \text{A}=38.7\ \Omega$。

（3）在 RC 并联电路中，$B_C>0$，$B_L=0$，则 $B=B_C-B_L>0$，电路呈容性。

思考与练习

1. 若荧光灯电路在正常电压作用下不能启辉，如何用万用表找出故障部位？

2. 如果启辉器损坏，如何点亮荧光灯？

3. 在图 3－33 所示电路中，$U=4\sqrt{2}\ \text{V}$，$I=1\ \text{A}$，$\omega=10\ \text{rad/s}$，电路消耗功率 $P=4\ \text{W}$，求 R 及 L。

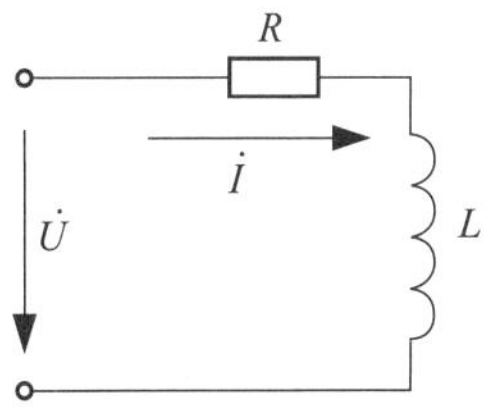

图 3－33　习题 3 电路图

4. 在 RLC 串联电路中，已知电源电压 $u=220\sqrt{2}\sin(314t+20°)\ \text{V}$，$R=30\ \Omega$，$L=127\ \text{mH}$，$C=40\ \mu\text{F}$。试求：

（1）感抗、容抗和阻抗；

（2）电流的有效值 I 与瞬时值 i 的表达式。

5. 在 RLC 串联电路中，已知电源电压 $u=220\sqrt{2}\sin(314t+20°)\ \text{V}$，$R=30\ \Omega$，$L=127\ \text{mH}$，$C=40\ \mu\text{F}$。试求：

（1）电流的有效值 I；

（2）电路功率因数 $\cos\varphi$；

（3）各部分电压的有效值；

（4）作相量图。

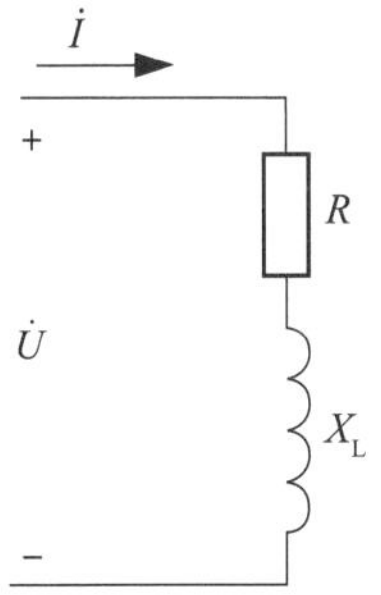

图 3－34　习题 6 电路图

6. 电路如图 3－34 所示，已知 $U=100\ \text{V}$，$I=5\ \text{A}$，且电压 $\dot{U}$ 超前电流 $\dot{I}$ 53.1°，试求电阻 R 与感抗 X_L 的有效值。

任务三　串联谐振电路的研究

学习目标

知识目标	1. 了解谐振电路的组成应用
	2. 掌握谐振电路中各元件的作用及相关参数计算
	3. 了解谐振电路的参数测量方法
技能目标	1. 会设计谐振电路
	2. 会对谐振电路进行测试
素质目标	1. 提高学生将所学知识应用于实际电路的能力
	2. 培养学生逻辑思维能力

任务要求

通过本任务的学习，使学生掌握串联谐振的条件，通过实验的测量验证电阻、电容、电感元件上的电压和电流的相位关系。

(1) 按图 3-35 所示组成监视、测量电路。图中的 C、R 先选用 C_1、R_1，用交流毫伏表测电压，用示波器监视信号源输出。令信号源输出电压 $U_{ipp}=4\ \text{V}$，并保持不变。

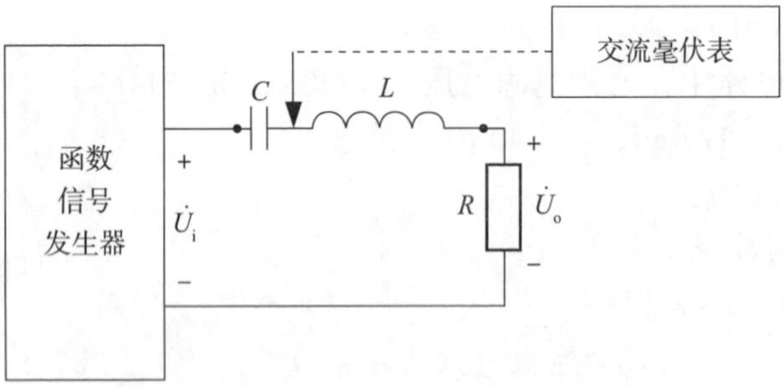

图 3-35　串联谐振实验电路图

(2) 找出电路的谐振频率 f_0，其方法是将毫伏表接在 R (200 Ω) 两端，令信号源的频率由小逐渐变大（注意要维持信号源的输出幅度不变），当 U_o 的读数为最大时，读得频率计上的频率值即为电路的谐振频率 f_0，并测量 U_C 与 U_L 之值（注意及时更换毫伏表的量程）。

(3) 在谐振点两侧，按频率递增或递减 500 Hz 或 1 kHz，依次各取 8 个测量点，逐点测出 U_o、U_L、U_C 之值，记入表 3-5 所示的数据表格。

表 3－5　串联谐振测量记录表

测量次数 / 测量项目	1	2	3	4	5	6	7	8
f/kHz								
U_o/V								
U_L/V								
U_C/V								
$U_{ipp}=4$ V，$C=0.01$ μF，$R=200$ Ω，$f_0=$________，$f_2-f_1=$________，$Q=$________								

（4）将电阻改为 R_2，重复步骤（2）、（3）的测量过程。

知识准备

在含有电容、电感元件的电路中，在一定条件下电路端口电压 $\dot{U}$ 与端口电流 $\dot{I}$ 的相位相同时，称为电路发生了谐振。电阻、电感、电容串联电路的谐振称为串联谐振。谐振现象是正弦交流电路的一种特定工作状态，它一方面广泛地应用于电工技术和无线电技术，如用于高温淬火、高频加热和收音机、电视机中；但另一方面，谐振会导致电路的某些元件中产生较大的电压或电流，使元件受损，破坏电路系统的正常工作，必须加以避免。

1. 串联谐振的条件

RLC 串联电路中发生的谐振现象称为串联谐振。

在图 3－36（a）所示的 *RLC* 串联电路中，一般情况下，输入电压和电流不是同相位的，但是如果调节电路参数（L、C）或改变外加电压源的角频率 ω，就会使输入电压 $\dot{U}$、输入电流 $\dot{I}$ 同相位，电路就发生了谐振。串联谐振相量图如图 3－36（b）所示。

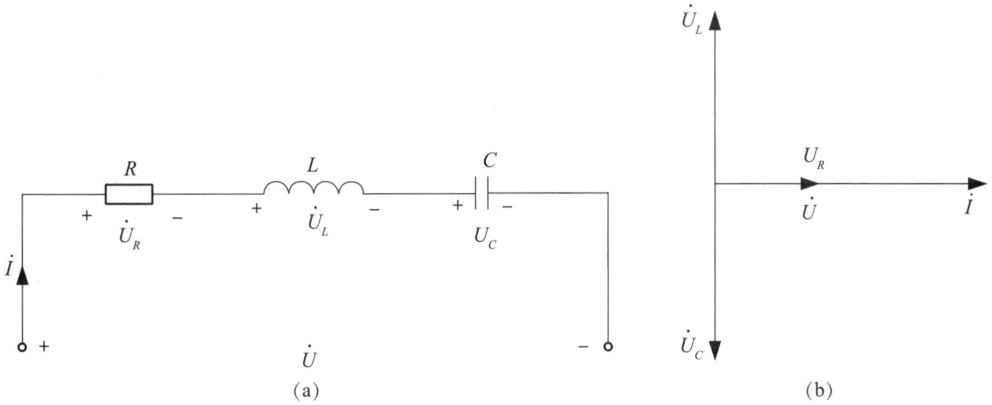

图 3－36　*RLC* 串联谐振电路

（a）串联谐振电路图；（b）串联谐振相量图

设电流为参考正弦量，则电路的复阻抗为

$$Z=R+\mathrm{j}X=R+\mathrm{j}(X_L-X_C)=R+\mathrm{j}\left(\omega L-\frac{1}{\omega C}\right)$$

由谐振的概念可知，若使串联电路发生谐振，则复阻抗的虚部为0，$Z=R$，即

$$X_L = X_C \text{ 或 } \omega L = \frac{1}{\omega C} \tag{3-49}$$

由式（3－49）可得谐振时电源的角频率为

$$\omega_0 = \frac{1}{\sqrt{LC}} \tag{3-50}$$

由于 $\omega_0 = 2\pi f_0$，所以谐振频率为

$$f_0 = \frac{1}{2\pi\sqrt{LC}} \tag{3-51}$$

由此可见，ω_0 和 f_0 只和电路的固有参数 L、C 有关，它反映了串联电路的一种固有性质，因此它们又分别称为电路的固有角频率和固有频率。也就是说，只有当电源频率等于电路的固有频率时，才能发生谐振。对于每一个 RLC 串联电路，总有一个对应的谐振频率，而且改变 ω、L 或 C 都可使电路发生谐振或消除谐振。

2. 串联谐振电路的特点

（1）谐振时，阻抗最小，且为纯电阻性，电流最大。

串联电路阻抗 $|Z| = \sqrt{R^2 + X^2}$，谐振时，$X = X_L - X_C = 0$，所以 $|Z| = R$，为最小值，称为谐振阻抗，即 $Z_0 = R + jX = R$。在端口电压有效值不变的情况下，串联谐振电路的电流达到最大值，即

$$I_0 = \frac{U}{|Z_0|} = \frac{U}{R} \tag{3-52}$$

此时的电流称为谐振电流。相位差 $\varphi = \arctan\dfrac{X}{R} = 0$，即电流与外加电压同相。相量图如图3－36（b）所示。

（2）谐振时，感抗与容抗相等，并定义为电路的特性阻抗，用符号 ρ 表示，即

$$\rho = X_L = X_C = \omega_0 L = \frac{1}{\omega_0 C} = \sqrt{\frac{L}{C}} \tag{3-53}$$

可见，ρ 是一个仅与电路固有参数有关的量，单位为欧姆（Ω）。

（3）谐振时，电感 L 和电容 C 上要产生大小相等、相位相反的电压，即

$$U_{L0} = U_{C0} = I_0 X_L = I_0 X_C = I_0 \rho = \frac{U}{R}\rho = \frac{\rho}{R}U$$

定义串联谐振电路的特性阻抗与串联电阻值之比称为品质因数或谐振系数，用 Q 表示（不要和无功功率混淆），即

$$Q = \frac{\rho}{R} = \frac{\omega_0 L}{R} = \frac{1}{\omega_0 RC} \tag{3-54}$$

因此有

$$U_{L0} = U_{C0} = QU \tag{3-55}$$

RLC 串联电路发生谐振时，电感 L 与电容 C 上的电压大小都是外加电源电压的 Q 倍，所以串联谐振电路又称电压谐振。一般情况下串联谐振电路都符合 $Q \gg 1$ 的条件。

(4) 谐振时，电源仅供给电阻消耗的能量，电源与电路不发生能量交换，而电感与电容之间则以恒定的总能量进行着磁能与电能的转换，且总能量保持恒定。

3. 串联谐振电路的应用

串联谐振电路常用于对交流信号的选择，如收音机中选择电台信号，即调谐。

$$|Z| = \sqrt{R^2 + (\omega L - \frac{1}{\omega C})^2}$$

在 RLC 串联电路中，阻抗大小 $|Z|$，设外加交流电源（又称信号源）电压 u_S 的大小为 U_S，则电路中电流的大小为

$$I = \frac{U_S}{|Z|}\frac{U_S}{\sqrt{R^2 + (\omega L - \frac{1}{\omega C})^2}} \tag{3-56}$$

由于 $I_0 = \frac{U_S}{R}$，$Q = \frac{\omega_0 L}{R} = \frac{1}{\omega_0 CR}$，则

$$\frac{I}{I_0} = \frac{1}{\sqrt{1 + Q^2(\frac{\omega}{\omega_0} - \frac{\omega_0}{\omega})^2}} \tag{3-57}$$

式（3-57）表达电流大小与电路工作频率之间的关系，称为串联电路的电流幅频特性。电流大小 I 随频率 f 变化的曲线称为谐振特性曲线，如图 3-37 所示。

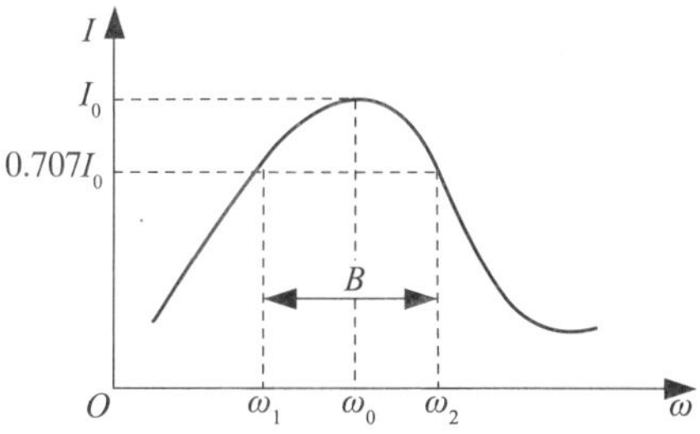

图 3-37　RLC 串联电路的谐振特性曲线

当外加电源 u_S 的频率 $f = f_0$ 时，电路处于谐振状态；当 $f \neq f_0$ 时，电路处于失谐状态。若 $f < f_0$，则 $X_L < X_C$，电路呈容性；若 $f > f_0$，则 $X_L > X_C$，电路呈感性。

在实际应用中，规定把电流 I 范围在 $0.7071 I_0 < I < I_0$ 所对应的频率范围 $f_1 \sim f_2$ 称为串联谐振电路的通频带（又称为频带宽度），用符号 B 或 Δf 表示，其单位也是频率的单位。

理论分析表明，串联谐振电路的通频带为

$$B = \Delta f = f_2 - f_1 = \frac{f_0}{Q} \tag{3-58}$$

频率 f 在通频带以内（$f_1 < f < f_2$）的信号，可以在串联谐振电路中产生较大的电流，而频率 f 在通频带以外（$f < f_1$ 或 $f > f_2$）的信号，仅在串联谐振电路中产生很小的电流，因此谐振电路具有选频特性。

Q 值越大说明电路的选择性越好，但频带较窄；反之，若频带越宽，则要求 Q 值越

小，而选择性越差。选择性与频带宽度是相互矛盾的两个物理量。

【例 3-15】 设在 *RLC* 串联电路中，$L=30\ \mu H$，$C=211\ pF$，$R=9.4\ \Omega$，外加电源电压为 $u=\sqrt{2}\sin(2\pi ft)$ mV。试求：

（1）该电路的固有谐振频率 f_0 与通频带 B；

（2）当电源频率 $f=f_0$（电路处于谐振状态）时电路中的谐振电流 I_0、电感 L 与电容 C 元件上的电压 U_{L0}、U_{C0}；

（3）如果电源频率与谐振频率偏差 $\Delta f=f-f_0=10\%f_0$，则电路中的电流 I 为多少？

解：（1）$f_0=\dfrac{1}{2\pi\sqrt{LC}}=2\ \text{MHz}$，$Q=\dfrac{\omega_0 L}{R}=40$，$B=\dfrac{f_0}{Q}=50\ \text{kHz}$。

（2）$I_0=U/R=1\ \text{V}/9.4\ \Omega=0.106\ \text{mA}$，$U_{L0}=U_{C0}=QU=40\ \text{mV}$。

（3）当 $f=f_0+\Delta f=2.2\ \text{MHz}$ 时，$\omega=2\pi f=1.3816\times10^7\ \text{rad/s}$，$|Z|=\sqrt{R^2+\left(\omega L-\dfrac{1}{\omega C}\right)^2}=72\ \Omega$，$I=\dfrac{U}{|Z|}=0.014\ \text{mA}$，仅为谐振电流 I_0 的 13.2%。

知识拓展——并联谐振电路

串联谐振电路通常用于电压源（低内阻），从式（3-54）和图 3-36 可以看出，当电源内阻较大时，则会严重降低电路的品质因数，使谐振曲线变宽，从而使选择性变差。故内阻较大的电流源宜采用并联谐振电路作为负载，如图 3-38（a）所示。

RLC 并联电路中发生的谐振现象称为并联谐振。

1. 并联谐振的条件

RLC 并联电路如图 3-38（a）所示，设输入电流源 $\dot{I}_S$ 为参考正弦量，则电路的复导纳为

$$Y=G+j\left(\omega C-\frac{1}{\omega L}\right)$$

并联谐振的定义与串联谐振定义相同，即端口上的电压 $\dot{U}$ 与输入电流 $\dot{I}_S$ 同相位时的工作状态称为谐振，图 3-38（b）所示为并联谐振的相量图。由谐振的概念可知，若使并联电路发生谐振，则 $Y=G$，即

$$\omega C=\frac{1}{\omega L} \tag{3-59}$$

因此并联谐振电路的谐振角频率为

$$\omega_0=\frac{1}{\sqrt{LC}} \tag{3-60}$$

发生谐振频率时电源频率为

$$f_0=\frac{1}{2\pi\sqrt{LC}} \tag{3-61}$$

可见，*RLC* 并联电路与串联电路的谐振条件相同，当信号源的 $\omega=\omega_0$ 时，电路便会发生谐振。

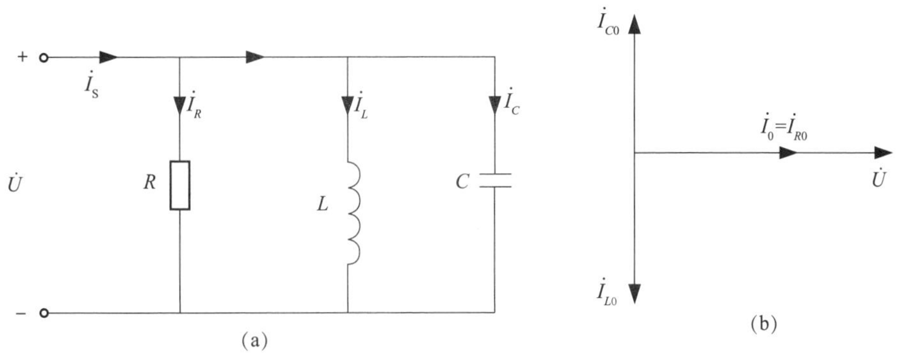

图 3－38　*RLC* 并联谐振电路

（a）电路图；（b）相量图

2. 并联谐振电路的特点

（1）谐振时，感纳等于容纳，电路总导纳最小，总阻抗最大，为纯电阻 R，$\dot{U}$、$\dot{I}$ 同相。所以谐振时端电压达最大值，即

$$U = I/G$$

（2）谐振时，并联电路的总阻抗为纯电阻 R，相当于从 LC 两端看进去 LC 等效阻抗为无穷大，相当于开路（这与串联谐振中 LC 等效阻抗为零，相当于短路是不同的），即

$$\dot{I} = \dot{I}_{R0}$$

$$\dot{I}_C + \dot{I}_L = 0 \tag{3-62}$$

（3）谐振时，电感支路与电容支路的电流大小相等且为总电流的 Q 倍，其方向相反，相互补偿，电路中的总电流等于电阻中的电流，即

$$I_L = QI \tag{3-63}$$

$$I_C = QI \tag{3-64}$$

式中：Q 为并联谐振电路的品质因数：

$$Q = \frac{I_L}{I} = \frac{I_C}{I} = \frac{R}{\omega_0 L} = \omega_0 CR = R\sqrt{\frac{C}{L}}$$

由式（3－63）和式（3－64）可知，在并联谐振电流中，电感和电容上的电流大小是输入电流的 Q 倍。当 $Q \geqslant 1$ 时，会在电感和电容上出现远远高于总电流的过电流，称为过电流现象。所以又把并联谐振称为电流谐振。

（4）谐振时电容与电感之间发生电磁能量的相互转换，完全补偿。而电源与振荡电路之间并不发生能量转换，只是补充电路谐振时电阻的损耗。

【例 3－16】 电感线圈与电容器构成的 LC 并联谐振电路，已知 $R = 10\ \Omega$，$L = 80\ \mu\text{H}$，$C = 320\ \text{pF}$。试求：

（1）该电路的固有谐振频率 f_0、通频带 B 与谐振阻抗 $|Z_0|$；

（2）若已知谐振状态下总电流 $I = 100\ \mu\text{A}$，则电感 L 支路与电容 C 支路中的电流 I_{L0}、I_{C0} 为多少？

解：(1) $\omega_0=\dfrac{1}{\sqrt{LC}}\approx 6.25\times10^6$ rad/s，$f_0=\dfrac{1}{2\pi\sqrt{LC}}\approx 1$ MHz，$Q_0=\dfrac{\omega_0 L}{R}=50$，$B=\dfrac{f_0}{Q_0}=$ 20 kHz，$|Z_0|=Q_0^2R=25$ kΩ。

(2) $I_{L0}\approx I_{C0}=Q_0I=5$ mA。

思考与练习

1. 在图 3－39 所示电路中，$\dot{U}=220\angle0°$ V，$R_1=30$ Ω，$X_L=40$ Ω，$R_2=X_C=20$ Ω。求 $\dot{I}$、$\dot{I}_1$、$\dot{I}_2$。

2. 在图 3－40 所示电路中，已知电源电压 $\dot{U}=220\angle0°$ V。试求：

(1) 等效复阻抗 Z；

(2) 电流 $\dot{I}$、$\dot{I}_1$ 和 $\dot{I}_2$。

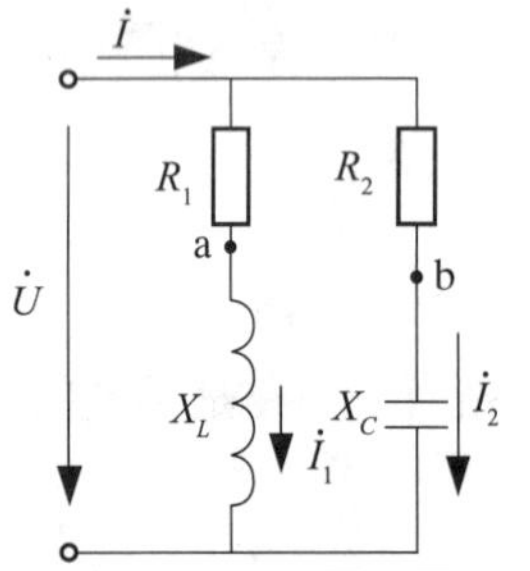

图 3－39　习题 1 图

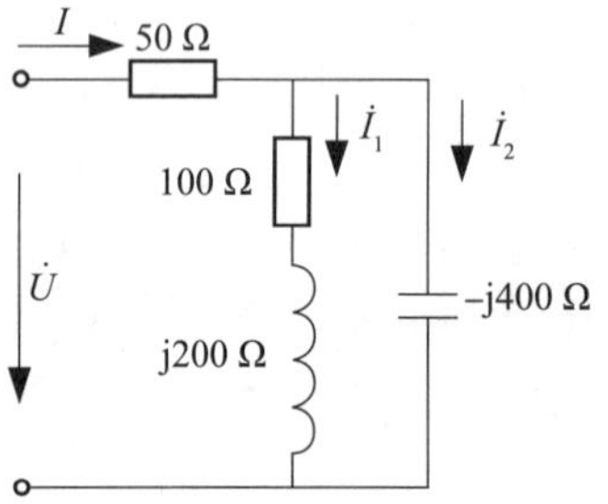

图 3－40　习题 2 图

3. 在图 3－41 所示电路中，如果用频率为 f_1 和 f_2 的两个正弦电源对线圈进行测试，测试结果如下：$f_1=100$ Hz，$I_1=22$ A；$f_2=200$ Hz，$I_2=12.9$ A。测试时所施加的电压 U 均为 220 V，求线圈的 R 与 L。

4. 有一 RLC 串联电路，$R=20$ Ω，$L=40$ mH，$C=40$ μF，外加电源电压 $u=50\sqrt{2}\sin(1\,000t+37°)$ V，试求：

(1) 电路的总阻抗 Z；

(2) 电流有效值 I；

(3) 电路的功率因数 $\cos\varphi$ 及平均功率 P。

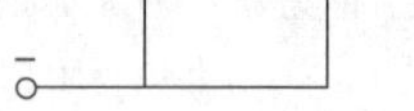

图 3－41　习题 3 图

5. 在 RLC 串联谐振电路中，电阻 $R=50$ Ω，电感 $L=5$ mH，电容 $C=50$ pF，外加电压有效值 $U=10$ mV。试求：

(1) 电路的谐振频率；

(2) 谐振时的电流；

(3) 电路的品质因数；

(4) 电容器两端的电压。

6. 在 RLC 串联交流电路中，已知 $R=30$ Ω，$L=127$ mH，$C=40$ μF，电路两端交流电压 $u=311\sin314t$ V。试求：

(1) 电路阻抗；

（2）电流有效值；
（3）各元件两端电压有效值；
（4）电路的有功功率、无功功率、视在功率；
（5）电路的性质。

任务四　电路功率因数的提高

学习目标

知识目标	1. 了解提高功率因数的意义
	2. 掌握功率的计算、提高功率因数的方法
	3. 掌握提高功率因数的方法中相关参数的计算
技能目标	1. 会选择提高功率因数的方法
	2. 会分析影响功率因数的因素
素质目标	1. 提高学生用所学知识解决实际问题的能力
	2. 培养学生逻辑思维能力

任务要求

电力负载多数为感性负载，因此为了提高功率因数，一般采用在感性负载上并联电容器的办法。这样就可以用电容器的无功功率来补偿感性负载的无功功率，从而减少甚至消除感性负载与电源之间的能量交换。

感性负载功率因数提高的实验电路如图 3－42 所示。以荧光灯作为负载并联于可调电容器两端，保持负载电压不变，改变电容 C 值，观察总电流 I 的变化。

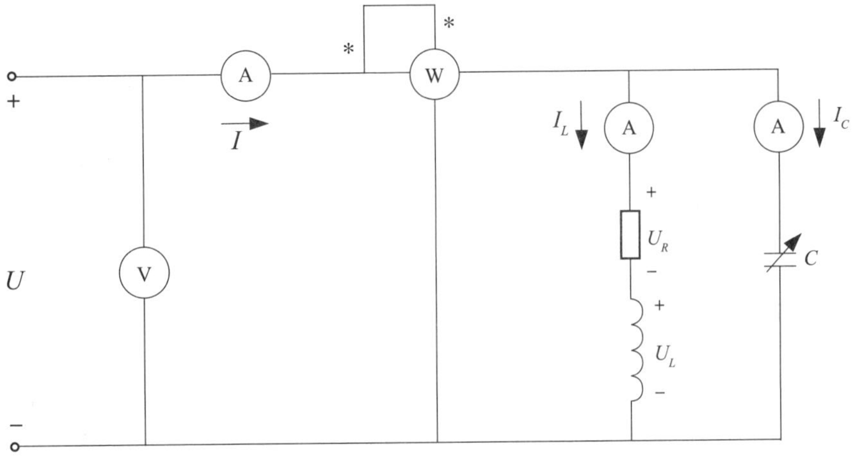

图 3－42　功率因数提高实验电路

(1) 按图 3-42 接线，当 $C=0\ \mu F$ 时，接通电源，使荧光灯点亮，测量总电流 I、总电压 U、$\cos\varphi$，以及灯管两端电压 U_R 和镇流器端电压 U_L，并将数据填入表 3-6 内。

表 3-6　功率因数测量数据表 1

I/A	U/V	P/W	$\cos\varphi$	U_R/V	U_L/V

(2) 电容值 $C=1\ \mu F$，$2\ \mu F$，$3\ \mu F$，…，$7\ \mu F$。保持 U 不变，测量在不同 C 值时，电路总电流 I、电感电流 I_L、电容电流 I_C 与 $\cos\varphi$ 值。所测数据填入表 3-7 内。

表 3-7　功率因数测量数据表 2

$C/\mu F$	1	2	3	3.5	4	4.5	5	6	7
I/A									
I_L/A									
I_C/A									
P/W									
$\cos\varphi$									

知识准备

一、正弦交流电的功率及功率因数

1. 瞬时功率 p

如图 3-43 所示，设正弦交流电路的总电压 u 与总电流 i 的相位差（阻抗角）为 φ，则电压与电流的瞬时值表达式为

$$u=U_m\sin(\omega t+\varphi),\ i=I_m\sin(\omega t)$$

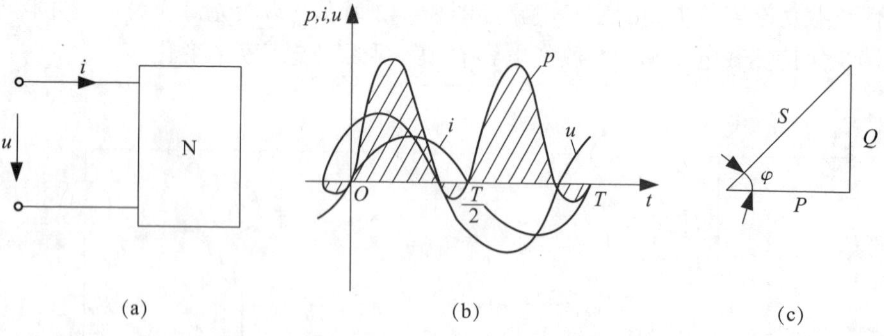

图 3-43　二端网络的功率

(a) 二端网络；(b) 波形图；(c) 功率三角形

瞬时功率为

$$p=ui=U_mI_m\sin(\omega t+\varphi)\sin(\omega t) \tag{3-65}$$

利用三角函数关系式 $\sin(\omega t+\varphi)=\sin(\omega t)\cos\varphi+\cos(\omega t)\sin\varphi$ 可得

$$\begin{aligned} p &= U_m I_m[\sin(\omega t)\cos\varphi+\cos(\omega t)\sin\varphi]\sin(\omega t) \\ &= U_m I_m[\sin(\omega t)^2\cos\varphi+\sin(\omega t)\cos(\omega t)\sin\varphi] \\ &= U_m I_m\frac{1-\cos(2\omega t)}{2}\cos\varphi+U_m I_m\frac{\sin(2\omega t)}{2}\sin\varphi \\ &= UI\cos\varphi[1-\cos(2\omega t)]+UI\sin\varphi\sin(2\omega t) \end{aligned}$$

式中：$U=\dfrac{U_m}{\sqrt{2}}$ 为电压有效值；$I=\dfrac{I_m}{\sqrt{2}}$ 为电流有效值。

2. 有功功率 P 与功率因数 λ

瞬时功率在一个周期内的平均值称为平均功率，它反映了交流电路中实际消耗的功率，所以又称为有功功率，用 P 表示，单位是瓦特（W）。

在瞬时功率 $p=UI\cos\varphi[1-\cos(2\omega t)]+UI\sin\varphi\sin(2\omega t)$ 中，第一项与电压电流相位差 φ 的余弦值 $\cos\varphi$ 有关，在一个周期内的平均值为 $UI\cos\varphi$；第二项与电压电流相位差 φ 的正弦值 $\sin\varphi$ 有关，在一个周期内的平均值为零，则瞬时功率 p 在一个周期内的平均值（有功功率）为

$$P=UI\cos\varphi=UI\lambda \tag{3-66}$$

式中：$\lambda=\cos\varphi$ 为正弦交流电路的功率因数。

3. 视在功率 S

在交流电路中，电源电压有效值与总电流有效值的乘积（UI）称为视在功率，用 S 表示，即 $S=UI$，单位是伏安（VA）。

S 代表了交流电源可以向电路提供的最大功率，又称为电源的功率容量。于是交流电路的功率因数等于有功功率与视在功率的比值，即

$$\lambda=\cos\varphi=\frac{P}{S} \tag{3-67}$$

所以电路的功率因数能够表示出电路实际消耗功率占电源功率容量的百分比。

4. 无功功率 Q

在瞬时功率 $p=UI\cos\varphi[1-\cos(2\omega t)]+UI\sin\varphi\sin(2\omega t)$ 中，第二项表示交流电路与电源之间进行能量交换的瞬时功率，$|UI\sin\varphi|$是这种能量交换的最大功率，并不代表电路实际消耗的功率。定义：

$$Q=UI\sin\varphi \tag{3-68}$$

把它称为交流电路的无功功率，用 Q 表示，单位是乏（var）。

当 $\varphi>0$ 时，$Q>0$，电路呈感性；当 $\varphi<0$ 时，$Q<0$，电路呈容性；当 $\varphi=0$ 时，$Q=0$，电路呈电阻性。显然，有功功率 P、无功功率 Q 和视在功率 S 三者之间成三角形关系，即

$$S=\sqrt{P^2+Q^2} \tag{3-69}$$

这一关系称为功率三角形，如图 3-43（c）所示。

二、电阻、电感、电容电路的功率

1. 纯电阻电路的功率

在纯电阻电路中，由于电压与电流同相，即相位差 $\varphi=0$，则瞬时功率为

$$p_R = UI\cos\varphi[1-\cos(2\omega t)]+UI\sin\varphi\sin(2\omega t) = UI\cos\varphi[1-\cos(2\omega t)]$$

有功功率为

$$P_R = UI\cos\varphi = UI = I^2R = \frac{U^2}{R}$$

无功功率为

$$Q_R = UI\sin\varphi = 0$$

视在功率为

$$S = \sqrt{P^2+Q^2} = P_R$$

即纯电阻电路消耗功率（能量）。

2. 纯电感电路的功率

在纯电感电路中，由于电压比电流超前90°，即电压与电流的相位差 $\varphi=90°$，则瞬时功率为

$$p_L = UI\cos\varphi[1-\cos(2\omega t)] + UI\sin\varphi\sin(2\omega t) = UI\sin(2\omega t)$$

有功功率为

$$P_L = UI\cos\varphi = 0$$

无功功率为

$$Q_L = UI = I^2X_L = \frac{U^2}{X_L}$$

视在功率为

$$S = \sqrt{P^2+Q^2} = Q_L$$

即纯电感电路不消耗功率（能量），电感与电源之间进行着可逆的能量转换。

3. 纯电容电路的功率

在纯电容电路中，由于电压比电流滞后90°，即电压与电流的相位差 $\varphi=-90°$，则瞬时功率为

$$p_C = UI\cos\varphi[1-\cos(2\omega t)]+UI\sin\varphi\sin(2\omega t) = -UI\sin(2\omega t)$$

有功功率为

$$P_C = UI\cos\varphi = 0$$

无功功率为

$$Q_C = UI = I_2X_C = \frac{U^2}{X_C}$$

视在功率为

$$S = \sqrt{P^2+Q^2} = Q_C$$

即纯电容电路也不消耗功率（能量），电容与电源之间进行着可逆的能量转换。

三、功率因数的提高

1. 提高功率因数的意义

在交流电力系统中，负载多为感性负载。例如，常用的感应电动机，接上电源时要建立磁场，所以它除了需要从电源取得有功功率外，还要由电源取得磁场的能量，并与电源做周期性的能量交换。在交流电路中，负载从电源接受的有功功率 $P=UI\cos\varphi$，显然与功率因数有关。功率因数低会引起不良后果。

负载的功率因数低，使电源设备的容量不能充分利用。因为电源设备（发电机、变压器等）是依照它的额定电压与额定电流设计的。例如，一台容量为 $S=100$ kVA 的变压器，若负载的功率因数 $\lambda=1$，则此变压器就能输出 100 kW 的有功功率；若 $\lambda=0.6$，则此变压器只能输出 60 kW 的有功功率，即变压器的容量未能充分利用。

在一定的电压 U 下，向负载输送一定的有功功率 P 时，负载的功率因数越低，输电线路的电压降和功率损失越大。这是因为输电线路电流 $I=P/(U\cos\varphi)$，当 $\lambda=\cos\varphi$ 较小时，I 必然较大，从而输电线路上的电压降也要增加，因电源电压一定，所以负载的端电压将减少，这要影响负载的正常工作。从另一方面看，电流 I 增加，输电线路中的功率损耗也要增加。因此，提高负载的功率因数对合理、科学地使用电能及国民经济都有着重要的意义。

常用的感应电动机在空载时的功率因数为 0.2 ~ 0.3，而在额定负载时为 0.83 ~ 0.85，不装电容器的荧光灯，功率因数为 0.45 ~ 0.6，应设法提高这类感性负载的功率因数，以降低输电线路电压降和功率损耗。

2. 提高功率因数的方法

提高感性负载功率因数的最简便的方法是用适当容量的电容器与感性负载并联，如图 3－44所示。

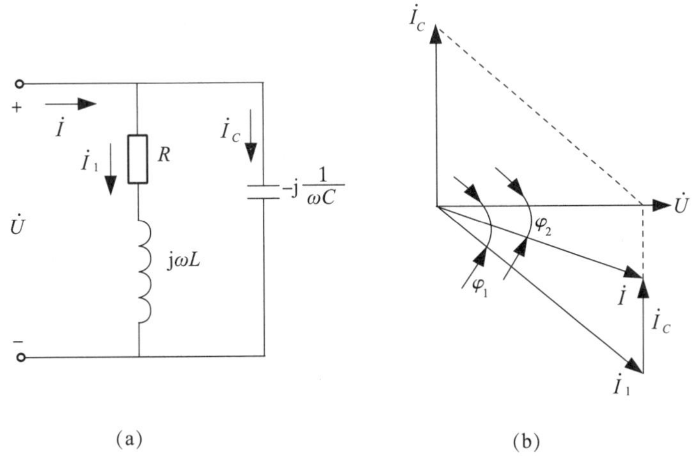

图 3－44　感性负载提高功率因数电路图

（a）电路图；（b）相量图

这样就可以使电感中的磁场能量与电容器的电场能量进行交换，从而减少电源与负载间能量交换。在感性负载两端并联一个适当的电容后，对提高电路的功率因数十分有效。借助相量图分析方法容易证明：对于额定电压为 U、额定功率为 P、工作频率为 f 的感性负载 R、L 来说，将功率因数从 $\lambda_1=\cos\varphi_1$ 提高到 $\lambda_2=\cos\varphi_2$，所需并联的电容为

$$C=\frac{P}{2\pi fU^2}(\tan\varphi_1-\tan\varphi_2) \tag{3-70}$$

式中：$\varphi_1=\arccos\lambda_1$，$\varphi_2=\arccos\lambda_2$，且 $\varphi_1>\varphi_2$，$\lambda_1<\lambda_2$。

式（3－70）表明并联电容后，电压和总电流的相位差减小了（$\varphi_1>\varphi_2$），即功率因数提高了。线路上的电流也减小了，因而减小了线路的损耗和电压降。如果电容选择得合适，还可以使 $\varphi_2=0$。但是，如果电容选择得过大，线路的电流会超前于电压，φ_2 反而比 φ_1 大，出现过补偿。因此，必须选择合适的电容。

【例3－17】 已知某单相电动机（感性负载）的额定参数是功率 $P=120$ W，工频电压 $U=220$ V，电流 $I=0.91$ A。试求：把电路功率因数 λ 提高到0.9时，应使用一只多大的电容 C 与这台电动机并联？

解：（1）求未并联电容时负载的功率因数 $\lambda_1=\cos\varphi_1$。

因 $P=UI\cos\varphi_1$，则

$$\lambda_1=\cos\varphi_1=P/(UI)=0.5994$$

$$\varphi_1=\arccos\lambda_1=53.2°$$

（2）把电路功率因数提高到 $\lambda_2=\cos\varphi_2=0.9$ 时，$\varphi_2=\arccos\lambda_2=25.8°$，则

$$C=\frac{P}{2\pi fU^2}(\tan\varphi_1-\tan\varphi_2)=\frac{120}{314\times220^2}\times(1.3367-0.4834)\ \mu\text{F}\approx6.74\ \mu\text{F}$$

知识拓展——人工补偿法

实际中可使用电力电容器或调相机（多采用电力电容器）补偿无功，即在感性负载上并联电容器。

在感性负载上并联电容器的，可用电容器的无功功率来补偿感性负载的无功功率，从而减少甚至消除感性负载与电源之间原有的能量交换。

在交流电路中，纯电阻电路，负载中的电流与电压同相位，纯电感负载中的电流滞后于电压90°，而纯电容的电流则超前于电压90°，电容中的电流与电感中的电流相差180°，能相互抵消。

并联电容器的补偿又可分为以下3种：

（1）个别补偿：在用电设备附近按其本身无功功率的需要量装设电容器组，与用电设备同时投入运行和断开，也就是在实际中将电容器直接接在用电设备附近。

个别补偿适合用于低压网络，优点是补偿效果好，缺点是电容器利用率低。

（2）分组补偿：将电容器组分组安装在车间配电室或变电所各分路出线上，它可与工厂部分负荷的变动同时投入或切除，也就是在实际中将电容器分别安装在各车间配电盘的母线上。

分组补偿的优点是电容器利用率较高且补偿效果也较理想（比较折中）。

(3) 集中补偿：把电容器组集中安装在变电所的一次侧或二次侧的母线上。在实际中会将电容器接在变电所的高压或低压母线上，电容器组的容量按配电所的总无功负荷来选择。

集中补偿的优点是电容器利用率高，能减少电网和用户变压器供电线路的无功负荷；缺点是不能减少用户内部配电网络的无功负荷。

思考与练习

1. 把一个 6 Ω 的电阻与 120 μF 的电容串接在 $u=220\sqrt{2}\sin(314t+\pi/2)$ V 的电源上，求电路的阻抗、电流、有功功率、无功功率及视在功率。

2. 一个线圈接到 220 V 的直流电源上，功率为 1.2 kW，接到 50 Hz、220 V 的交流电源上时，功率为 0.6 kW。试求该线圈的电阻与电感各为多少？

3. 将功率为 40 W、功率因数为 0.5 的荧光灯 100 只，与功率为 100 W 的白炽灯 40 只（白炽灯为纯电阻）并联接于 220 V 的正弦交流电源上，求总电流及总功率因数。如果要求把功率因数提高到 0.9，应并联多大的电容？

4. 荧光灯导通后的电路模型为电阻与电感串联，其等效电阻为 300 Ω，等效电感为 1.66 H，接在 220 V 的工频交流电压上使用，求：

(1) 荧光灯电路的电流 I、功率 P 及功率因数 $\cos\varphi$；

(2) 欲将电路的功率因数提高到 0.9，应并联多大的电容？

任务五　变压器的测试与使用

学习目标

知识目标	1. 了解变压器的实际应用
	2. 掌握变压器的组成及相关参数计算
	3. 了解变压器的参数测定方法
技能目标	1. 会计算变压器的相关参数
	2. 会测定变压器的参数
素质目标	1. 提高学生将所学知识应用于实际的能力
	2. 培养学生的逻辑思维能力

任务要求

通过本任务的学习，学生应掌握变压器的参数测定方法，掌握变压器空载特性曲线的绘制方法。

(1) 按如图3-45所示的电路接线。其中A、X为变压器的低压绕组，a、x为变压器的高压绕组，即电源经屏内调压器接至低压绕组。高压绕组220 V接Z_L，即15 W的灯组负载（3个灯泡并联）。经指导教师检查后方可进行实验。

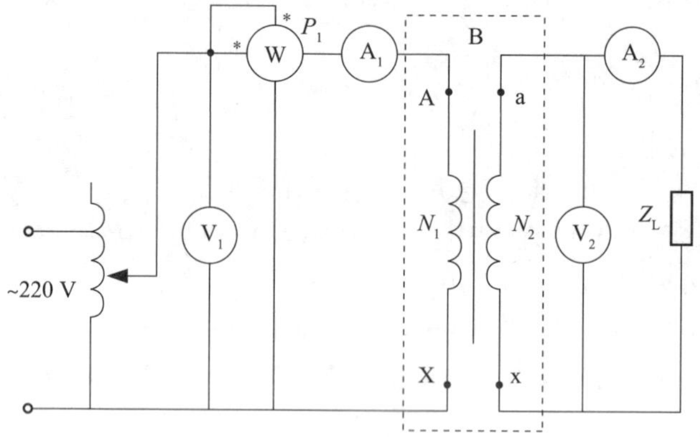

图3-45　变压器参数测定电路

(2) 将调压器手柄置于输出电压为零的位置（逆时针旋到底），合上电源开关，并调节调压器，使其输出电压为36 V。令负载开路及逐次增加负载（最多亮5个灯泡），分别记下5个仪表的读数，记入自拟的数据表格，绘制变压器外特性曲线。实验完毕将调压器调回零位，断开电源。

当负载为4个及5个灯泡时，变压器已处于超载运行状态，很容易烧坏。因此，测试和记录应尽量快，总共不应超过3 min。实验时，可先将5个灯泡并联安装好，断开控制每个灯泡的相应开关，通电且电压调至规定值后，再逐一打开各个灯的开关，并记录仪表读数。待开5个灯的数据记录完毕后，立即用相应的开关断开各灯。

(3) 将高压侧（二次侧）开路，确认调压器处在零位后，合上电源，调节调压器输出电压，使U_1从零逐次上升到1.2倍的额定电压（1.2×36 V），分别记下各次测得的U_1、U_{20}和I_{10}数据，记入自拟的数据表格，用U_1和I_{10}绘制变压器的空载特性曲线。

知识准备

一、互感及互感电压

通过互感线圈可以使能量或电气信号由一个线圈方便地传递到另一个线圈，利用互感现象的原理可制成变压器、感应圈等。但是有些情况下，互感也会产生不利影响，如有线电话往往由于两路电话之间的互感而造成串音；收音机、电视机等电子设备中也会由于导线或部件间的互感而影响正常工作，这些互感的干扰都要设法避免。

1. 互感与耦合

载流线圈之间通过磁场相互联系的物理现象称为磁耦合。具有耦合的两个线圈既存在自感电压又存在互感电压。为了区分自感与互感，以下都用相同双下标表示自感变量，如 u_{11}、u_{22}，用不同双下标表示互感变量，如 u_{12}、u_{21}。

在图 3-46 所示的电路中，相邻放置的两个电感线圈 L_1、L_2 的匝数分别为 N_1、N_2，根据两个线圈的绕向和电流的参考方向，按照右手螺旋定则可确定流经两个线圈的电流产生的感应电动势的情况。

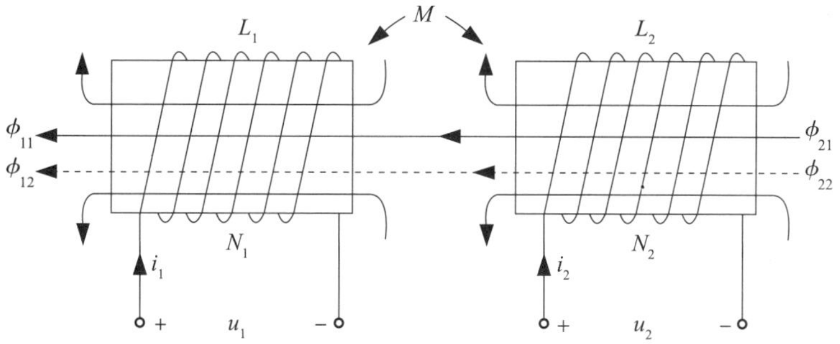

图 3-46　两个线圈的互感

当给 L_1 通交变电流 i_1 时，其产生于 L_1 线圈相交链的磁通设为 φ_{11}，方向如图 3-46 所示。φ_{11} 与线圈 L_1 交链产生的磁链称为自感磁链 ψ_{11}，即

$$\psi_{11} = N_1\varphi_{11}$$

同时，电流 i_1 产生的部分或全部与 L_2 相交链的磁通设为 φ_{21}，方向如图 3-46 所示。φ_{21} 与线圈 L_2 交链产生的磁链称为互感磁链 ψ_{21}，即

$$\psi_{21} = N_2\varphi_{21}$$

同理，线圈 L_2 通交变电流 i_2 时，其产生与 L_2 相交链的磁通设为 φ_{22}，方向如图 3-46 所示。φ_{22} 与线圈 L_2 交链产生的磁链称为自感磁链 ψ_{22}，即

$$\psi_{22} = N_2\varphi_{22} \tag{3-71}$$

同时，电流 i_2 产生的部分或全部与 L_1 相交链的磁通设为 φ_{12}，方向如图 3-46 所示。φ_{12} 与线圈 L_1 交链产生的磁链称为互感磁链 ψ_{12}，即

$$\psi_{12} = N_1\varphi_{12}$$

由自感系数的定义得

$$L_1 = \frac{\psi_{11}}{i_1} = \frac{N_1\varphi_{11}}{i_1}$$

$$L_2 = \frac{\psi_{22}}{i_2} = \frac{N_2\varphi_{22}}{i_2} \tag{3-72}$$

仿照自感系数的定义，定义 ψ_{21} 与 i_1 的比值为 L_1 对 L_2 的互感系数 M_{21}，定义 ψ_{12} 与 i_1 的比值为 L_2 对 L_1 的互感系数 M_{12}，即

$$M_{21} = \frac{\psi_{21}}{i_1} = M_{12} = \frac{\psi_{12}}{i_2} \tag{3-73}$$

互感系数简称互感，互感的大小反映一个线圈的电流在另一个线圈中产生磁链的能力。互感的单位与自感相同，也是亨（H）。可以证明

$$M_{21} = M_{12}$$

因此，用 M 表示 M_{21} 和 M_{12}。

线圈 L_1 和 L_2 在电的方面是相互独立的，它们的相互影响是靠磁场相互联系起来的，故称为磁耦合。由于 L_1 中电流 i_1 产生的磁通与 L_2 相交链的部分 φ_{21} 总是小于或等于 φ_{11}，即 φ_{11} 中有一部分不与 L_2 相交链，同理 φ_{22} 中也有一部分不与 L_1 相交链，把不与另一线圈相交链的磁通称为漏磁通。两线圈只有部分磁通相互交链，通常为了表示耦合的紧密程度，定义一个参数称为耦合系数 k，即

$$k = \frac{M}{\sqrt{L_1 L_2}} \tag{3-74}$$

耦合系数 k 是一个无量纲的参数，取值范围为 0 ~ 1，其大小反映了两线圈耦合的强弱。

如果两个线圈紧密地缠绕在一起，一个线圈电流产生的磁通几乎全部与另一个线圈交链，k 值就接近 1，即两线圈全耦合。在无线电技术中和电力变压器上，为了更有效地传输信号和功率，总是采用极紧密的耦合，使 k 值尽可能接近 1，如图 3-47（a）所示。

若两线圈相距较远，或线圈的轴线相互垂直放置，如图 3-47（b）所示，k 值就很小，甚至有可能为零，即两线圈无耦合。在工程上有时尽量减小互感的作用，以避免线圈之间的相互干扰，实际中甚至要加上磁屏蔽罩。

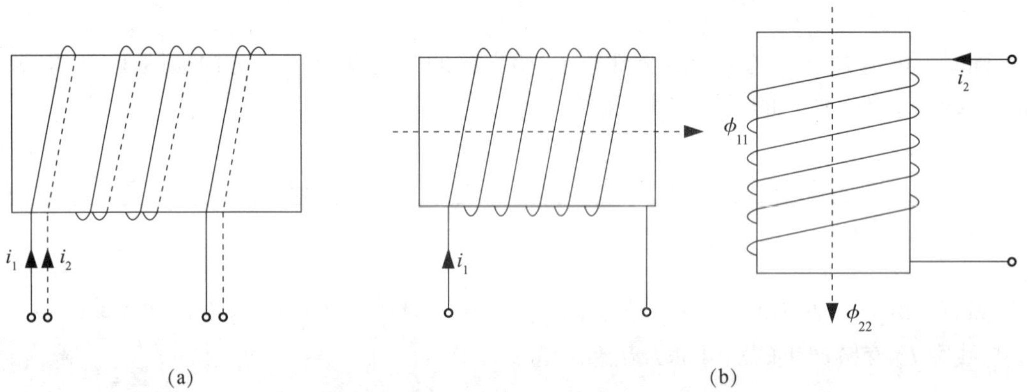

图 3-47　耦合系数 k 与线圈相对位置的关系

（a）两线圈紧密耦合；（b）线圈的轴线相互垂直

2. 同名端

一对互感线圈中，一个线圈的电流发生变化时，在本线圈中产生的自感电压与在相邻线圈中所产生的互感电压极性相同的端点称为同名端，以“*”“·”等符号表示。

如果两个互感线圈的电流 i_1 和 i_2 产生的磁通是相互增强的，那么两电流同时流入（或流出）的端钮就是同名端；如果磁通相互削弱，则两电流同时流入（或流出）的端钮就是异名端，如图 3-48 所示。

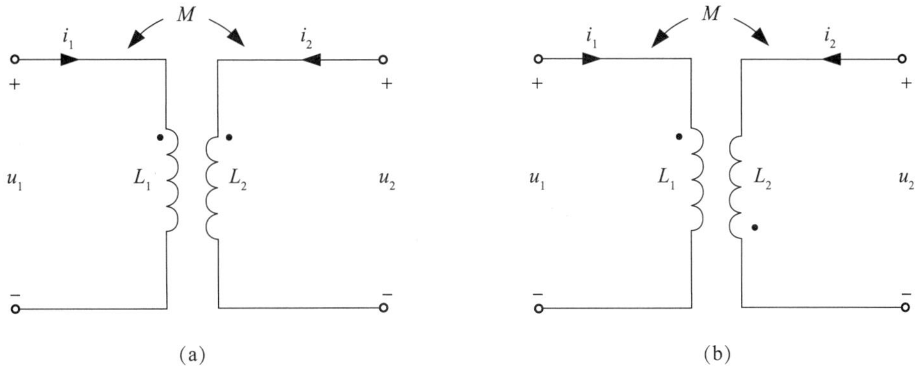

图 3－48　耦合线圈的电路模型

（a）同侧同名端；（b）异侧同名端

当两个线圈同时通以电流时，每个线圈两端的电压均包含自感电压和互感电压：

$$u_1 = u_{11} + u_{12} = L_1 \frac{di_1}{dt} + M \frac{di_2}{dt}$$

$$u_2 = u_{21} + u_{22} = M \frac{di_1}{dt} + L_2 \frac{di_2}{dt}$$

相量形式的方程为

$$\dot{U}_1 = j\omega L_1 \dot{I}_1 + j\omega M_{12} \dot{I}_2$$

$$\dot{U}_2 = j\omega M_{21} \dot{I}_1 + j\omega L_2 \dot{I}_2$$

同名端的判断原则如下：

（1）已知两个互感线圈绕向时——磁通相互增强法（见图 3－49）。

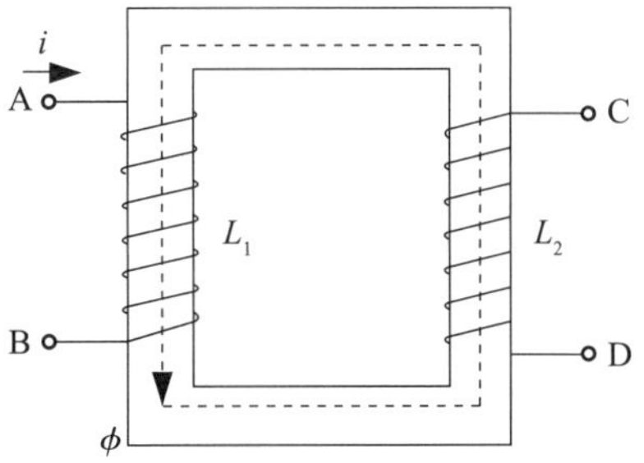

图 3－49　磁通相互增强法判断同名端

假定端子 A 为电流 i 流入并增大（或减小），则由楞次定律知，电流 i 所产生的自感磁通和互感磁通也随时间增加（或减小），则原线圈 L_1 自感电动势从 A 指向 B（或由 B 指向 A），互感线圈 L_2 的互感电动势从 C 指向 D（或从 D 指向 C），可见 A 与 D、B 与 C 为同名端。

（2）不知线圈绕向时——实验法（见图 3－50）。

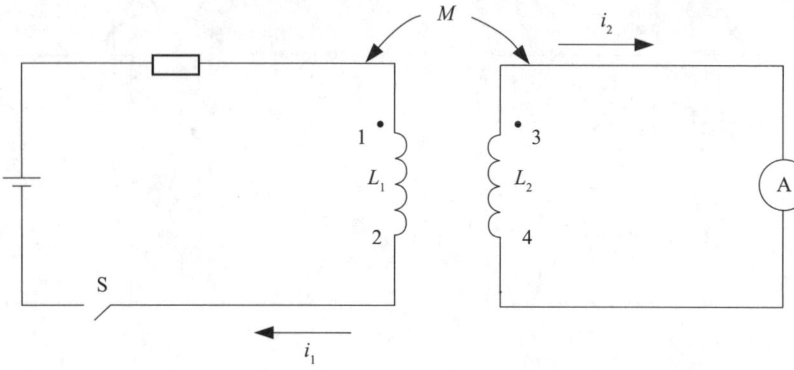

图 3-50 实验法判断同名端电路图

当开关 S 闭合时，电流从线圈的端点 1 流入，且电流随时间在增大。若此时电流表的指针向正刻度方向偏转，则说明 1 与 3 是同名端，否则 1 与 3 是异名端。

3. 互感电压的参考方向

当电流的参考方向从同名端指向另一端时，互感电压的参考方向也从同名端指向另一端，反之，当电流的参考方向从另一端指向同名端时，互感电压的参考方向也从另一端指向同名端，即互感电压的方向与产生该互感电压的电流的方向相对同名端是一致的，也称互感电压同名端一致原则。

【例 3-18】 写出图 3-51 所示互感线圈端电压 u_1 和 u_2 的表达式。

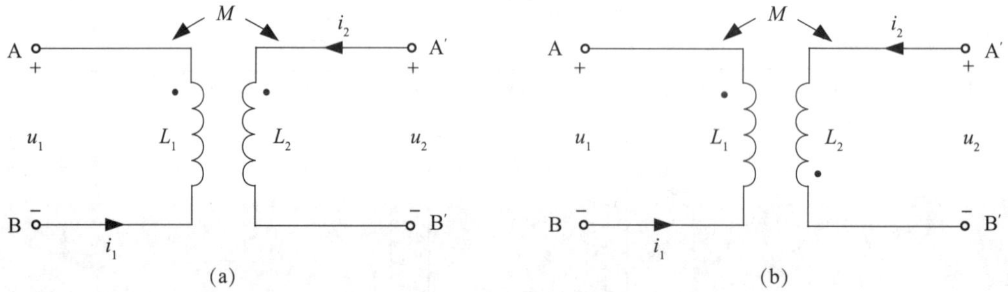

图 3-51 例 3-18 图

解： 对于图 3-51（a），有

$$u_1 = -L_1\frac{di_1}{dt} + M\frac{di_2}{dt}$$

$$u_2 = L_2\frac{di_2}{dt} - M\frac{di_1}{dt}$$

对于图 3-51（b），同样可得

$$u_1 = -L_1\frac{di_1}{dt} - M\frac{di_2}{dt}$$

$$u_2 = L_2\frac{di_2}{dt} + M\frac{di_1}{dt}$$

4. 互感线圈的串联

互感线圈的连接比较复杂，先以互感线圈的简单连接来分析含有互感的电路，再进一步推广到分析含有复杂互感电路的一般分析方法。

两个互感线圈串联时，有两种接法：一是两线圈的异名端连接在一起，称为顺向串联；二是两线圈的同名端连接在一起，称为反向串联。

(1) 顺向串联。图 3-52 (a) 所示为互感线圈顺向串联的电路模型，即互感线圈异名端相连。

总电压与线圈的自感和互感电压的相量关系为

$$\dot{U}=\dot{U}_{11}+\dot{U}_{22}+\dot{U}_{12}+\dot{U}_{21}=j\omega L_1\dot{I}+j\omega L_2\dot{I}+j\omega M\dot{I}+j\omega M\dot{I}=j\omega(L_1+L_2+2M)\dot{I}$$

式中，令 $L_S=L_1+L_2+2M$, L_S 称为顺向串联的等效电感，即线圈顺向串联的等效电感为

$$L_S=L_1+L_2+2M \tag{3-75}$$

顺向串联的等效电路如图 3-52 (b) 所示。

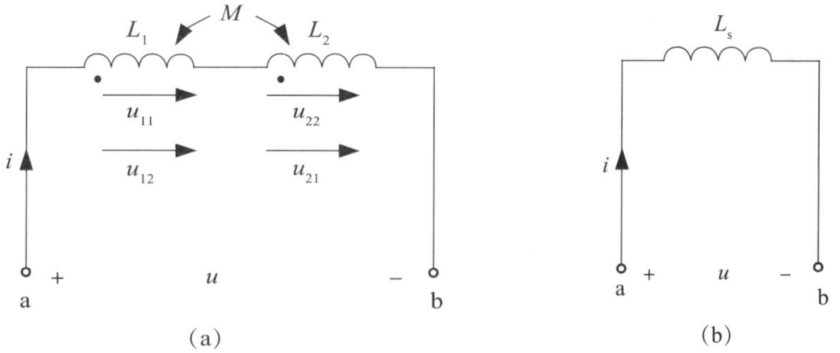

图 3-52　互感线圈顺向串联

(a) 电路模型；(b) 等效电路

(2) 反向串联。图 3-53 (a) 所示为互感线圈反向串联的电路模型，即互感线圈同名端相连。

总电压与线圈的自感和互感电压的相量关系为

$$\dot{U}=\dot{U}_{11}+\dot{U}_{22}-\dot{U}_{12}-\dot{U}_{21}=j\omega L_1\dot{I}+j\omega L_2\dot{I}-j\omega M\dot{I}-j\omega M\dot{I}=j\omega(L_1+L_2-2M)\dot{I}$$

式中，令 $L_f=L_1+L_2-2M$, L_f 称为反向串联的等效电感，即线圈反向串联的等效电感为

$$L_f=L_1+L_2-2M \tag{3-76}$$

反向串联的等效电路如图 3-53 (b) 所示。

根据式 (3-75) 和式 (3-76) 得互感系数为

$$M=\frac{L_S-L_f}{4} \tag{3-77}$$

【例 3-19】 将两个线圈串联接到工频 220 V 的正弦电源上，顺向串联时电流为 2.7 A，功率为 218.7 W，反向串联时电流为 7 A，求互感 M。

$$L_S=L_1+L_2+2M=\frac{1}{2\pi f}\sqrt{\left(\frac{U}{I_S}\right)^2-(R_1+R_2)^2}=0.24\ \text{H}$$

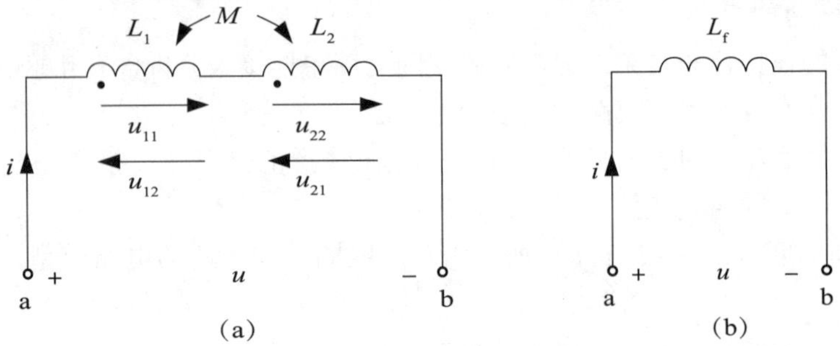

图 3-53 互感线圈反向串联

(a) 电路模型；(b) 等效电路

$$L_f = L_1 + L_2 - 2M = \frac{1}{2\pi f}\sqrt{\left(\frac{U}{I_f}\right)^2 - (R_1 + R_2)^2} = 0.03\ \text{H}$$

$$M = \frac{L_S - L_f}{4} = \frac{0.24 - 0.03}{4}\ \text{H} \approx 0.053\ \text{H}$$

5. 互感线圈的并联

互感线圈的并联也有两种接法：一种是两个线圈的同名端相连，称为同侧并联；另一种是两个线圈的异名端相连，称为异侧并联。

互感线圈同侧并联的电路模型如图 3-54 (a) 所示，电压、电流的参考方向和同名端也如图 3-54 (a) 所示。设外加正弦交流电压 $u = U_m \sin(\omega t)$，则得相量方程为

$$\begin{cases} \dot{I} = \dot{I}_1 + \dot{I}_2 \\ \dot{U} = j\omega L_1 \dot{I}_1 + j\omega M \dot{I}_2 \\ \dot{U} = j\omega L_2 \dot{I}_2 + j\omega M \dot{I}_1 \end{cases}$$

解方程组得

$$Z = \frac{\dot{U}}{\dot{I}} = j\omega \frac{L_1 L_2 - M^2}{L_1 + L_2 - 2M}$$

则同侧并联的等效电感为

$$L_{eq} = \frac{L_1 L_2 - M^2}{L_1 + L_2 - 2M} \tag{3-78}$$

图 3-54 (b) 所示为互感线圈异侧并联电路，电压、电流的参考方向和同名端也如图 3-54 (b) 所示，同理可得其等效电感 L_{eq} 为

$$L_{eq} = \frac{L_1 L_2 - M^2}{L_1 + L_2 + 2M} \tag{3-79}$$

【例 3-20】 电路如图 3-55 所示，$L_1 = L_2 = 0.2$ H，$M = 0.1$ H。试求：

(1) b、d 端短接时，等效电感 L_{ac}；

(2) c、a 和 d、b 并接时，等效电感 L_{ab}；

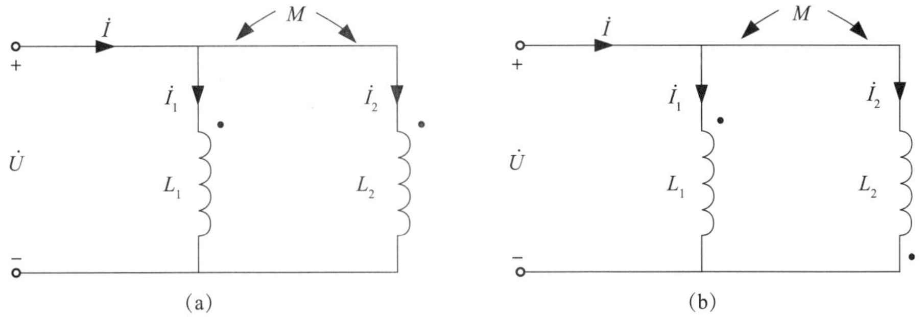

图 3－54　互感线圈的并联

（a）同侧并联；（b）异侧并联

（3）c、d 开路时，等效电感 L_{ab}。

解：根据同名端的定义判定两线圈的同名端，并用耦合电感元件来表示，如图 3－55（b）所示。

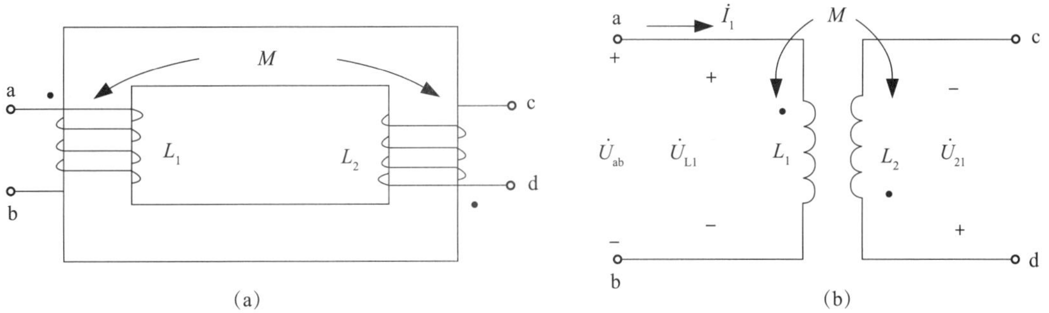

图 3－55　例 3－20 图

（a）模型图；（b）电路图

（1）b、d 短接，是两互感线圈的顺向串联。

$$L_{ac}=L_1+L_2+2M=(0.2+0.2+2\times0.1)\ \mathrm{H}=0.6\ \mathrm{H}$$

（2）c、a 和 d、b 并接，是两互感线圈的异侧并联。

$$L_{ab}=\frac{L_1L_2-M^2}{L_1+L_2+2M}=\frac{0.2\times0.2-0.1^2}{0.2+0.2+2\times0.1}\ \mathrm{H}=0.05\ \mathrm{H}$$

（3）c、d 开路时，该回路不可能有电流。假定在 a 端有一个电流 $\dot{I}_1$ 流入，在 L_1 上仅有 $\dot{I}_1$ 产生的自感电压 U_{L1}，它们的参考方向如图 3－55（b）所示，即

$$\dot{U}_{ab}=\mathrm{j}\omega L_1\dot{I}_1$$

$$L_{ab}=L_1=0.2\ \mathrm{H}$$

二、变压器

变压器是一种借助于磁耦合实现能量传输和信号传递的电气设备，它通常由两个互感

线圈组成，一个线圈与电源相连接，称为一次侧；一个线圈与负载相连接，称为二次侧。若变压器互感线圈在非铁磁材料制成的芯子上，则变压器称为空心变压器。图 3－56 所示为空心变压器的电路板模型。

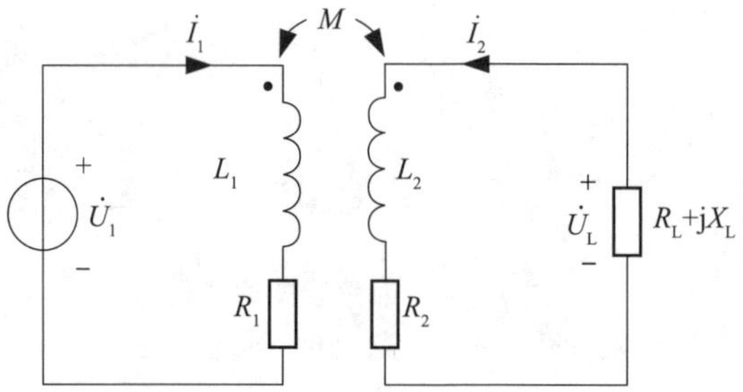

图 3－56　空心变压器电路

根据图 3－56 中所示电流、电压参考方向及标注的同名端，可列出一次侧、二次侧的 KVL 方程如下：

$$\begin{cases}(R_1+\mathrm{j}\omega L_1)\dot{I}_1+\mathrm{j}\omega M\dot{I}_2=\dot{U}_1\\ \mathrm{j}\omega M\dot{I}_1+(R_2+\mathrm{j}\omega L_2+Z_L)\dot{I}_2=0\end{cases}$$

$$\dot{I}_1=\frac{\dot{U}_1}{Z_{11}+\dfrac{X_M^2}{Z_{22}}}$$

反射阻抗为

$$Z'_1=\frac{X_M^2}{Z_{22}}=\frac{X_M^2}{R_{22}+\mathrm{j}X_{22}}=R'_1+\mathrm{j}X'_1 \tag{3-80}$$

空心变压器一次侧、二次侧等效电路如图 3－57 所示。

$$\begin{cases}R'_1=\dfrac{X_M^2}{R_{22}^2+X_{22}^2}R_{22}\\ X'_1=\dfrac{-X_M^2}{R_{22}^2+X_{22}^2}X_{22}\end{cases} \tag{3-81}$$

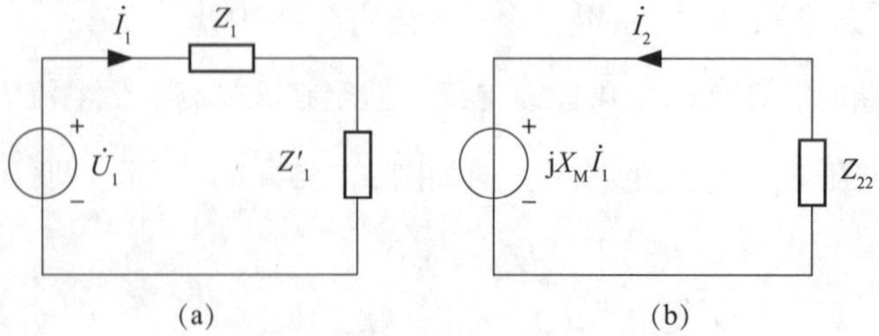

图 3－57　空心变压器一次侧、二次侧等效电路

(a) 一次侧等效电路；(b) 二次侧等效电路

反射电抗与二次侧电抗性质相反，即二次侧电抗是容性时，反射电抗为感性；反之，当二次侧电抗是感性时，反射电抗为容性。

【例 3－21】 如图 3－58 所示，已知 $R_1+jX_{L1}=j10\ \Omega$，$R_2+jX_{L2}=j8\ \Omega$，$X_M=5\ \Omega$，负载 $R_L+jX_L=6\ \Omega$，电源电压 $U_1=50\ V$，$\omega=314\ rad/s$。试求：

（1）一次侧的输入阻抗；

（2）两绕组的电流。

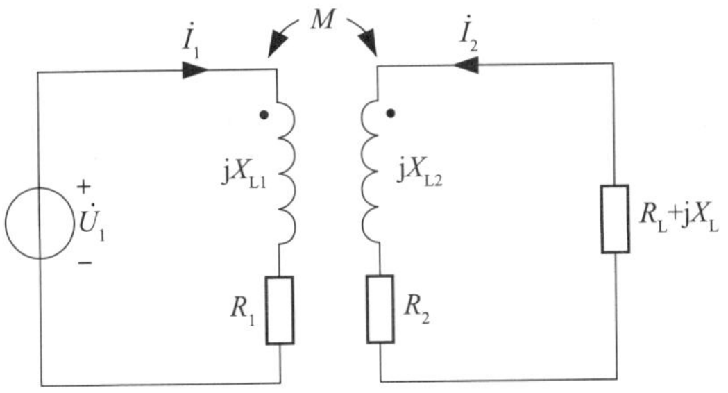

图 3－58　例 3－21 用图

解：

$$Z_{in}=\frac{\dot{U}_1}{\dot{I}_1}=Z_1+Z'=R_1+X_{L1}+Z'=(15-j10)\ \Omega$$

$$\dot{I}_1=\frac{\dot{U}_1}{Z_{in}}=2.77\angle 33.69°\ A$$

$$\dot{I}_2=-\frac{jX_M}{(R+R_2)+j(X+X_{L2})}\dot{I}_1=1.385\angle -109.44°\ A$$

【例 3－22】 已知空心变压器 $R_1=5\ k\Omega$，$j\omega L_1=12\ k\Omega$，$j\omega L_2=j10\ k\Omega$，$j\omega M=j2\ k\Omega$，$Z_L=(0.2-j9.8)\ k\Omega$。外加电压 $\dot{U}_1=10\angle 0°\ V$，求 $\dot{I}_1$、$\dot{I}_2$ 与 $\dot{U}_L$ 及输入功率和输出功率 P_1、P_2。

解：

$$Z_{11}=R_1+j\omega L_1=(5+j12)\ \Omega$$

$$Z_{22}=R_2+j\omega L_2=j10\ \Omega$$

$$Z_r=\frac{(\omega M)^2}{Z_{22}+Z_L}=\frac{2^2}{j10+0.2-j9.8}=(10-j10)\ k\Omega$$

$$Z_1=5+j12+10-j10=(15+j2)\ k\Omega$$

$$\dot{I}_1=\frac{\dot{U}}{Z_1}=\frac{10\angle 0°}{15+j2}=\frac{10\angle 0°}{15.13\angle 7.6°}=0.661\angle -7.6°\ mA$$

$$\dot{I}_2=\frac{j\omega M\dot{I}_1}{Z_{22}+Z_L}=\frac{1.32\angle 82.4°}{0.2+j0.2}=4.67\angle 37.4°\ mA$$

$$\dot{U}_L=\dot{I}_2Z_L=4.67\angle 37.4°\times(0.2-j9.8)=45.8\angle -51.4°\ V$$

输入功率为

$$P_1 = UI_1\cos\varphi_1 = 10 \times 0.661 \times \cos 7.6° \text{ mW} \approx 6.55 \text{ mW}$$

输出功率为

$$P_2 = I_2{}^2 R_1 = 4.67^2 \times 0.2 \text{ mW} \approx 4.36 \text{ mW}$$

输入回路线圈电阻损耗的功率为

$$P_{R1} = I_1{}^2 R_1 = 2.185 \text{ mW}$$

$$P_2 + P_{R1} = 4.36 \text{ mW} + 2.185 \text{ mW} \approx 6.55 \text{ mW}$$

反射阻抗消耗的功率：

$$P_{Rr} = I_1{}^2 R_r = 0.66^2 \times 10 \text{ mW} \approx 4.36 \text{ mW} = P_2$$

可见，原方回路是以磁耦合的方式将功率传递给负方的。

知识拓展——互感器

1. 电流互感器

定义：电流互感器是将大电流变换成小电流的变压器，如图 3－59 所示。

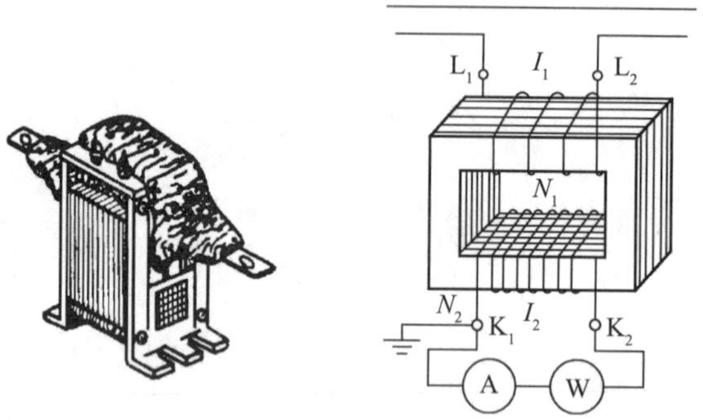

(a)　　(b)

图 3－59　电流互感器

工作原理：

$$\frac{I_1}{I_2} = \frac{N_2}{N_1} = K_i$$

K_i 称为电流互感器的电流比。通常电流互感器二次侧额定电流设计成标准值 5 A 或 1 A。将测量仪表的读数乘以电流互感器的电流比，就可得到被测电流值。

电流互感器的特点：

(1) 一次绕组用粗线绕成，只有一匝或几匝，与被测电路负载串联；

(2) 二次绕组匝数较多，导线较细，与电流表或功率表的电流线圈连接。

注意：(1) 在运行中不允许二次侧开路，否则会使铁心发热，甚至烧坏绕组，将在二次绕组感应高压，造成绕组的绝缘击穿，危及人员安全；

(2) 二次电路中不允许装设熔断器，拆装仪表时，必须先将绕组短路；

(3) 为了安全，铁心和二次绕组的一端必须接地，防止绝缘击穿后，电力系统的高电压传到低压侧，危及二次设备及操作人员的安全。

2. 电压互感器

定义：电压互感器是将高电压变换成低电压的变压器，如图 3－60 所示。

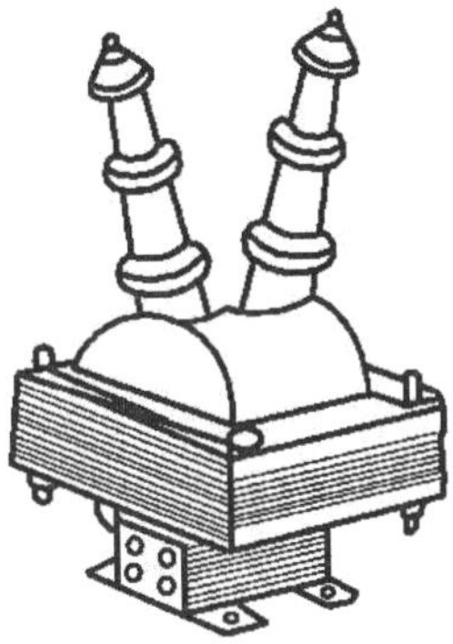

(a)

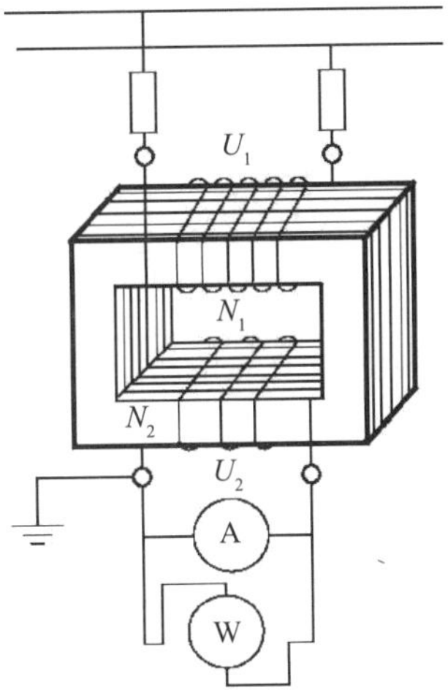

(b)

图 3－60　电压互感器

工作原理：

$$\frac{U_1}{U_2}=\frac{N_1}{N_2}=K_u$$

K_u 称为电压互感器的电压比。通常电压互感器低压侧的额定值均设计为 100 V。将测量仪表的读数乘以电压互感器的电压比，就可得到被测电压值。

电压互感器的特点：

(1) 一次绕组匝数较多，与被测的高压电网并联；

(2) 二次绕组匝数较多，导线较细，与电流表或功率表的电流线圈连接。

注意：(1) 二次侧不允许短路，否则会产生很大的短路电流，绕组将因过热而烧毁，故在高压侧应接入熔断器进行保护；

(2) 为防止电压互感器高压绕组绝缘损坏，使低压侧出现高电压，电压互感器的铁心、金属外壳和二次绕组的一端必须可靠接地。

思考与练习

1. 为什么将低压绕组作为一次侧进行通电实验？此时，在实验过程中应注意什么问题？

2. 简述电流互感器的作用。

3. 具有互感的两个线圈顺向串联时总电感为 0.6 H，反接串联时总电感为 0.2 H，若两线圈的电感量相同，求互感和线圈的电感。

4. 求图 3-61 所示电路中的电流。

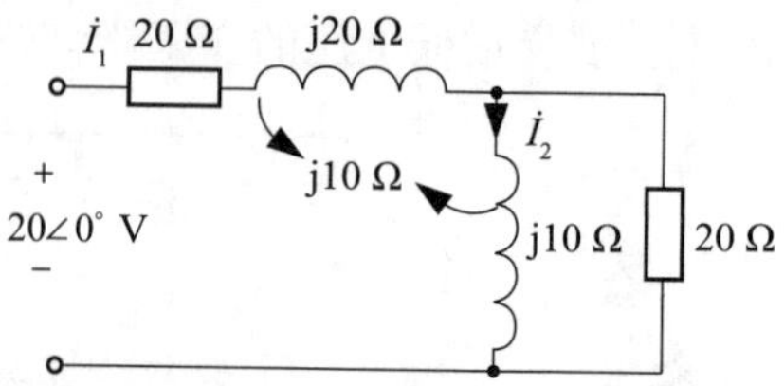

图 3-61　习题 4 电路图

5. 由理想变压器组成的电路如图 3-62 所示，已知 $\dot{U}_S = 16\angle 0°$ V，求 $\dot{I}_1$、$\dot{U}_2$ 和 R_L 吸收的功率。

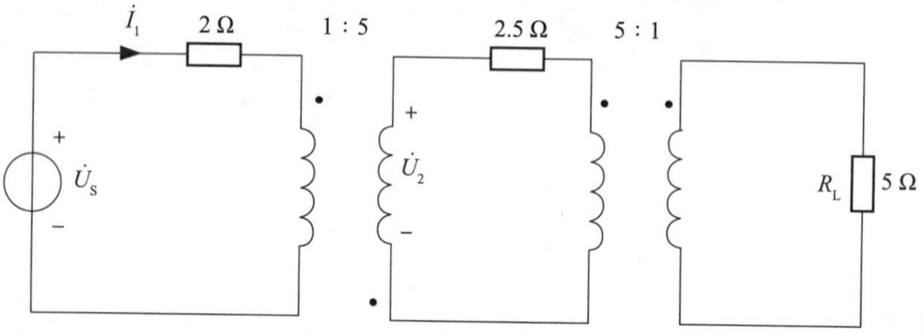

图 3-62　习题 5 电路图

模块四　三相交流电的测量

任务导学

三相交流电路在国民经济中有着广泛的应用，它是由3个频率相同、振幅相等、相位依次相差120°的正弦电动势作为供电电源的电路。三相电力系统由三相电源、三相负载和三相输电线路3个部分组成。和其他的电路相比，三相电路具有以下几个优点：①三相电动机的稳定性要远远大于单相电动机；②三相供电比单相供电更能够节省能源和材料；③三相供电更有利于远距离传输和分配电能。以上这些优点使得三相电路在动力方面获得了广泛应用，是目前电力系统所采用的主要供电方式。研究三相电路要注意其特殊性：①特殊的电源和负载；②特殊的连接和求解方式。

任务一　三相交流电路的测试

学习目标

知识目标	1. 掌握三相电路的产生和特点
	2. 掌握三相电源和负载的连接方式
	3. 掌握三相四线制电源的线电压和相电压的关系
技能目标	1. 熟练使用电压表和电流表
	2. 掌握三相交流电路电压和电流的测量方法
素质目标	1. 培养学生勤于思考、善于动手的良好习惯
	2. 培养学生认真观察、科学的分析态度

任务要求

在日常生活中，我们会经常接触到三相交流电路，图4－1就是一个三相照明负载电路。此电路主要是由三相对称电源和三相灯组负载等部件所组成的三相负载星形连接的三相四线制电路。通过对此电路中电压、电流的测量，掌握三相负载星形连接的接线方法，然后将此电路改接成三相负载三角形连接的电路，再次进行测量，以此来掌握这两种接法下线电压与相电压、线电流与相电流之间的关系。

（1）按要求准备电路材料，材料清单如表 4 – 1 所示。

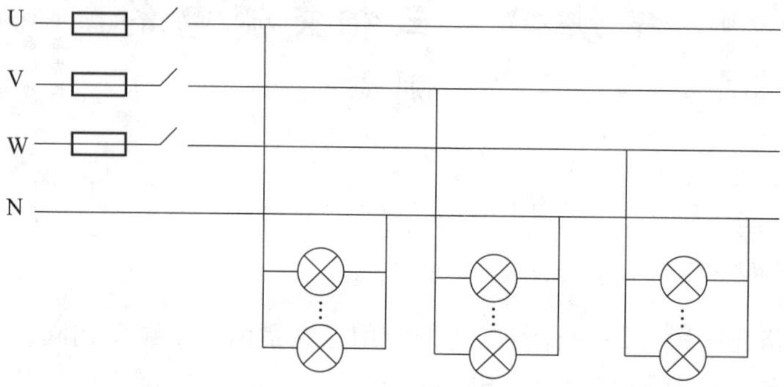

图 4 – 1　三相照明负载电路

表 4 – 1　实验材料清单

序号	名称	型号与规格	数量	备注
1	交流电压表	0 ~ 500 V	1	
2	交流电流表	0 ~ 5 A	1	
3	万用表		1	自备
4	三相自耦调压器		1	
5	三相灯组负载	220 V/15 W 白炽灯	9	DGJ – 04
6	电门插座		3	DGJ – 04

（2）连接实验电路，如图 4 – 2 所示。

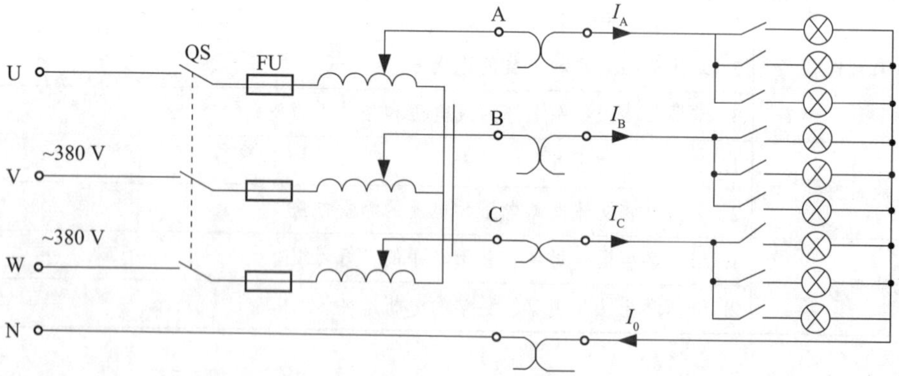

图 4 – 2　三相负载星形连接

此电路三相负载进行星形连接，三相灯组负载经三相自耦调压器接通三相对称电源，将三相调压器的旋柄置于输出为 0 V 的位置（逆时针旋转到底）。经指导教师检查合格后，方可开启实验台电源，然后调节调压器的输出，使输出的三相线电压为 220 V，并按下述内容完成各项实验，分别测量三相负载的线电压、相电压、线电流、相电流、中性线电流、电源与负载中点间的电压。将所测得的数据记入表 4－2 中，并观察各相灯组亮暗的变化程度，特别要注意观察中性线的作用。

表 4－2　星形连接三相负载的线电压、相电压、线电流、相电流、中性线电流和中点电压的测量数据

测量数据／实验内容（负载情况）	开灯盏数			线电流＝相电流/A			线电压/V			相电压/V			中性线电流 I_0/A	中点电压 U_{N0}/V
	A 相	B 相	C 相	I_A	I_B	I_C	U_{AB}	U_{BC}	U_{CA}	U_{A0}	U_{B0}	U_{C0}		
Y_0接平衡负载	3	3	3											
Y接平衡负载	3	3	3											
Y_0接不平衡负载	1	2	3											
Y接不平衡负载	1	2	3											
Y_0接 B 相断开	1		3											
Y接 B 相断开	1		3											
Y接 B 相短路	1		3											

注：1. Y_0指有中性线，Y指没有中性线，0 是中点。
　　2. 在做Y接不平衡负载或缺相测量时，所加的线电压应以最高相电压小于 240 V 为宜。

（3）改接实验电路，如图 4－3 所示。

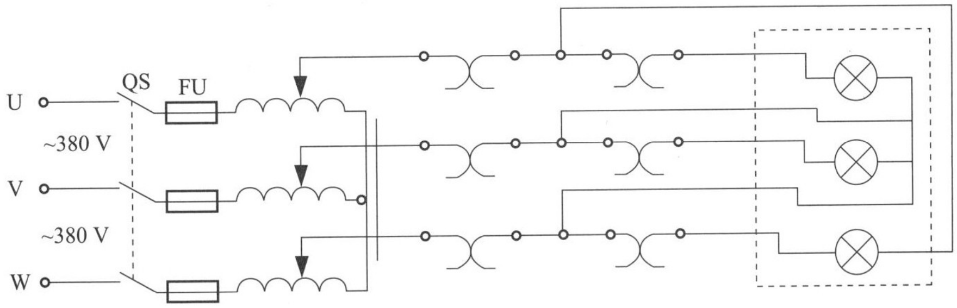

图 4－3　三相负载三角形连接

按图 4－3 所示改接电路，经指导教师检查合格后接通三相电源，并调节调压器，使其输出的线电压为 220 V，并按表 4－3 的内容进行测试，通过测量的数据归纳它们之间的关系。

表 4－3　三角形连接三相负载的线电压、相电压、线电流、相电流的测量数据

测量数据／负载情况	开灯盏数			线电压＝相电压/V			线电流/A			相电流/A		
	A－B 相	B－C 相	C－A 相	U_{AB}	U_{BC}	U_{CA}	I_A	I_B	I_C	I_{AB}	I_{BC}	I_{CA}
三相平衡	3	3	3									
三相不平衡	1	2	3									

（4）分析表 4－2 所测得的数据，写出结论。

结论：____

（5）分析表 4－3 所测得的数据，写出结论。

结论：____

知识准备

一、三相电源的产生与连接

1. 对称三相电源

通常可以由三相交流发电机产生对称三相电源。如图 4－4 所示，发电机定子三相绕组在空间互差 120°，其中 A、B、C 三端称为始端，X、Y、Z 三端称为末端。

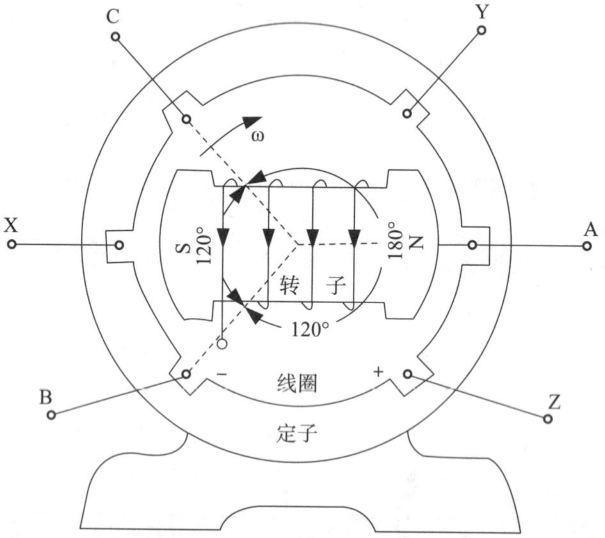

图 4－4　三相交流发电机的结构

当转子由原动机带动，并以匀速按顺时针方向转动时，则每相绕组依次切割磁力线，在绕组 A 相、B 相和 C 相中分别产生正弦电动势 e_A、e_B、e_C。电动势的参考方向选定为自绕组的末端指向始端，如图 4－5 所示。以 A 相为参考，则三相电动势的瞬时值表达式可写为

$$\begin{cases} e_A = E_m \sin\omega t \\ e_B = E_m \sin(\omega t - 120°) \\ e_C = E_m \sin(\omega t - 240°) = E_m \sin(\omega t + 120°) \end{cases} \quad (4-1)$$

由式（4－1）可以看出 e_A、e_B、e_C 的大小相等、频率相同、相位差为 120°，所以称该三相电动势为三相对称电动势。

三相对称电动势的波形如图 4－6 所示。

三相电动势的相量表达式可写为

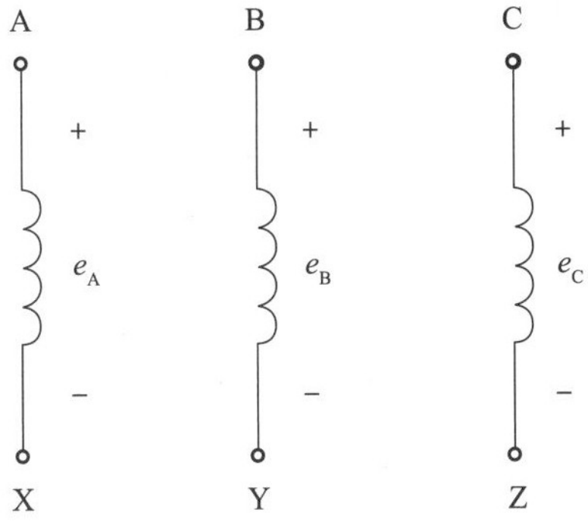

图 4－5　感应电动势方向

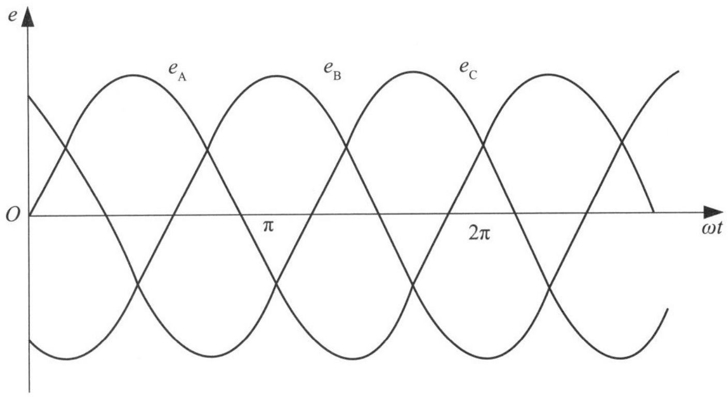

图 4－6　三相对称电动势的波形

$$\begin{cases} \dot{E}_A = E\angle 0° \\ \dot{E}_B = E\angle -120° \\ \dot{E}_C = E\angle 120° \end{cases} \tag{4-2}$$

它们可以用图 4－7 所示的相量图来表示。

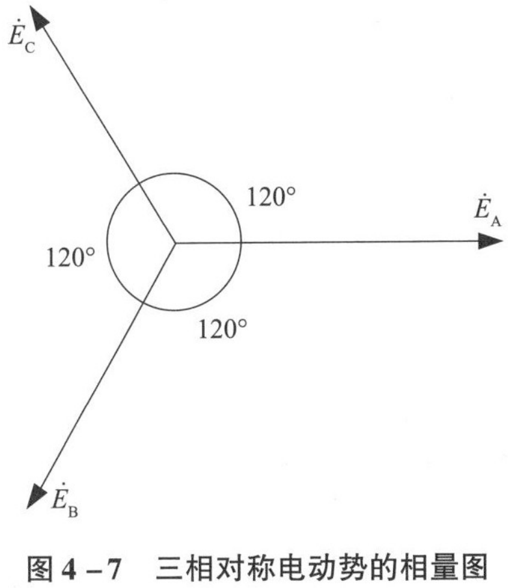

图 4－7　三相对称电动势的相量图

所以，由式（4-2）可以得出三相对称电动势的特点如下：

$$\begin{cases} e_A + e_B + e_C = 0 \\ \dot{E}_A + \dot{E}_B + \dot{E}_C = 0 \end{cases} \tag{4-3}$$

即三相对称电动势的瞬时值之和与相量之和均为零。

2. 三相电源的连接

三相电源的3个绕组有两种接线方式，即星形连接和三角形连接。

（1）星形连接（Y连接）。

① 连接方式。星形连接是指把3个绕组的末端X、Y、Z接在一起，把始端A、B、C向外引出，如图4-8所示。3个绕组末端接在一起的一点，称为三相电源的中性点，用N表示。从中性点引出的一根线称为中性线，俗称零线。中性线通常与大地相连，所以也称为地线。从端点引出3条导线，称为端线或相线，俗称火线。因为总共引出4根导线，所以这样的电源被称为三相四线制电源。

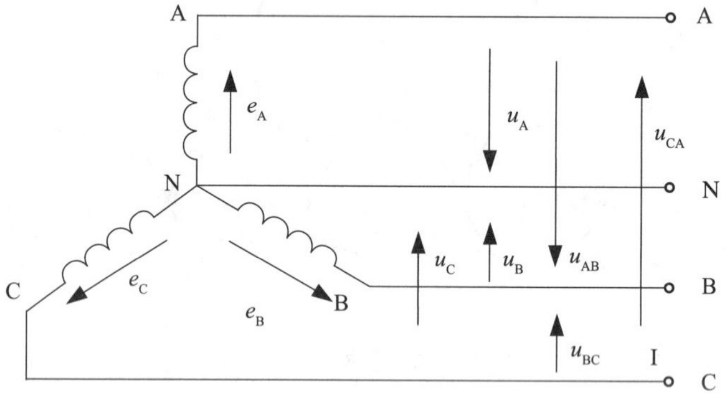

图4-8　三相交流电源的星形（Y）连接

② 相电压与线电压的关系。各相线与中性线之间的电压称为相电压，其有效值分别用U_A、U_B、U_C来表示，用相量表示为$\dot{U}_A$、$\dot{U}_B$、$\dot{U}_C$。相线与相线之间的电压称为线电压，其有效值分别用U_{AB}、U_{BC}、U_{CA}来表示，用相量表示为$\dot{U}_{AB}$、$\dot{U}_{BC}$、$\dot{U}_{CA}$。在图4-8中，利用KVL定律可得

$$\begin{cases} \dot{U}_{AB} = \dot{U}_A - \dot{U}_B \\ \dot{U}_{BC} = \dot{U}_B - \dot{U}_C \\ \dot{U}_{CA} = \dot{U}_C - \dot{U}_A \end{cases} \tag{4-4}$$

由式（4-4）可画出它们的相量图如图4-9所示。

因为三相绕组的电动势是对称的，所以三相绕组的相电压也是对称的，即大小相等、频率相同、相位差为120°的这3个电压称为三相对称电压。由图4-9可见，三相电源的线电压也是对称的。线电压与相电压的关系为

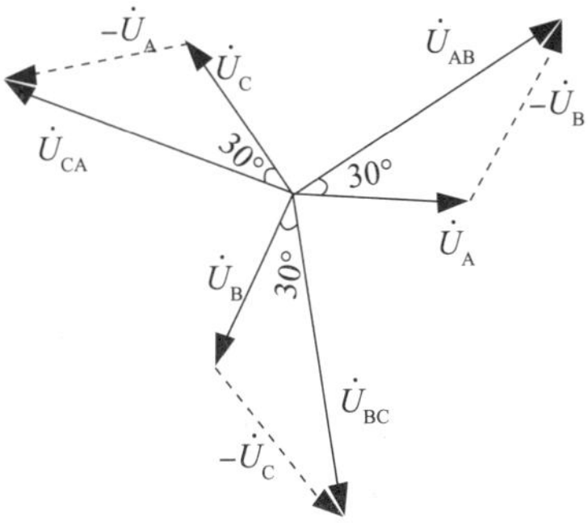

图 4－9　相电压与线电压的相量图

$$\frac{1}{2}U_{AB} = U_A\cos 30° = \frac{\sqrt{3}}{2}U_A$$

$$U_{AB} = \sqrt{3}U_A \tag{4-5}$$

线电压的有效值是相电压的有效值的 $\sqrt{3}$ 倍，在相位上线电压超前相电压 30°。

同理

$$\begin{cases} U_{BC} = \sqrt{3}U_B \\ U_{CA} = \sqrt{3}U_C \end{cases} \tag{4-6}$$

在三相交流电源中，一般用 U_P 表示相电压，U_L 表示线电压，因此

$$U_L = \sqrt{3}U_P \tag{4-7}$$

（2）三角形连接（△连接）。

① 连接方式。三角形连接是指三相电源的绕组首尾相接构成一个闭环，由 3 个连接点分别向外引出 3 根输电线（相线）的供电方式，如图 4－10 所示。

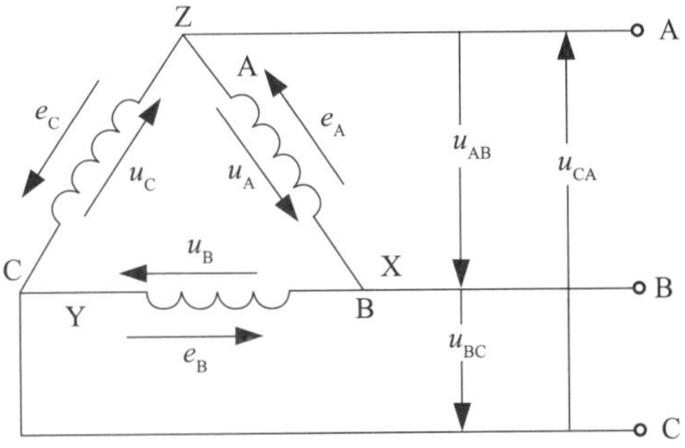

图 4－10　三相交流电源的三角形（△）连接

注意：三角形连接的电源必须是始端、末端依次相连，由于 $\dot{U}_A + \dot{U}_B + \dot{U}_C = 0$，电源中不会产生环流。如果任意一相接反，都会造成电源中产生大的环流从而损坏电源。因此，当将一组三相电源连接成三角形时，应先不完全闭合，留下一个开口，然后在开口处接上一个交流电压表，测量回路中总的电压是否为零。如果电压为零，则说明连接正确，

此时再把开口处接在一起。

② 线电压与相电压的关系。从图 4－10 可知，当三相交流电源进行三角形连接时，线电压与相电压是相等的，即

$$U_L = U_P \tag{4-8}$$

二、三相负载的连接

三相电路的负载主要由三部分组成，其中每一部分称为一相负载。三相电路中的三相负载，可分为对称三相负载和不对称三相负载。各相负载的大小和性质完全相同的称为对称三相负载；各相负载不同的称为不对称三相负载。

在三相电路中，三相负载的连接方式有两种：星形（Y）连接和三角形（△）连接。

1. 三相负载的星形连接

（1）连接方式。把各相负载的末端连在一起接到三相电源的中性线上，把各相负载的首端分别接到三相交流电源的 3 根相线上，这种连接方法称为三相负载有中性线的星形连接，用 Y_0 表示，如图 4－11 所示。

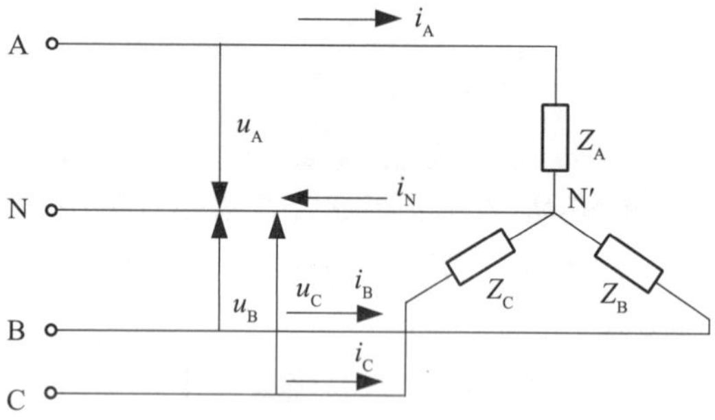

图 4－11　负载星形连接的三相电路

如果不计连接导线的阻抗，负载承受的电压就是电源的相电压，而每相负载与电源构成一个单独的回路。

为了更好地理解下文中的相关计算问题，首先要明确几个概念：

① 相电流：流过每相负载的电流，如图 4－11 中所标注的 i_A、i_B、i_C。

② 线电流：流过电源相线的电流，如图 4－11 所示，其线电流为 i_A、i_B、i_C。

③ 中性线电流：流过电源中性线的电流，如图 4－11 中所标注的 i_N。

当负载做星形连接时，其线电流与相电流的关系为

$$\dot{I}_L = \dot{I}_P \tag{4-9}$$

式中：$\dot{I}_L$、$\dot{I}_P$ 分别为某相负载所对应的线电流和相电流。

（2）电路计算。负载做星形连接并具有中性线时，三相交流电路的每一相就是一个单相交流电路，所以各相电压与电流间数量及相位关系可应用单相交流电路的方法处理。

如图 4－11 所示，假设 U_A 的初相位为 0°，则下列关系式成立：

相（线）电流：

$$\dot{I}_A = \frac{\dot{U}_A}{Z_A} = \frac{U_A\angle 0°}{|Z_A|\angle\varphi_A}$$

$$\dot{I}_B = \frac{\dot{U}_B}{Z_B} = \frac{U_B\angle -120°}{|Z_B|\angle\varphi_B}$$

$$\dot{I}_C = \frac{\dot{U}_C}{Z_C} = \frac{U_C\angle 120°}{|Z_C|\angle\varphi_C}$$

中性线电流：

$$\dot{I}_N = \dot{I}_A + \dot{I}_B + \dot{I}_C$$

由以上各式，可以得出如下结论：

① 当三相负载对称时，即 $Z_A = Z_B = Z_C$，则

$$I_A = I_B = I_C \qquad (4-10)$$

各相电流之间的相位差为$\frac{2\pi}{3}$。

② 中性线电流：流过中性线的电流，它可以表示为

$$i_N = i_A + i_B + i_C \qquad (4-11)$$

a. 对称负载星形连接时，其各相相电流的大小相等，相位相差$\frac{2\pi}{3}$，作旋转矢量图分析可得，3 个相电流的旋转矢量和为

$$\dot{I}_N = 0 \qquad (4-12)$$

即 3 个相电流瞬时值之和为

$$i_N = 0 \qquad (4-13)$$

此时，中性线上无电流通过，可以省掉中性线，电路可采用三相三线制。注意：只有当负载完全对称时，才能接成三相三线制，如三相异步电动机、三相电炉等都是三相对称负载，因此它们都采用三相三线制供电，这样可省去一根中性线，节约电工材料。

b. 不对称三相负载星形连接时，$i_N \neq 0$，中性线不可省，且要可靠接地不允许安装开关和熔断器。若有中性线，则各相负载仍有对称的电源相电压，从而保证了各相负载能正常工作；若没有中性线，则各相负载的电压就不再等于电源的相电压，这时阻抗较小的负载的相电压可能低于其额定电压，阻抗较大的负载的相电压可能高于其额定电压，使负载不能正常工作，甚至会造成事故。

【例 4-1】 在负载做星形连接的对称三相电路中，已知每相负载为 $|Z| = 20\ \Omega$，设线电压 $U_L = 380$ V，试求各相电流（线电流）。

解：$U_P = \frac{U_L}{\sqrt{3}} = 220$ V，相电流（线电流）为

$$I_P = \frac{U_P}{|Z|} = \frac{220}{20}\text{A} = 11\ \text{A}$$

【例 4-2】 将白炽灯照明电路按三相四线制星形连接，如图 4-12 所示，各白炽灯额定电压 220 V，设 U 相负载阻抗 Z_U 与 V 相负载阻抗 Z_V 均为 220 Ω，而 W 相负载阻抗 Z_W 为

20 Ω，将它们接在 380 V 的三相对称电源上，若 U 相灯开关断开，又将中性线断开，会出现什么现象？

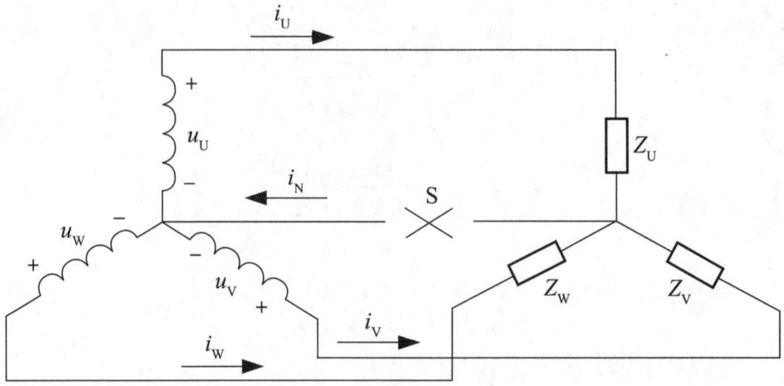

图 4-12　例 4-2 图

解：U 相关闭、中性线断开，相当于将 V 相白炽灯与 W 相白炽灯串联于 380 V 的线电压中，此时两负载电流为

$$I = \frac{U_L}{|Z_V| + |Z_W|} = \frac{380}{220 + 20} \text{ A} \approx 1.58 \text{ A}$$

V 相白炽灯电压为

$$U_V = |Z_V| I = 220 \times 1.58 \text{ V} = 347.6 \text{ V}$$

W 相白炽灯电压为

$$U_W = |Z_W| I = 20 \times 1.58 \text{ V} = 31.6 \text{ V}$$

结论：V 相电压升高很多，白炽灯将烧毁。

2. 三相负载的三角形连接

(1) 连接方式。将三相负载首尾相接构成一个闭环，由 3 个连接点分别与三相电源线相接，负载的这种连接方法称为三角形连接，用符号“△”表示，如图 4-13 所示。

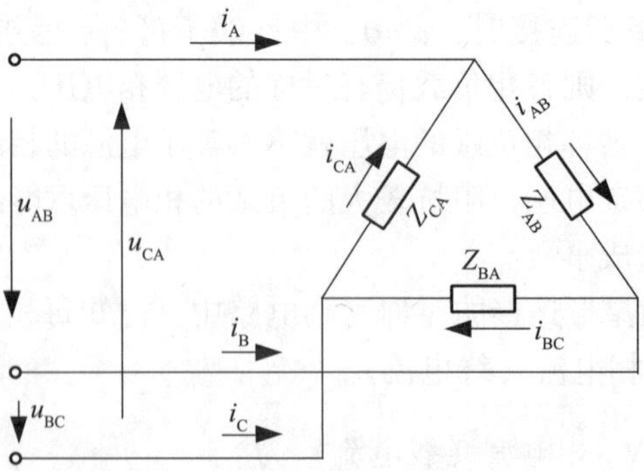

图 4-13　负载三角形连接的三相电路

在三角形连接中，负载连接在电源的两根相线之间，每相负载所承受的电压等于电源的线电压。负载端的相电压与线电压是相等的，即

$$U_P = U_L \tag{4-14}$$

（2）电路计算。在如图 4－13 所示电路中：

相电流：

$$\dot{I}_{AB} = \frac{\dot{U}_{AB}}{Z_{AB}},\quad \dot{I}_{BC} = \frac{\dot{U}_{BC}}{Z_{BC}},\quad \dot{I}_{CA} = \frac{\dot{U}_{CA}}{Z_{CA}}$$

线电流：

$$\dot{I}_A = \dot{I}_{AB} - \dot{I}_{CA},\quad \dot{I}_B = \dot{I}_{BC} - \dot{I}_{AB},\quad \dot{I}_C = \dot{I}_{CA} - \dot{I}_{BC}$$

① 相电流。在对称三相电源的作用下，对称负载的各相电流也是对称的，即

$$I_{AB} = I_{BC} = I_{CA} = I_P = \frac{U_P}{|Z|} \tag{4-15}$$

各相电流间的相位差仍为 $\frac{2\pi}{3}$。

② 线电流。当对称三相负载做三角形连接时，线电流的大小为相电流的 $\sqrt{3}$ 倍，即

$$I_L = \sqrt{3} I_P \tag{4-16}$$

线电流在相位上滞后相应的相电流 $\frac{\pi}{6}$。

【例 4－3】一台三相异步电动机正常运行时做三角形连接，为了减小起动电流，起动时先将它做星形连接，转动后再改成三角形连接。试求星形连接起动和直接做三角形连接起动两种情况下的线电流的比值。

解：做星形连接时，实际加在各相负载两端的电压为电源的相电压，有

$$U_P = \frac{U_L}{\sqrt{3}}$$

所以，线电流为

$$I_{L\curlyvee} = I_{P\curlyvee} = \frac{\frac{U_L}{\sqrt{3}}}{Z_P} = \frac{U_L}{\sqrt{3} Z_P}$$

三角形连接时，实际加在各相负载两端的电压是电源线电压，因此

$$I_{L\triangle} = \sqrt{3} I_{P\triangle} = \frac{\sqrt{3} U_L}{Z_P}$$

两种情况下线电流的比值为

$$\frac{I_{L\triangle}}{I_{L\curlyvee}} = \frac{\frac{\sqrt{3} U_L}{Z_P}}{\frac{U_L}{\sqrt{3} Z_P}} = \frac{\sqrt{3} U_L}{Z_P} \times \frac{\sqrt{3} Z_P}{U_L} = 3$$

即直接做三角形连接起动和星形连接降压起动这两种情况下线电流的比值是 3。

总结：

（1）对称负载星形连接。在三相四线制电路，线电压 U_L 是负载相电压 U_P 的 $\sqrt{3}$ 倍，即

$$U_L = \sqrt{3}U_P$$

① 各相电流大小相等，即 $I_P = I_A = I_B = I_C = \frac{U_P}{|Z|}$，且相位差为 $\frac{2\pi}{3}$。

② 线电流等于相电流，即 $I_L = I_P$。

（2）对称负载三角形连接。负载做三角形连接时只能形成三相三线制电路。显然不管负载是否对称（相等），电路中负载相电压 U_P 都等于线电压 U_L，即

$$U_P = U_L$$

① 各相相电流大小相等，即 $I_P = I_{AB} = I_{BC} = I_{CA} = \frac{U_P}{|Z|}$，且相位差为 $\frac{2\pi}{3}$。

② 线电流的大小为相电流的 $\sqrt{3}$ 倍，即 $I_L = \sqrt{3}I_P$，线电流滞后对应的相电流 $\frac{\pi}{6}$。

3. 交流电流表和交流电压表的使用

一般选用交流电流表来测量三相交流电路的电流。先根据所测电流的大小选择相应的量程，如果电流未知，应先选择大量程，再根据所测电流的大小调节到合适量程。交流电流表应串联在被测电路中，为了不影响电路的测量结果，电流表的内阻必须要远小于所测电路的负载电阻。

交流电压表用来测量三相交流电路的电压。先根据所测电压的大小选择相应的量程，如果电压未知，应先选择大量程，再根据所测电压的大小调节到合适量程。交流电压表应并联在被测电压的两端。为了尽可能减小测量误差，不影响电路的正常工作状态，电压表的内阻必须要远大于所测支路的负载电阻。

知识拓展——三相电源的相序

三相电源的相序是指三相电源中各相电源经过同一值（如最大值）的先后顺序。上述三相电压的相序称为正序（或顺序），即 A→B→C→A。反之，如果 B 相超前 A 相 120°，C 相超前 B 相 120°，这种相序就称为反序（或逆序），即 A→C→B→A。以后如果不加说明，都认为是正序。

三相电源的相序改变时，将使其供电的三相电动机改变旋转方向，这种方法常用于控制电动机正转或反转。

在实际应用中，一般规定各相用相色加以区别：第一相（A 相）为黄色；第二相（B 相）为绿色；第三相（C 相）为红色。

当各相颜色由于时间过长看不清时，需要先判断 A、B、C 三相，判定的方法有很多，如采用 SXZ－10 相序表进行判断，如图 4－14 所示。

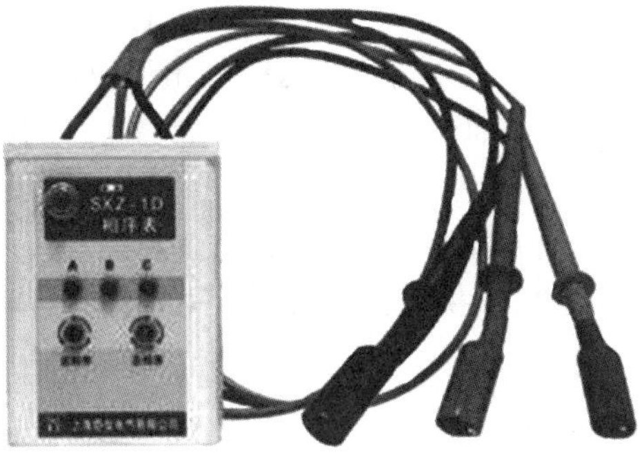

图 4－14　SXZ－10 相序表

方法如下：

（1）接线：将相序表 3 根表笔线 A（红）、B（蓝）、C（黑）分别对应接到被测电源的 A、B、C 三根线上。

（2）测量：按下仪表左上角的测量按钮，灯亮，即开始。松开测量按钮时，停止测量。

（3）相序指示：当被测电源的三相相序正确时，与正相序所对应的绿灯会亮。当被测电源的三相相序错误时，与逆相序所对应的红灯会亮，这时蜂鸣器会发出报警声。

思考与练习

一、选择题

1. 已知三相对称电源中 U 相电压 $\dot{U}_U = 2\,200\angle 0°$ V，电源绕组为星形连接，则线电压 $\dot{U}_{VW}$ 为（　　）V。

A. $220\angle -120°$　　B. $220\angle -90°$　　C. $380\angle -120°$　　D. $380\angle -90°$

2. 在三相四线制电路的中性线上，不准安装开关和熔丝的原因是（　　）。

A. 中性线上没有电流

B. 开关接通或断开对电路无影响

C. 安装开关和熔丝会降低中性线的机械强度

D. 开关断开或熔丝熔断后，三相不对称负载承受三相不对称电压的作用，无法正常工作，严重时会烧毁负载

3. 一台三相电动机，每相绕组的额定电压为 220 V，对称三相电源的线电压为 380 V，则三相绕组应采用（　　）。

A. 星形连接，不接中性线　　B. 星形连接，并接中性线

C. A、B 均可　　D. 三角形连接

4. 三相对称负载做三角形连接时，相电流是 10 A，线电流最接近的值是（　　）A。

A. 14　　B. 17　　C. 7　　D. 20

5. 若要求三相负载中各相互不影响，负载应接成（　　）。

A. 三角形　　B. 星形有中性线

C. 星形无中性线　　D. 三角形或星形有中性线

6. 三相对称电源的线电压为 380 V，接星形对称负载，没有接中性线。若某相突然断掉，其余两相负载的相电压为（　　）。

A. 380 V　　B. 220 V　　C. 190 V　　D. 无法确定

7. 在三相四线制供电系统中，中性线上不准装开关和熔断器的原因是（　　）。

A. 中性线上没有电流

B. 会降低中性线的机械强度

C. 三相不对称负载承受三相不对称电压的作用，无法正常工作，严重时会烧毁负载

D. 以上说法都正确

8. 对称三相交流电路，下列说法正确的是（　　）。

A. 三相交流电各相之间的相位差为$\frac{2\pi}{3}$　　B. 三相交流电各相之间的周期互差$\frac{2T}{3}$

C. 三相交流电各相之间的频率互差$\frac{2f}{3}$　　D. 三相交流电各相的数值是相同的

9. 三相对称电源的线电压为 380 V，接星形对称负载，没有接中性线。若某相发生短路，其余两相负载的相电压为（　　）。

A. 380 V　　B. 220 V　　C. 190 V　　D. 无法确定

10. 下列说法正确的是（　　）。

A. 当负载做星形连接时，必然有中性线

B. 当负载做三角形连接时，线电流必为相电流的$\sqrt{3}$倍

C. 当三相负载越接近对称时，中性线电流越小

D. 以上说法都不正确

11. 在三相对称电源作用下，将一个对称三相负载分别拼成三角形和星形时，通过相线的电流之比为（　　）。

A. 1　　B. $\sqrt{3}$　　C. 2　　D. 3

12. 选择三相负载连接方式的依据是（　　）。

A. 三相负载对称选三角形连接，不对称选星形连接

B. 希望获得较大功率选三角形连接，否则，选星形连接

C. 电源为三相四线制选星形连接，电源为三相三线制选三角形连接

D. 选用的接法应保证每相负载得到的电压等于其额定电压

13. 三相对称电源绕组相电压为 220 V，若有一个三相对称负载额定相电压为 380 V，电源和负载应接（　　）。

A. Y－△　　B. △－△　　C. Y－Y　　D. △－Y

二、填空题

1. 如果对称三相交流电路的 U 相电压 $u_U = 220\sqrt{2}\sin(314t + 30°)$ V 那么其余两相电压分别为____________。

2. 三相四线制系统是指 3 根________和 1 根________组成的供电系统，其中相电压是指________和________之间的电压，线电压是指________和________之间的电压。

3. 三相照明负载必须采用________连接，且中性线上不允许安装________和________，中性线的作用是________。

4. 三相对称负载做星形连接时，线电压是相电压的________倍，线电流是相电流的________倍；三相对称负载做三角形连接时，线电压是相电压的________倍，线电流是相电流的________倍。

5. 对称三相电源要满足________、________、________3 个条件。

6. 不对称三相负载接成星形，供电电路必须为________制，其每相负载的相电压对称且为线电压的________。

7. 三相电路中的三相负载，可分为________三相负载和________三相负载。

8. 线电压不变，对称负载由星形连接改为三角形连接后，相电压和相电流为原来的________倍，而线电流为原来的________倍。

9. 已知对称三相电源做星形连接，已知 $u_{U}=220\sqrt{2}\sin(314t-30°)$ V，则 u_{V} ________，u_{WU}________。

10. 三相负载的接法中，________接法线电流等于相电流，________接法线电压等于相电压。

11. 若三相异步电动机每相绕组的额定电压为 380 V，则该电动机应________连接才能接入线电压为 220 V 的三相交流电源中正常工作。

12. 接在线电压为 380 V 的三相四线制线路上的星形对称负载，若发生 U 相负载断路，则 V 相和 W 相负载上的电压均为________。

13. 同一个三相对称负载接到同一电网中时，做三角形连接时的线电流是做星形连接时的________，做三角形连接时的有功功率是做星形连接时的________。

14. 在对称三相交流电路中，若 $i_{U}=10\sqrt{2}\sin\left(100\pi t-\frac{\pi}{2}\right)$ A，则 $i_{W}=$________。

15. 三相负载接到三相电源中，若各相负载的额定电压等于电源线电压的 $1/\sqrt{3}$，负载做________连接。

16. 已知三相电源的线电压为 380 V，而三相负载的额定相电压为 220 V，则此负载应做________连接，若三相负载的额定相电压为 380 V，则此负载应做________连接。

17. 三相对称电源做星形连接时，已知 $u_{AB}=380\sqrt{2}\sin(\omega t-30°)$ V，则 $u_{CA}=$________V，$u_{BC}=$________V。

三、判断题

1. 三相电源的 3 个电压的有效值均为 100 V，则其为对称电源。（　）
2. 三相负载做三角形连接时，不论负载对称与否，3 个线电流的相量和均为零。（　）
3. 三相电源的 3 个电动势之和为零，它一定是对称的。（　）
4. 在三相四线制供电系统中，为确保安全，中性线及相线上必须装熔断器。（　）

5. 凡负载做三角形连接时，其线电压就等于相电压。（　）

6. 不对称三相负载做星形连接时，为保证相电压对称，必须有中性线。（　）

7. 三相不对称负载做星形连接时，为了使各相电压保持对称，必须采用三相四线制供电。（　）

8. 三相负载做星形连接时，无论负载对称与否，线电流必定等于相电流。（　）

9. 三相负载做星形连接时，负载越接近对称，则中性线电流越小。（　）

四、计算题

1. 星形连接的对称三相负载，每相的电阻 $R=24\ \Omega$，感抗 $X_L=32\ \Omega$，接到线电压为 380 V 的三相电源上，求相电压 U_P、相电流 I_P、线电流 I_L。

2. 对称三相交流电源星形连接时，相电压为 $\dot{U}_V=220\angle 30°$ V，写出其他各相电压及 3 个线电压的相量表示式。

3. 对称三相负载三角形连接时，线电流 $\dot{I}_U=10\angle -30°$ A。写出其他各线电流及 3 个相电流的相量表达式。

4. 某大楼照明采用三相四线制供电，线电压为 380 V，每层楼均有 220 V/100 W 的白炽灯各 110 只，分别接在 U、V、W 三相上，试求：

（1）三层楼电灯全部开亮时的相电流和线电流；

（2）当第一层楼电灯全部熄灭，另两层楼电灯全部开亮时的相电流和线电流；

（3）当第一层楼电灯全部熄灭，且中性线因故断开，另两层楼电灯全部开亮时灯泡两端电压为多少？

5. 如图 4－15 所示，在线电压为 380 V 电路中，三相都接有 220 V 灯泡，功率为 40 W，若 U 相灯泡的灯丝断裂，试计算此时三相负载电压 $U_{U'N'}$、$U_{V'N'}$、$U_{W'N'}$。

6. 如图 4－16 所示，$U_A=2\ 250\angle 0°$ V，求：

（1）A 相负载断开时负载的相电压 U'_A、U'_B、U'_C；

（2）A 相负载短路时负载的相电压 U''_A、U''_B、U''_C。

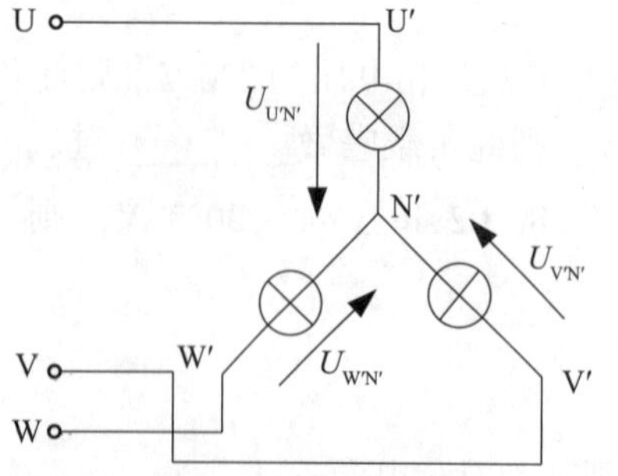

图 4－15　计算题 5 图

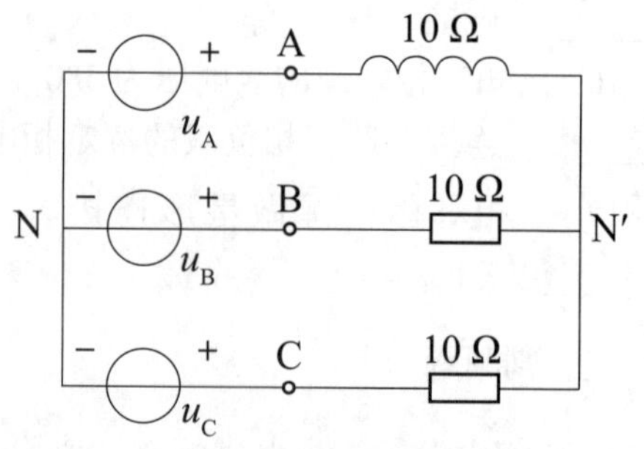

图 4－16　计算题 6 图

任务二　三相交流电路功率的测量

学习目标

知识目标	1. 掌握三相交流电路功率的基本概念
	2. 掌握三相交流电路功率的计算方法
	3. 掌握三相交流电路功率表的使用
技能目标	1. 熟练使用电压表和电流表
	2. 掌握三相交流电路的功率测量方法
素质目标	1. 培养学生勤于思考、善于动手的良好习惯
	2. 培养学生认真学习的态度

任务要求

前面介绍了三相交流电路的电压和电流的测量方法，那么对于三相交流电路的功率，又该如何测量呢？本次任务我们来解决这个问题。

（1）按要求准备电路材料，材料清单如表 4－4 所示。

表 4－4　实验材料清单

序号	名称	型号与规格	数量	备注
1	交流电压表	0～500 V	2	
2	交流电流表	0～5 A	2	
3	单相功率表		2	DGJ－07
4	万用表		1	自备
5	三相自耦调压器		1	
6	三相灯组负载	220V/15W　白炽灯	9	DGJ－04
7	三相电容负载	1 μF、2.2 μF、4.7 μF/500 V	各 3	DGJ－05

（2）连接实验电路，如图 4－17 所示。

用一瓦特表法测定三相对称Y_0接负载及不对称Y_0接负载的总功率$\sum P$，实验按图 4－17 电路接线。电路中的电流表和电压表用以监视该相的电流和电压，不要超过功率表电压和电流的量程。

经指导教师检查后，接通三相电源，调节调压器输出，使输出线电压为 220 V，按表 4－5的要求进行测量及计算。

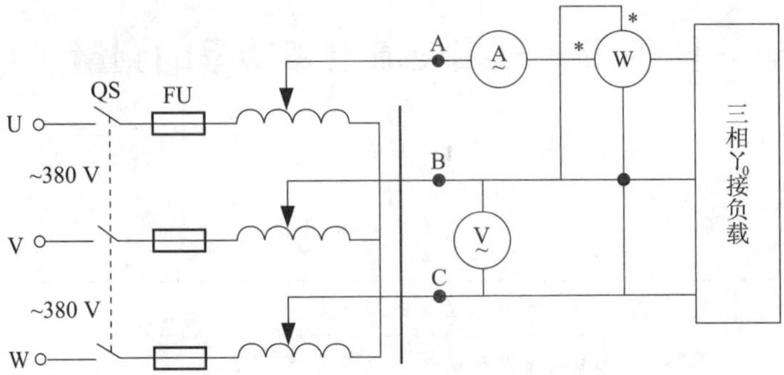

图 4 - 17　一瓦特表法测负载的总功率

表 4 - 5　一瓦特表法实验数据

负载情况	开灯盏数			测量数据			计算值
	A 相	B 相	C 相	P_A/W	P_B/W	P_C/W	$\sum P$/W
Y_0 接对称负载	3	3	3				
Y_0 接不对称负载	1	2	3				

首先将 3 只表按图 4 - 17 所示接入 B 相进行测量，然后分别将 3 只表换接到 A 相和 C 相，再进行测量。

（3）连接实验电路，如图 4 - 18 所示。

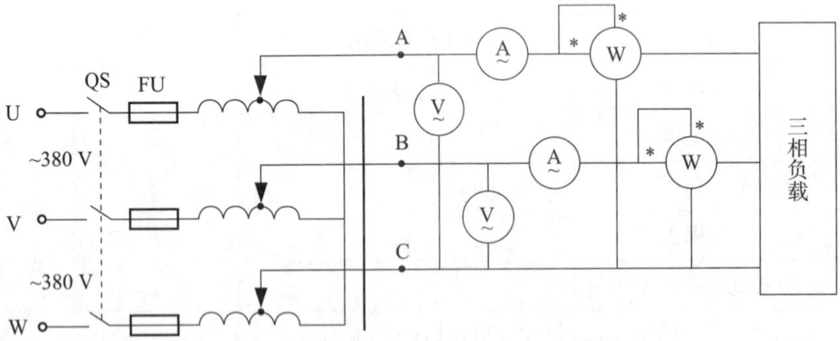

图 4 - 18　二瓦特表法测负载的总功率

① 用二瓦特表法测定三相负载的总功率，按图 4 - 18 所示接线。将三相灯组负载接成星形连接，经指导教师检查后，接通三相电源，调节调压器的输出线电压为 220 V，按表 4 - 6的内容进行测量。

② 将三相灯组负载改成三角形连接，重复步骤①的测量，将数据记入表 4 - 6 中。

表 4-6　二瓦特表法实验数据

负载情况	开灯盏数			测量数据		计算值
	A 相	B 相	C 相	P_1/W	P_2/W	$\sum P$/W
Y接平衡负载	3	3	3			
Y接不平衡负载	1	2	3			
△接不平衡负载	1	2	3			
△接平衡负载	3	3	3			

③ 将两只瓦特表依次按另外两种连接方法接入线路，重复步骤①、②的测量（表格自拟）。

（4）连接实验电路，如图 4-19 所示。

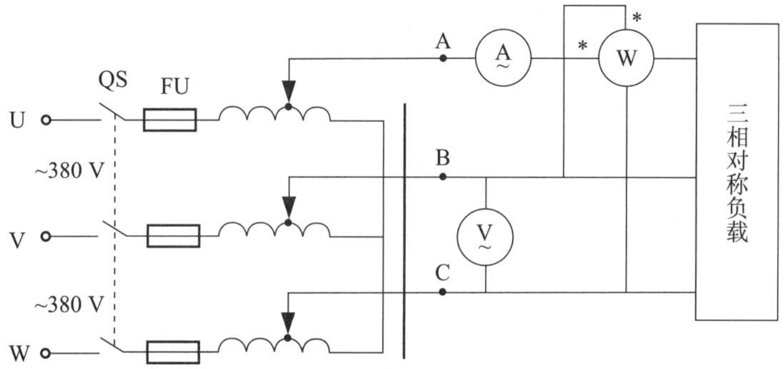

图 4-19　一瓦特表法测负载的无功功率

① 用一瓦特表法测定三相对称星形负载的无功功率，按图 4-19 所示的电路接线。

② 分别按 I_B、U_{AC} 和 I_C、U_{AB} 接法，重复①的测量，并比较各自的 $\sum Q$ 值，按表 4-7 的内容进行测量。

注意：每次实验完毕，均需将三相调压器旋柄调回到零位。每次改变接线，均需断开三相电源，以确保人身安全。

（5）完成数据表格中的各项测量和计算任务，比较一瓦特表法和二瓦特表法的测量结果。

（6）总结、分析三相电路功率测量的方法与结果。

表4-7　一瓦特表法测无功功率的实验数据

接法	负载情况	测量值			计算值
		U/V	I/A	Q/var	$\sum Q=\sqrt{3}Q$
I_A，U_{BC}	(1) 三相对称灯组（每相开3盏）				
	(2) 三相对称电容器（每相4.7 μF）				
	(3) (1)、(2) 的并联负载				
I_B，U_{AC}	(1) 三相对称灯组（每相开3盏）				
	(2) 三相对称电容器（每相4.7 μF）				
	(3) (1)、(2) 的并联负载				
I_C，U_{AB}	(1) 三相对称灯组（每相开3盏）				
	(2) 三相对称电容器（每相4.7 μF）				
	(3) (1)、(2) 的并联负载				

知识准备

一、三相电路的功率

在三相交流电路中，每一相负载所消耗的功率都可以用单相正弦交流电路中学过的方法计算。

1. 有功功率（P）

已知各相电压、相电流及功率因数（$\lambda=\cos\varphi$）的值，则负载消耗的总功率为

$$P=U_A I_A\cos\varphi_A+U_B I_B\cos\varphi_B+U_C I_C\cos\varphi_C \tag{4-17}$$

式中：U_A、U_B、U_C 和 I_A、I_B、I_C 分别为三相负载的相电压和相电流；φ_A、φ_B、φ_C 分别为各相负载的相电压和相电流之间的相位差。

所以，对称三相交流电路中负载所消耗的总的有功功率可写成

$$P=3U_P I_P\cos\varphi \tag{4-18}$$

式中：U_P为负载的相电压，单位为V；I_P为流过负载的相电流，单位为A；φ 为相电压与相电流之间的相位差，单位为弧度（rad）；P 为三相负载总的有功功率，单位为瓦特（W）。

由式（4-18）可知，对称三相电路总的有功功率为一相有功功率的3倍。

注意：(1) 对称负载为星形连接或三角形连接时，线电压是相等的，相电流是不相等的。三角形连接时的线电流为星形连接时线电流的3倍。

(2) φ 仍然是相电压与相电流之间的相位差，而不是线电压与线电流之间的相位差，即功率因数是指每相负载的功率因数。

(3) 和单相交流电路一样，三相负载中既有耗能元件，又有储能元件。

2. 无功功率（Q）

三相负载的总无功功率等于各相无功功率之和，即

$$Q = Q_A + Q_B + Q_C = U_A I_A \sin\varphi_A + U_B I_B \sin\varphi_B + U_C I_C \sin\varphi_C \tag{4-19}$$

所以，对称三相交流电路中负载所消耗的总的无功功率可写成

$$Q = 3U_P I_P \sin\varphi \tag{4-20}$$

由于在实际工作中，测量线电压和线电流比较方便，所以三相对称负载的功率常用线电压和线电流来计算：

当对称负载做星形连接时：

$$U_P = \frac{U_L}{\sqrt{3}},\quad I_P = I_L$$

当对称负载做三角形连接时：

$$U_P = U_L,\quad I_P = \frac{I_L}{\sqrt{3}}$$

将上述式子代入式（4-18）和式（4-20）可得

$$P = \sqrt{3}U_L I_L \cos\varphi \tag{4-21}$$

$$Q = \sqrt{3}U_L I_L \sin\varphi \tag{4-22}$$

式（4-21）和式（4-22）适用于星形连接或三角形连接的三相对称负载。

3. 视在功率（S）

视在功率为

$$S = \sqrt{3}U_L I_L \tag{4-23}$$

所以有功功率、无功功率和视在功率三者之间的关系为

$$S = \sqrt{P^2 + Q^2} \tag{4-24}$$

4. 功率因数（λ）

三相负载的总功率因数为

$$\lambda = \frac{P}{Q} \tag{4-25}$$

在三相对称情况下 $\lambda = \cos\varphi$，即一相负载的功率因数，φ 即为负载的阻抗角。

二、对称三相电路的瞬时功率

对称三相电路中的各相瞬时功率可写为

$$\begin{cases} p_A(t) = u_A(t)i_A(t) = \sqrt{2}U_P\sin(\omega t) \times \sqrt{2}I_P\sin(\omega t - \varphi) \\ \qquad = U_P I_P[\cos\varphi - \cos(2\omega t - \varphi)] \\ p_B(t) = u_B(t)i_B(t) = \sqrt{2}U_P\sin(\omega t - 120^\circ) \times \sqrt{2}I_P\sin(\omega t - 120^\circ - \varphi) \\ \qquad = U_P I_P[\cos\varphi - \cos(2\omega t - 240^\circ - \varphi)] \\ p_C(t) = u_C(t)i_C(t) = \sqrt{2}U_P\sin(\omega t + 120^\circ) \times \sqrt{2}I_P\sin(\omega t + 120^\circ - \varphi) \\ \qquad = U_P I_P[\cos\varphi - \cos(2\omega t + 240^\circ - \varphi)] \end{cases} \tag{4-26}$$

它们的和可写为

$$p(t) = p_A(t) + p_B(t) + p_C(t) = 3U_P I_P \cos\varphi \qquad (4-27)$$

此结果表明，三相平衡负载的瞬时功率 $p(t)$ 为一常量，这种性质称为瞬时功率的平衡。所以瞬时功率平衡的电路称为平衡制电路。这是三相平衡负载的一大优点，它可以避免三相电动机在转动中产生振动。

三、三相电路的功率计算

对三相电路进行分析和计算的过程中应当注意：三相负载采用星形连接还是采用三角形连接，要根据电源的线电压和负载的额定电压来确定。无论三相负载是星形连接还是三角形连接，只要三相负载对称，三相电路的总有功功率 $P = 3U_P I_P \cos\varphi_P = \sqrt{3}U_L I_L \cos\varphi_P$ 都是成立的；如果三相负载不对称，则该公式将不成立，在三相负载不对称的情况下，通常三相电路要分别进行分析计算，即单独计算出各相的有功功率后再进行叠加。

【例 4-4】 有一对称三相负载，每相电阻为 $R = 6\ \Omega$，电抗 $X = 8\ \Omega$，三相电源的线电压为 $U_L = 380$ V。试求：

（1）负载做星形连接时的功率 $P_{\curlyvee}$；

（2）负载做三角形连接时的功率 $P_{\triangle}$。

解：每相阻抗均为 $|Z| = \sqrt{6^2 + 8^2}\ \Omega = 10\ \Omega$，功率因数 $\lambda = \cos\varphi = \dfrac{R}{|Z|} = 0.6$。

（1）负载做星形连接时：

相电压为

$$U_{\curlyvee P} = \frac{U_L}{\sqrt{3}} = 220\ \text{V}$$

线电流等于相电流为

$$I_{\curlyvee L} = I_{\curlyvee P} = \frac{U_{\curlyvee P}}{|Z|} = 22\ \text{A}$$

负载的功率为

$$P_{\curlyvee} = \sqrt{3}U_{\curlyvee L} I_{\curlyvee L} \cos\varphi = 8.7\ \text{kW}$$

（2）负载做三角形连接时：

相电压等于线电压为

$$U_{\triangle P} = U_{\triangle L} = 380\ \text{V}$$

相电流为

$$I_{\triangle L} = \frac{U_{\triangle P}}{|Z|} = 38\ \text{A}$$

线电流为

$$I_{\triangle L} = \sqrt{3}I_{\triangle P} = 66\ \text{A}$$

负载的功率为

$$P_{\triangle} = \sqrt{3}U_{\triangle L} I_{\triangle L} \cos\varphi = 26\ \text{kW}$$

为 P_Y 的 3 倍。

总结：

（1）三相负载的有功功率等于各相功率之和，即

$$P = P_1 + P_2 + P_3$$

（2）在对称三相电路中，无论负载是星形连接还是三角形连接，由于各相负载相同，各相电压大小相等，各相电流也相等，所以三相功率为

$$P = 3U_P I_P \cos\varphi = \sqrt{3} U_L I_L \cos\varphi$$

式中：φ 为对称负载的阻抗角，也是负载相电压与相电流之间的相位差。

四、三相功率的测量

1. 一瓦特表法

对于三相四线制供电的三相星形连接的负载（Y_0 接法），可用一只功率表测量各相的有功功率 P_A、P_B、P_C，则三相负载的总有功功率 $\sum P = P_A + P_B + P_C$，这就是一瓦特表法，如图 4－20 所示。如果三相负载是对称的，则只需测量一相的功率，再乘以 3 即得到三相总的有功功率。

2. 二瓦特表法

在三相三线制供电系统中，不论三相负载是否对称，也不论负载是星形连接还是三角形连接，都可用两只功率表测量三相负载的总有功功率，测量线路如图 4－21 所示，通常把这种方法称为二瓦特表法。两只功率表的读数的代数和等于要测的三相功率。

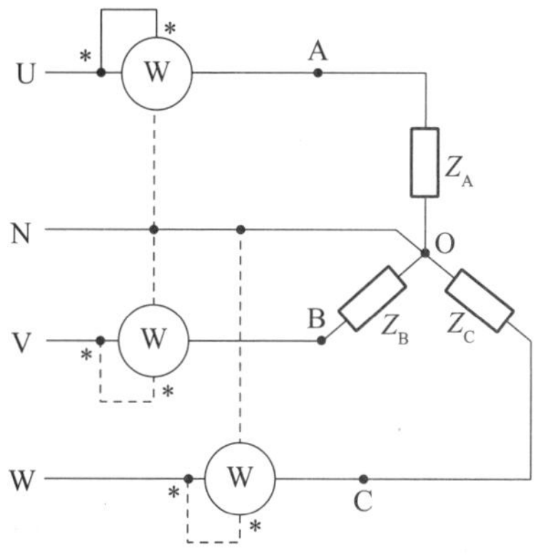

图 4－20　一瓦特表法

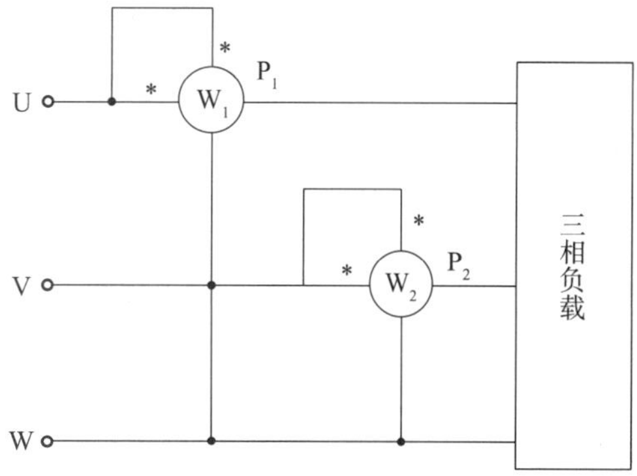

图 4－21　二瓦特表法

若负载为感性或容性，且当相位差 $\varphi > 60°$ 时，线路中的一只功率表指针将反偏（数字式功率表将出现负读数），这时应将功率表电流线圈的两个端子调换（不能调换电压线圈端子），其读数应记为负值。而三相总功率 $\sum P = P_1 + P_2$（P_1、P_2 本身不含有任何意义）。

除图 4－18 的 I_A、U_{AC} 与 I_B、U_{BC} 接法外，还有 I_B、U_{AB} 与 I_C、U_{AC} 及 I_A、U_{AB} 与 I_C、U_{BC}

两种接法。

应当指出，用二瓦特表法测量三相功率时，即使在对称电路中，两个功率表的读数也不一定相等。

3. 三相三线制中三相负载的总无功功率 Q 的测量

对于三相三线制供电的三相对称负载，可用一瓦特表法测得三相负载的总无功功率 Q，测试线路如图 4 – 22 所示。

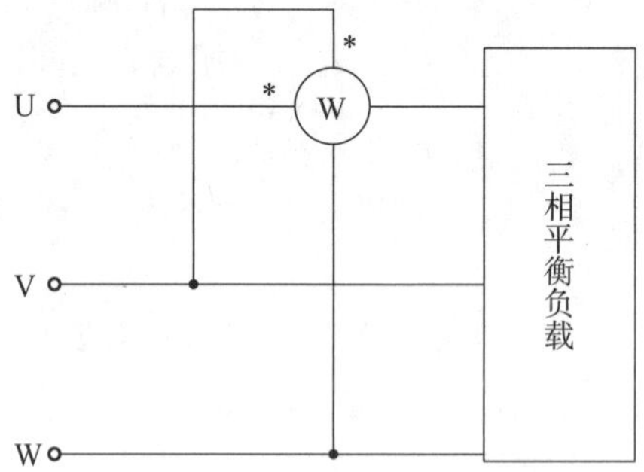

图 4 – 22　一瓦特表法测无功功率

图示功率表读数的 $\sqrt{3}$ 倍，即为对称三相电路总的无功功率。除了此图给出的一种连接方法（I_U、U_{VW}）外，还有另外两种连接方法，即接成（I_V、U_{UW}）或（I_W、U_{UV}）。

4. 功率表的使用

对功率表的使用主要包括功率表量程的选择及功率表的接线方法。

（1）选择功率表的量程。功率表有 3 种量程：电流量程、电压量程和功率量程。其中，电流量程是指仪表的串联回路所容许通过的最大工作电流；电压量程是指仪表的并联回路所能承受的最高工作电压；功率量程等于两者的乘积，它实质上是由电流量程和电压量程来决定的。

（2）功率表的接线方法。由于功率表指针的偏转方向与两线圈中电流的方向有关，为防止仪表指针反转，规定了两线圈的发电机端，用符号“ * ”表示。功率表应按照“发电机端守则”进行连线。电流线圈与负载串联，它保证电流从发电机端流入。电压线圈支路与负载并联，它也能保证电流从发电机端流入。在实际测量中，正确的接线方法是当负载电阻比功率表电流线圈电阻大得多时，应当采用电压线圈前接的方式；当负载电阻比功率表电压线圈支路电阻小得多时，应当采用电压线圈后接的方式。

知识拓展——二瓦特表法的验证

对于三相三线制的电路，无论对称或不对称，一般可用两只功率表进行测量，如图 4 – 21所示。通常把这种测量方法称为二瓦特表法。两只功率表读数的代数和等于要测的三相功率。

下面证明二瓦特表法的正确性。无论负载如何连接，总可以用等效星形表示这些负载，因此三相瞬时功率可以写成：

$$p=p_A+p_B+p_C=u_Ai_A+u_Bi_B+u_Ci_C \tag{4-28}$$

因为三相三线制的电路有

$$i_A+i_B+i_C=0$$

所以

$$\begin{aligned}p=u_Ai_A+u_Bi_B+u_Ci_C&=u_Ai_A+u_Bi_B+u_C(-i_A-i_B)\\&=(u_A-u_C)i_A+(u_B-u_C)i_B\\&=u_{AC}i_A+u_{BC}i_B\end{aligned} \tag{4-29}$$

三相平均功率为

$$\begin{aligned}P&=\frac{1}{T}\int(u_{AC}i_A+u_{BC}i_B)\mathrm{d}t\\&=\frac{1}{T}\int u_{AC}i_A\mathrm{d}t+\frac{1}{T}\int u_{BC}i_B\mathrm{d}t\\&=U_{AC}I_A\cos\varphi_1+U_{BC}I_B\cos\varphi_2\end{aligned} \tag{4-30}$$

式中：φ_1 为电压 $\dot{U}_{AC}$与电流 $\dot{I}_A$ 的相位差；φ_2 为电压 $\dot{U}_{BC}$与电流 $\dot{I}_B$的相位差。式中第一项就是图 4－21 中功率表 W_1 的读数 P_1，第二项就是图中功率表 W_2的读数 P_2。可见，两个功率表的读数的代数和就是三相总功率。

思考与练习

一、选择题

三相对称交流电路的瞬时功率 p 为（　　）。

A. 一个随时间变化的量　　B. 0

C. 一个常值，其值恰好等于有功功率 P　　D. $UI\cos\varphi$

二、填空题

对称三相电路有功功率的计算公式为________，它说明在对称三相电路中，有功功率的计算公式与负载的________无关。

三、判断题

1. 在同一个电源线电压作用下，三相对称负载做星形连接或三角形连接时，总功率相等，且 $P=\sqrt{3}U_LI_L\cos\varphi$。（　　）

2. 三相对称负载星形连接和三角形连接时，其总有功功率均为 $P=\sqrt{3}U_LI_L\cos\varphi_P$。（　　）

四、计算题

1. 对称三相交流电路，电源线电压为 380 V，每相负载中 $R=16\ \Omega$，$X_L=12\ \Omega$，三角形连接，求相电压、相电流、线电流及三相有功功率。

2. 一组星形连接的对称负载，每相阻抗为（28 + j38）Ω，接在对称三相四线制电源上，线电压为 380 V，中性线阻抗忽略不计，输电线路阻抗 Z_1 = （2 + j2）Ω。试求：

（1）U 相电流、U 线电流及中性线电流；

（2）负载端 U 相电压及 UV 线电压；

（3）负载的总功率。

3. 三相对称负载接在对称三相电源上。若电源线电压为 380 V，各相阻抗为 Z =（30 + j40）Ω，分别求负载做星形连接和三角形连接时的相电压、相电流、线电流和负载消耗的功率。

4. 对称三相电路的线电压为 220 V，负载阻抗 Z =（12 + j16）Ω，试求：

（1）星形连接时负载的线电流及吸收的总功率；

（2）三角形连接时负载的线电流、相电流及吸收的总功率。

5. 星形连接的对称三相负载，每相的电阻 R = 24 Ω，感抗 X_L = 32 Ω，接到线电压为 380 V 的三相电源上，求相电压 U_P、相电流 I_P、线电流 I_L 和三相总平均功率 P。

6. 已知三相对称负载做三角形连接，Z =（12 + j16）Ω，电源线电压为 380 V，求各相电流和线电流及总有功功率 P。

7. 对称三相负载做三角形连接，接在对称三相电源上。若电源线电压 U_L = 380 V，各相负载的电阻 R = 12 Ω，感抗 X_L = 16 Ω，输电线阻抗可忽略，试求：

（1）负载的相电压 U_P 与相电流 I_P；

（2）线电流 I_L 及三相总功率 P。

8. 有一个对称三相负载，每相的电阻 R = 6 Ω，X_L = 8Ω，分别接成星形连接、三角形连接到线电压为 380 V 的对称三相电源上。试求：

（1）负载做星形连接时的相电流、线电流和有功功率；

（2）负载做三角形连接时的相电流、线电流和有功功率。

9. 荧光灯导通后的电路模型为电阻与电感串联，其等效电阻为 300 Ω，等效电感为 1.66 H，接在 220 V 的工频交流电压上使用，试求：

（1）荧光灯电路的电流 I、功率 P 及功率因数 $\cos\varphi$；

（2）欲将电路的功率因数提高到 0.9，应并联多大的电容？

附录A　科学计算器的使用

一、使用方法

(1) 利用计算器进行复数计算必须要用计算器的度，按 DRG 键，计算器显示窗中要有“DEG”标志（表示计算器进行所有带角度的运算均以“度”为单位）。

(2) 使计算器进入复数运算状态，分别按 2ndF 键和 CPLX 键，显示窗中有“CPLX”标志，表示计算器只能进行复数的运算，而进行其他计算则是无效的。取消则重复进行即可。进行复数的加、减、乘、除运算时，计算器必须处于复数运算状态。

二、计算说明

(1) 计算器中 a、b 分别表示进行复数运算的实部和虚部，进行代数式输入时可以直接按此键。

(2) 计算器中→rθ、→xy 分别表示进行复数运算的模和角，进行极坐标式输入时必须利用上挡键功能进行；同时这两个按键也是代数式和极坐标式转换的功能键。

(3) 计算器在进行复数运算时均是以代数式形式进行的，就是说在进行极坐标式计算时必须要先化成代数式，计算的结果也是代数式。如果希望得到极坐标式，计算完成后可进行转换。

(4) 运算完成后显示的结果就是代数式，且显示的是实部，按 b 显示虚部，再按 a 就显示实部，转换成极坐标式后则按 a 显示模，按 b 显示角，也可重复显示。

(5) 在输入带有负号的值时，应先输入数值，再输入负号，输入负号应按 +/－键。

三、计算举例

1. 代数式化成极坐标式

例如：$3+j4=5\angle 53.13^\circ$

按键步骤：（按键动作用“↓”表示）

3 ↓ a ↓ 4 ↓ b ↓ 2ndF ↓ →rθ ↓

显示模 5，b ↓ 显示角 53.13°。

2. 极坐标式化成代数式

例如：$15\angle -50^\circ = 9.64 - j11.49$

按键步骤：

15 ↓ a ↓ 50 ↓ +/－ ↓ b ↓ 2ndF ↓ →xy ↓

显示实部 9.64，b ↓ 显示虚部 －11.49。

3. 代数式的加、减、乘、除

例如：(5 - j4) × (6 + j3) = 42 - j9 = 42.953∠-12.095°

按键步骤：

5↓a↓4↓ +/- ↓b↓ × ↓6↓a↓3↓b↓ = ↓

显示实部42，b↓显示虚部 - 9。

如要极坐标式只需继续进行转换即可。

2ndF↓→rθ↓显示模42.953，b↓显示角 - 12.095°。

如进行其他运算，只需将乘号换成要进行的运算符号即可。这里只给出计算结果，请同学自己进行练习对比。实际计算时可取小数点后两位。

(5 - j4) + (6 + j3) = 11 - j1 = 11.045∠-5.1944°

(5 - j4) - (6 + j3) = - 1 - j7 = 7.071∠-98.13°

(5 - j4) ÷ (6 + j3) = 0.4 - j0.8667 = 0.9545∠-65.2249°

4. 极坐标式的加、减、乘、除

例如，5∠40° + 20∠-30° = 21.15 - j6.786 = 22.213∠-17.788°

按键步骤：

5↓a↓40↓b↓2ndF↓→xy↓ +20↓a↓30↓ +/- b↓2ndF↓→xy↓ = ↓

显示实部21.15，b↓显示虚部 - 6.786。

再转换成极坐标式：

2ndF↓→rθ↓显示模22.213，b↓显示角 - 17.788°。

如进行其他运算，只需将乘号换成要进行的计算符号即可。这里只给出计算结果，请同学自己进行练习对比。

5∠40° - 20∠-30° = - 13.49 - j13.2139 = 22.213∠135.5929°

5∠40° ×20∠-30° = 98.48 - j17.3648 = 100∠10°

附录B　数字万用表的使用

万用表分为传统万用表和数字万用表。传统万用表是指针电磁偏转式的，每次使用前都需进行机械调零，使用较烦琐且示数的读取具有主观性，并不精确，现在已很少使用；而数字式万用表可直接显示数字，无须观察刻度进行读数，结果较精确，目前使用较为广泛。

下面以 DT9205A 型数字万用表为例，简单介绍其使用方法和注意事项，如附图 1 所示。

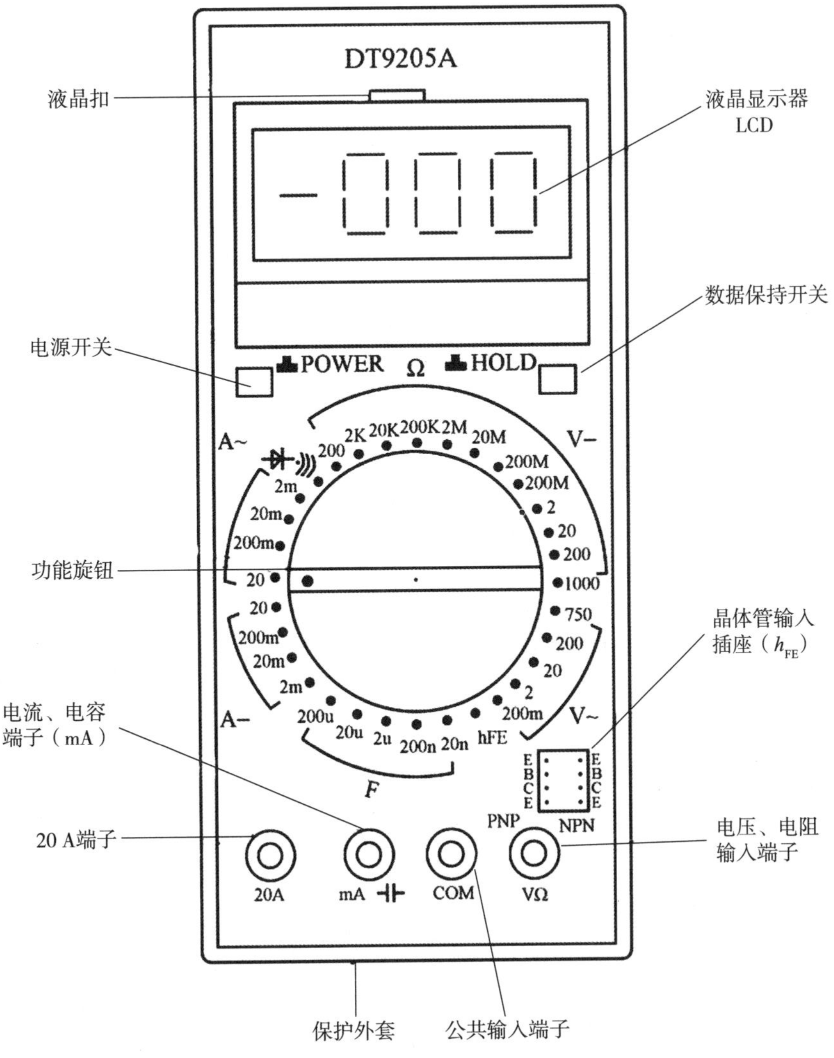

附图 1　数字万用表面板

一、使用注意事项

(1) 如果无法预先估计被测电压或电流的大小，则应先拨至最高量程挡测量一次，再视情况逐渐把量程减小到合适位置。测量完毕，应将量程开关拨到最高电压挡，并关闭电源。

(2) 满量程时，仪表仅在最高位显示数字“1”，其他位均消失，这时应选择更高的量程。

(3) 测量电压时，应将数字万用表与被测电路并联。测电流时应与被测电路串联，测直流量时不必考虑正、负极性。

(4) 当误用交流电压挡去测量直流电压，或者误用直流电压挡去测量交流电压时，显示屏将显示“000”，或低位上的数字出现跳动。

(5) 禁止在测量高电压（220 V 以上）或大电流（0.5 A 以上）时换量程，以防止产生电弧，烧毁开关触点。

(6) 当无显示或显示“BATT”、“LOWBAT”时，表示电池电压低于工作电压。

二、数字万用表的使用

使用前，应认真阅读有关的使用说明书，熟悉电源开关、量程开关、插孔、特殊插口的作用，将电源开关置于 ON 位置。

1. 数字万用表测电阻

(1) 步骤：

① 将黑表笔插入“COM”孔，将红表笔插入“VΩ”孔；

② 选择适当的电阻量程，将黑表笔和红表笔分别接在电阻两端，注意尽量不要用手同时接触电阻两端，由于人体是一个很大的电阻导体，这样做会影响电阻的测量精确性；

③ 将显示屏上显示数据与电阻量程相结合，得到最后的测量结果。

(2) 数字万用表电阻测量注意事项：

① 测在线电阻时，须将线路电源关断，并将所有电容充分放电；

② 当被测电阻开路或阻值超过仪表的最大量程时，仪表将显示“OL”；

③ 测量 1 MΩ 以上电阻时，仪表要几秒后读数才能稳定，这对高阻测量来说是正常的；

④ 测量电阻时，请勿输入电压值，否则会引起读数不准确，如果超过过载保护电压 250 V，则有可能损坏仪表和危及使用者安全；

⑤ 测量完成后，要立即断开表笔与被测电路的连接。

2. 数字万用表测电压

交直流电压的测量：根据需要将量程开关拨至 DCV（直流）或 ACV（交流）的合适量程，红表笔插入“VΩ”孔，黑表笔插入“COM”孔，并将表笔与被测线路并联，读数即显示。

3. 数字万用表测电流

交直流电流的测量：将量程开关拨至 DCA（直流）或 ACA（交流）的合适量程，红表笔插入“mA”孔（<200 mA 时）或“20A”孔（>200 mA 时），黑表笔插入“COM”孔，并将万用表串联在被测电路中即可。测量直流量时，数字万用表能自动显示极性。

4. 数字万用表测晶体管

（1）找到基极。将数字表的一支笔接在晶体管的假定基极上，另一支笔分别去接另外两个极。如果两次测量的数字显示均为 0.1 ~ 0.7 V，则说明晶体管的两个 PN 结发生了正向导通，此假定的基极为晶体管的基极，另外两电极分别为集电极和发射极。如果只有一次显示 0.1 ~ 0.7 V 或一次都没有显示，则应重新假定基极再次测量，直到测出基极为止。

（2）判断是 PNP 管还是 NPN 管。确定基极后，将红表笔接在基极上，用黑表笔先后接触其他两个引脚。如果都显示 0.5 ~ 0.8 V，则被测管属于 NPN 型；若两次都显示溢出符号，则表明被测管为 PNP 型。

（3）区分发射极和集电极。假定被测管是 NPN 型，将数字万用表拨至 h_{FE} 挡，使用 NPN 插孔。把基极插入 B 孔，剩下两个引脚分别插入 C 孔和 E 孔中。若测出的 h_{FE} 为几十到几百，则说明晶体管属于正常接法。此时，C 孔插的是集电极，E 孔插的是发射极。若测出的 h_{FE} 为几到几十，则说明 C 孔插的是发射极，E 孔插的是集电极。

参考文献

[1] 陈亚南．维修电工技能实训项目教程：中级［M］．北京：机械工业出版社，2011.
[2] 王兆晶．维修电工（中级）鉴定培训教材[M]．北京：机械工业出版社，2011.
[3] 智强，李淑珍．电工基础[M]．北京：化学工业出版社，2004.
[4] 王锋，张林．电工电子技术及应用项目化教程[M]．天津：南开大学出版社，2010.
[5] 陈菊红．电工基础[M]. 3 版．北京：机械工业出版社，2008.
[6] 展同军，马永杰．电工基础：项目式[M]．北京：机械工业出版社，2012.
[7] 徐慧杰．电工基础[M]．北京：机械工业出版社，2011.
[8] 刘志平．电工基础[M]．北京：高等教育出版社，2001.
[9] 程周．电工基础[M]. 2 版．北京：高等教育出版社，2012.
[10] 牛金生．电路分析基础[M]．西安：西安电子科技大学出版社，2003.
[11] 石生．电路基本分析[M]．北京：高等教育出版社，2000.
[12] 刘岚，叶庆云．电路分析基础[M]．北京：高等教育出版社，2010.